황금 분할

피라미드에서 르 꼬르뷔제까지

황금분할

야나기 료우 (柳 亮) 저 / 진경돈 · 박미나 공역

Spacetime

고대편

1장 총설 / 7

2장 이상적비례 / 14

1절 루트구형 14
2절 조화調和삼각형 17
3절 비네켄K. Wyneken의 조화율調和律 18
4절 펜타그램pentagram 19
5절 여러 비율과의 비교 22

3장 수학적으로 본 황금률黃金律 / 24

4장 이집트시대의 황금분할 / 29

1절 황금비黃金比의 기원 29
2절 피라미드 31
3절 람세스 4세 분묘의 평면계획 35
4절 세토스 1세 분묘의 벽화 38
5절 사왕蛇王의 비碑 40

5장 그리스시대의 황금분할 / 43

1절 크라이스지오메트리 43
2절 다이나믹 심메트리 47
3절 그리스의 구형矩形, 파르테논신전의 해석 54
4절 그리스 도자기 66
5절 인체비례人體比例 그리스 조각의 캐논Canon 72
6절 드리폴로스의 상像 80
7절 밀로의 비너스상像 82

8절 라오콘 ——— 85

6장 로마시대Roman Architecture / 89

1절 포럼과 개선문 ——— 89

2절 로마의 욕장浴場 ——— 97

3절 로마의 별장 ——— 103

중세 · 근세편

7장 중세시대中世時代 / 115

1절 로마네스크 사원의 균제均齊 ——— 115

2절 펜타그램 작도법 ——— 123

3절 북유럽 성상화星像畵의 구도構圖 ——— 126

4절 프랑스 고전 ——— 137

5절 중세의 사본과 구텐베르크의 42행 시편詩篇 ——— 140

8장 르네상스 문예부흥기文藝復興期 / 148

1절 '십자가이야기' ——— 148

2절 신수비례법神授比例法과 레오나르도 다 빈치 ——— 155

3절 레오나르도의 제단화祭壇畵 ——— 159

4절 듀러의 『묵시록默示錄』 ——— 164

5절 베니스파派의 거장들 ——— 168

9장 근세近世 / 173

1절 그레코의 제단화祭壇畵 ——— 173

2절 조르쥬 드 라트루의 「수인囚人」 ——— 176

3절 네덜란드파派의 거장들 : 램브란트Rembrandt, 훼르메르Vermeer ——— 178

4절 19세기의 복고사상復古思想의 대두 ——— 181

현대편

10장 황금분할구도법의 근대적 소생蘇生 / 189

1절 쇠라와 그의 시대 — 189

2절 쇠라, 「그랑자트의 일요일」 — 195

3절 세잔느의 구도構圖 — 207

4절 세잔느 이후 — 213

5절 F형 구형($\varphi+\varphi$) — 221

6절 섹션 도르Section D'or살롱, 그레이즈의 펜타그램 구도법構圖法 — 232

7절 피카소, 「아비뇽의 5인의 처녀」 — 236

8절 입체파의 황금분할 브라크, 레제, 키리코 — 242

9절 몬드리안의 그리드 — 246

10절 제3의 발언. 르 꼬르뷔제의 『모듈러』 — 257

11절 비례콤파스와 황금률양각기黃金律兩脚器 — 266

저자 후기 / 273

역자 후기 / 274

고대편

1장 총설
2장 이상적 비례
3장 수학적으로 본 황금률
4장 이집트 시대의 황금분할
5장 그리스 시대의 황금분할
6장 로마 시대

1장 총설總說

황금분할黃金分割이란 무엇인가?

이에 대해 자세히 서술하는 것이 본 서의 목적이기 때문에, 지금 당장 성급한 결론을 내리는 것은 삼가하고자 한다. 그에 대한 설명은 순서에 따라 차차 하기로 하고, 본서가 대상으로 하는 황금분할은 자연이나 미술작품의 형태미를 규정하고 있는 여러 종류의 비례방식 가운데, 과거로부터 가장 이상적인 것으로 여겨져 왔고, 그런 의미에서 특히 '황금golden' 이라는 이름을 얻었던 비례방식이라는 것만을 여기서 말해 두고자 한다.

'황금분할黃金分割' 이라는 호칭은, 영어로는 '골든 섹션Golden Section' , 프랑스어로는 '섹션 도르Section d'or' , 독일어로는 '골덴 슈니트Goldene Schunitt' 의 번역어로서, '주어진 양을 그 비율로 나누는 법' 이라는 의미에서 '분할分割' 이라는 용어를 사용한 것이지만, 원래 이것은 유클리드의 기하학 책에서 발췌한 제명題名 중 하나로, 나중에 자세히 설명하겠지만, 그 특수한 성질이 옛날부터 수학자나 미학자들에게 비상한 흥미를 불러 일으켰으며 일반적으로 유포되어 왔던 것에 기인하고 있다.

'황금분할黃金分割' 내지는 그 배분에 의한 양의 분할을 '황금비黃金比' 혹은 '황금률黃金律' 이라고 부르며, 영어로는 '골든 프로포션Golden Proportion' , 불어로는 '프로포르션 도르' , 혹은 '농브르 도르黃金指數 Nombre D'or' 등으로 불리며, 작도용 기호로는 그리스 문자인 〈φ〉, 〈Φ〉를 일반적으로 사용하고 있다.

황금비의 기원은, 멀게는 이집트의 고왕국시대, 또는 더 이전까지 거슬러 올라가지만, 이 비율이 특히 고고학자나 미학자들 사이에서 학문적으로 중시되었던 것은, 특히 고대문화에 대한 관심이 높아졌고 그 연구가 융성했던 문예부흥기 이후의 현상으로, 황금이라는 이름을 부여받게 된 것은 근세에 들어와서의 일이다.

중세시대에 들어와, 이 비례는 극도로 신비화되었으며, 신의 뜻에 의해 전수된 비법으로서 '**신수비례법**神受比例法 Divina Proportion' 이라고 불리워 왔다. 15세기 말에 프란체스코회會의 수도사 플러 루카 파찌올리 F.L. Pazzioloi가 레오나르도 다 빈치Leonardo da Vinci의 삽도를 첨부해 저술한 황금비에 관한 책에 이 제목의 이름이 붙어 있다.(1956년, 밀라노에서 재판됨.)

우선 비례, 즉 프로포션Proportion이란 무엇인가 하는 것으로부터 이야기를 진행해 가기로 하자.

비례란, 사물의 크기나 길이에 대해, 그것이 가진 양volumn과 양의 관계를 이르는 말로 조화의 근본이 되는 균형(조화)을 말한다. 예를 들어, 어떤 양量이 다른 양量에 대해 일정한 비율을 가질 때, 우리들은 그것에서 아름다움美을 느낀다. 이 경우, 사람들은 그것을 균형(조화)이 잡혀 있다라든지, 균제均齊가 갖추어져 있다라고 말한다. 이것은 부분과 전체의 관계에 대해서도 그렇다고 말할 수 있으며, 부분 대對 부분의 관계에 대해서도 동일한 개념이다.

그런데, 균제 즉 심메트리Symmetry라는 단어는 보통 '좌우대칭左右對稱', '대칭對稱' 등으로 번역되고 있듯이, 동형同形 또는 동량同量의 사물이 하나의 대응이 되어 상대되는 형태를 이루고 있다는 것을 말한다.

당연히, 같은 형태 같은 양量의 사물이 하나의 대응이 되어 대칭이 되면, 힘의 일방적인 지배관계를 벗어나기 때문에, 균형balance잡힌 안정된 모양새가 된다. 과거에는 그것을 조화의 본질로서 생각했고, 조화란 그러한 것으로 생각해 왔던 것이다.

그러나, 현재는 보다 광범위한 해석에 근거하여, 조화란 부분이 전체에 미치는 **합법적 관계**라고 생각하게 되었다. 여기서 합법적 관계란, 하나의 사물에 들어있는 여러 가지 요소, 다시 말하면 전체가 포함되어 있는 부분이, 전체에 대해 각각 균제를 지니며, 그 결과로서 그것이 쾌감을 느끼도록 해주는 상태를 말하는 데, 이 경우 부분은 임의로 모아 놓은 우연적인 집합물이 아니라, 부분 상호간에도 조리있는 법칙이 드러나는 질서정연한 관계에 놓여 지게 되고, 그 질서는 숫자로 표현하는 것이 가능토록 되어 있는 명백한 관계를 "합법合法" 이라고 불렀던 것이다.

예를 들어, 여기에 서로 다른 두 개의 양量volume이 있다고 해 보자. 이 두 개는 같은 양量－대우적對偶的－은 아니나, 그 사이에 어떤 공통의 단위가 존재하며 그것에 따라 양자는 수리적數理的으로 동질한 것이 되어, 소위 **콤멘슐라블**Commensurable數宣的關係(쉽게 말하면 하나의 단위로 쌍방을 측량할 수 있는 관계)에 놓여지게 되고, 그 비比가 비교적 간단한 비율을 이룰 때, 우리들은 그것을 일러 균제를 지니고 있다고 말하게 된다.

피타고라스는 "자연현상에는 합리적인 배열과 연쇄와 법칙이 있으며, 그 관계는 양量 또는 수數로 표시할 수 있다." 고 말하고 있다. 이것이 조화의 근본이어야 하는 것이다.

'심메트리symmetry' 의 어원인 심메트리아Symmetria(균제), 그리스어로 심메토로스Symmetoros라는 개념이 바로 그 의미로 사용되고 있던 것으로,

그림 1. 파나티의 행진(부분). 그리스(파르테논), 음악에 맞춘 군상(群像)의 구성

피타고라스가 음계에 대한 기초학을 만들고 그의 학생들이 음의 진동수의 상호관계를 엄밀히 조사해서 그의 가설을 부연했던 것은 잘 알려진 사실이다. 음악상의 조화율調和律을 음의 진동수의 간단한 비로 나타내는 방법을 알고 있던 고대의 그리스인들이 조형상의 조화율調和律에 대해서도 동일한 생각을 갖고, 일찍부터 그런 의식에 눈을 뜨고 있었던 것은 매우 당연한 일이었다.

그리스인들은 원래부터 수리數理에 대해서는 놀라울 정도로 천재였다. 그리스 문화는, 어떤 의미에서는 수리의 문화라고 해도 좋을 정도였다. 따라서, 수리數理의 운용은 미술이라는 한 가지 분야에서 뿐만 아니라, 그리스 문화 전반에 걸친 특질이었으나, 특히 그들이 지니고 있던 비례개념은 예술상 중요한 요소를 이루었으며 것으로 과거부터 특별한 주목을 받아왔다.

건축에 관한 가장 오래된 문헌으로 인정되는 비트루비우스의 『건축십서De Architectura』라는 책이 있다. 이 책은 서기 1년경, 로마황제 아우구스투스의 건축가로 일하고 있던 비트루비우스Marcus Vitruviues Pollio가 황제에게 헌정하기 위해 심혈을 기울여 저술한 책으로, 그 책 제3권 및 제4권에서 그는 그리스신전에서 사용되었다고 믿어지는 비례比例에 대해다음과 같이 기술하고 있다.

"신전의 의장은 심메트리아에 의해 확립되어 있기 때문에 건축가는 이 심메트리아의 이론을 깊이 체득할 필요가 있다. 그것은 그리스인이 아나로지아Analogia(유추)라고 부르고 있는 비례로부터 얻어진다. 비례란, 모든 건축물에 있어서, 그 지체member의 부분 및 전체의 치수가 기본척(尺)으로 적용되는 것으로서, 이로부터 심메트리아의 이론이 나온다. 결국 훌륭한 형태인 인체에 근사(近寫)시켜 지체member를 정확히 나누는 것이었는 데 그것을 빼고서는 신전을 만듦에 있어 어떠한 디자인방법도 얻을 수 없다."라고 역설하는 한편, 인체 각부의 비례를 나타내면서, "신장을 기본으로 하면, 안면의 길이는 그것의 1/10, 손의 길이도 1/10,

발은 1/6, 가슴둘레 및 어깨의 길이는 그것의 1/4"과 같이 구체적인 숫자를 열거하고, 같은 이유로 "신전의 지체member(부재)도 전체의 총계에 대해 하나 하나의 부분이 가장 좋게 보이는 수적 조응을 나타내야만 한다."고 단언하고 있다.

비트루비우스는 그리스신전의 비례와 인체의 지체의 각부가 전체적으로 비례와 깊은 관계에 있다는 사실을 인정하고, 그리스신전이 인체의 비례처럼 각각 나누어져 있다고 믿었다. 그리고 그 발생 경위를 다음과 같이 서술하고 있다.

"이오니아인들이 아폴로신전을 세웠을 때, 기둥의 비례법, 즉 심메트리아가 당시 존재하지 않았기 때문에, 어떠한 방법에 따라야 할 것인가를 생각한 끝에, 하중에도 잘 견디며 외관의 미(美)도 확실히 얻을 수 있는 방법으로서 남자의 발을 측정해 그 비를 높이에 적용하는 것을 생각했다. 남자의 인체 비례에서는 발의 길이가 신장의 1/6에 상당한다는 점 때문에, 이것을 그대로 기둥에 적용하여, 주두를 포함한 기둥의 높이가 주초의 직경의 6배가 되도록 만들었다. 그 결과, 남성적인 강인함과 아름다움을 지닌 도리아식 기둥이 탄생했다."

그는 또한, 이후 그리스인들이 다이아나 여신을 위한 신전을 세웠을 때, 같은 이유로 여자의 발을 측정해 그 비比를 기둥에 적용하였다고 하면서, 주각부에는 신발을 대신해 주초를 놓고, 주두부에는 두발의 의미로 좌우로 흘러내리는 장식을 설치하였으며, 주신柱身에는 여성의 옷의 모습을 나타내는 플루팅을 만들었다고 이야기하고 있다.

모듈Modulus(기본척)의 존재를 발견했던 사람은 비트루비우스였는데, 그의 위의 언설은 고전건축에 대해 당시 전승되고 있던 소박한 비례개념을 살펴보도록 해주는 흥미있는 가설로서, 근세에 이르기까지 일반적으로 그대로 믿어져 왔다. 그러나, 그 후의 실측이나 연구에 의해 그리스시대에는 훨씬 고도의 비례법이 존재했다는 사실이 명확해지게 되며, 상당히 자세하게 설명했던 비트루비우스의 기술記述도, 현재는 학술적 근거로서 부족함이 없는 하나의 전설로 다루어지기에 이르렀던 것이다.

르네상스 문예부흥기에 들어와 고전예술에 대한 관심이 높아짐에 따라, 고전건축의 정확한 실측이 왕성하게 이루어졌으며, 16세기 중엽 즈음에는 비뇰라Giacomo Barochio Vignola(1507-1573)라는 건축가가 등장하여 기둥의 반경을 모듈로 하는 유명한 5가지 오더를 제정하였고, 고전건축의 규범적 비례로 간주되는 규칙을 세웠다.(예를 들어, 10모듈이라 할 경우 이는 원주의 평균반경의 10배를 말한다.)

그 후에도 고전건축에 대한 연구는 왕성히 지속되었으며, 여러 번에 걸쳐 실측이 반복되어 그 때마다 새로운 가설이 나타났고, 그것을 근거로 차제에 보다 정밀한, 보다 완전한 비례법이 존재케되었다는 것이 많은 학자들에 의해 증명되게 되었다. 그러나, 20세기에 들어와 오히려 최근 50년 사이(본서의 저작 연도가 1965년임을 고려할 것-역주)에 고전미술의 고고학적 및 미학적 연구가 현저히 진행됨으로써, 그 결과 2가지의 유력한 학설이 등장하였다.

그 중 하나는, 예일대학교의 제이 햄비지Jay Hambidge 교수의 제안으로 이루어진 다이나믹 심메트리Dynamic Symmetry(일명 동적균제)이며, 다른 하나는 독일인 에른스트 모제르Ernst Mossel 박사에 의한 크라이스지오메트리Kreisgeometrie로서, 이 두 가지가 현재에는 가장 설득력 있는 학설로 여겨지게 되었다.

다이나믹 심메트리는 일련의 구형矩形을 기초로 한 비례법이며, 크라이스지오메트리는 원주의 등분할을 기초로 한 비례법으로서, 이론의 구성방식은 다르지만 프로포션propotion에 관해서는 거의 동일한 결론에 이르고 있다.

상세한 것은 뒤에서 서술하겠지만, 햄비지 교수는 그리스의 비례법이 정방형을 포함해 다음과 같은 6가지 종류의 구형矩形으로부터 도출된 것이라고 말하고 있다.

(1) 1 : 1　　정방형
(2) 1 : $\sqrt{2}$　　루트2구형
(3) 1 : $\sqrt{3}$　　루트3구형
(4) 1 : $\sqrt{4}$　　루트4구형
(5) 1 : $\sqrt{5}$　　루트5구형
(6) 1 : 1.618　　φ구형

이 중, 6번째 1 : 1.618의 φ구형이 지닌 비가 여기서 말하는 **황금률**이다.

이에 대해, 에른스트 모제르는 규칙적인 원주의 등분할, 즉 4, 5, 6, 7, 8, 10의 수에 의한 원주의 분할을 기초로 하여, 특히 원주의 10등분할로부터 도출된 정십변형正十邊形의 작도법이 황금비의 수식 $\frac{1+\sqrt{5}}{2} = \varphi$에 합치하고 있다는 점을 중시하고, 이것으로부터 크라이스지오메트리의 이론을 만들어내었다.

2장 이상적비례理想的比例

1절 루트구형矩形

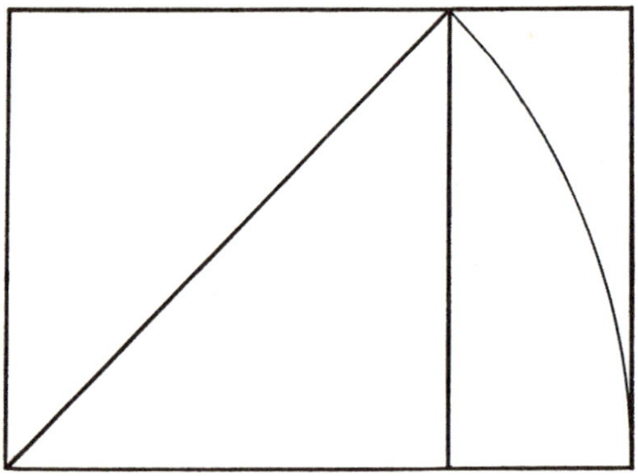

그림 2. 조화의 문 $\sqrt{2}$구형(矩形)

황금비례를 말하기 전에, 예비지식으로서 과거부터 이상적인 것으로 여겨져왔던 약간의 조화비례들에 대해 설명을 덧붙여 두고자 한다.

〈그림 2〉는 포르트 다르모니에Porte d' harmonie(조화의 문)라 불리우는 루트2($\sqrt{2}$)구형矩形으로 햄비지 교수나 모제르 박사가 그리스의 기본구형矩形의 하나로 간주하고 있는 구형矩形이다.

이 구형은 정방형의 한 변을 단변으로 하고, 그 대각선의 길이를 장변으로 하는 구형矩形으로, 안정감 있고 형태적으로도 매우 풍부하여 즐거움을 주는, 과거로부터 미술분야뿐만 아니라 실용적인 분야에서도 널리 애

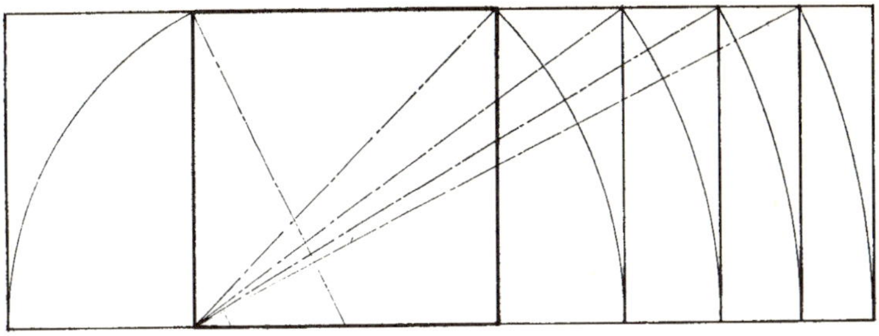

그림 3. 루트구형의 전개

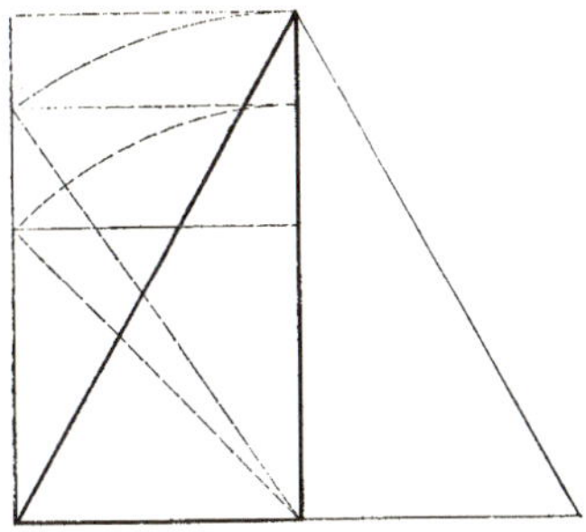

그림 4. 근사황금률(近似黃金律)

용되어 왔다. 실용적인 면에서 이 구형이 지닌 특성은, 2등분하거나 4등분해도 비례가 변하지 않기 때문에, 그런 편리한 측면에서 일본에서도 양지洋紙의 규격으로 현재도 이 비례가 채용되고 있다.

장단변의 비比는 1 : $\sqrt{2}$, 수식으로 나타내면 1 : 1.414(근사치)가 되어, 장단의 비가 비교적 정방형에 가까운 형태이다.

$\sqrt{2}$구형을 기초로 해서, 그림과 같이 그 대각선을 잡아 장변의 길이로 하고, 단변을 한 변으로 하는 구형矩形을 만들면, 루트3($\sqrt{3}$)구형이 얻어진다. 동일한 방법으로 대각선의 길이를 장변으로 하고, 단변을 한 변으로 하는 구형을 계속 만들어 가면 루트4($\sqrt{4}$), 루트5($\sqrt{5}$), 루트6($\sqrt{6}$), 루트7($\sqrt{7}$)과 같은 방식으로 정방형을 근간으로 해서 도출되는 일련의 구형이 얻어지게 되기 때문에 $\sqrt{2}$구형을 '조화의 문' 이라고 부르는 이유는 이것이 그 출발점을 이루는 최초의 구형이기 때문이다.

〈그림 4〉는 정삼각형으로서, 정삼각형의 높이와 하변을 2분할한 길이의 비가 1 : $\sqrt{3}$과 같다는 것을 보여주고 있다. 지금 정삼각형의 하변의 길이를 S라 하면, 그 절반은 $\frac{S}{2}$가 되고, 높이를 h라 하면 그 분할은 다음과 같은 식이 된다.

$\frac{S}{2}$: h = $\sqrt{3}$ = 1 : 1.732 = 5 : 8.66

이 비율은 황금률에 가까운 하나의 이상적 비례라는 의미에서 "근사황금률近似黃金律"이라 불리며, 오래전부터 미술품이나 건축물의 비례에 널리 응용되어 왔다.

루트4($\sqrt{4}$)구형은 정방형을 2개 나열한 형태이면서 동시에 반으로 나눈 형태이기도 하다. 일본의 다다미는 이런 비比를 갖고 있으며, 일본 건축에 있어서 면적개념面積槪念의 기본 단위가 되고 있다.

장단변의 비는 1 : $\sqrt{4}$, 수식으로는 1 : 2이다.

루트5($\sqrt{5}$)구형은 황금구형과 밀접한 관계를 지닌 구형으로서 앞서 언급한 바와 같이, $\sqrt{4}$구형의 대각선을 그리고 그것을 장변의 길이로 삼은 형태이지만, 이 형形은 정방형을 중심으로 삼고, 2개의 φ구형을 좌우로 접속시킨 형이며, 또한 이 구형의 단변에 접하여 단변의 길이를 한 변

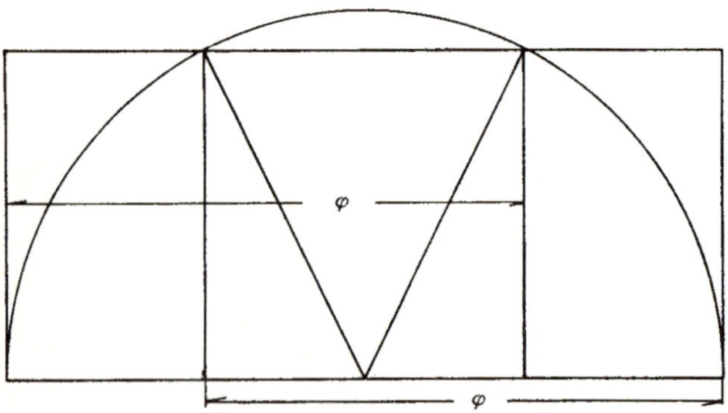

그림 5. $\sqrt{5}$구형과 황금률

으로 하는 정방형을 접속시켜 그것을 장변 위에서 이등분하면, 그 가운데에는 하나의 $\sqrt{5}$ 구형과 하나의 정방형이 얻어지는 성질을 지니고 있다. $\frac{1+\sqrt{5}}{2} = \varphi$

장단변의 비는 $1 : \sqrt{5} = 1 : 2.236$(근사치)이라는 수치를 나타내고 있다.

2절 조화調和삼각형

1917년, 오스트리아인 제데르 바우에르Zeder Bauer는, 『자연 및 예술에 있어서의 만유조화율Die Harmonie in Waltall in Natur und Kunst』이라는 책을 저술하고 황금률을 포함한 이상적 비례에 관한 광범위한 연구와 함께, 그 자신의 제안으로서 '조화삼각형調和三角形'을 발표했다.

〈그림 6〉에서 볼 수 있는 바와 같이, 그는 피타고라스의 교의敎義에 근거한 하나의 이등변 직각삼각형을 생각하고, 이 삼각형의 각 변 위에 그 변의 길이를 한 변으로 하는 3개의 정방형을 만들어, 각 정방형의 외부에 있는 2개의 정점이 하나의 원주 위에 놓이는 도식을 제안함으로써, 이를

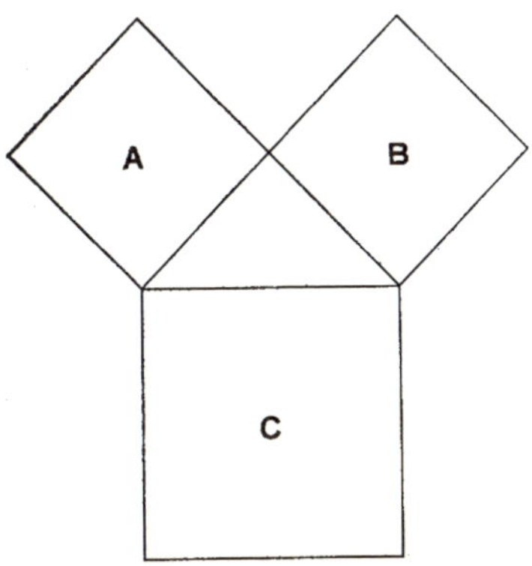

그림 6. 피타고라스의 정리

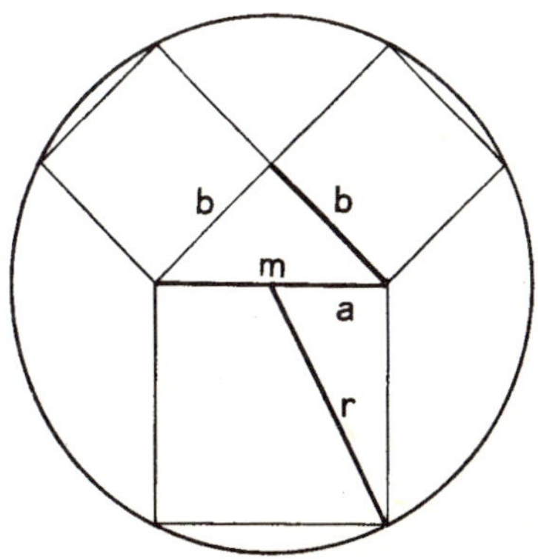

바우에르의 조화삼각형(調和三角形)

조화삼각형으로 이름 붙이고 있다. 이 비율을 식으로 나타내면, 다음과 같이 된다. a(삼각형의 밑변)를 1로 바꾸면,

$$a = 1$$

$$b = \frac{a}{2} \times \sqrt{2} = \frac{1}{2} \times \sqrt{2} = \frac{1}{2}(1.41421.....) = 0.7071$$

$$r = \frac{a}{2} \times \sqrt{5} = \frac{1}{2} \times \sqrt{5} = \frac{1}{2}(2.23607.....) = 1.11803$$

$$\therefore a : b = 1 : 0.7071$$

$$b : r = 0.7071 : 1.11803 = 5 : 7.905$$

$$a : b : r = 1 : 0.7071 : 1.11803$$

이상의 세 가지 비율 중, b : r 의 비(5 : 7.905)는 황금률에 거의 가까운 수치이지만, 제데르 바우에르는 이들 비례를 자연의 모든 형태, 숙성宿星의 배열, 미술품의 조화 등에 적용하여 그 구성을 분석하고, 이것이야말로 조화의 원형이라고 주장했다. 그가 열거한 각종 형태 안에서 특히 흥미로운 연구는 우수한 바이올린 제작에 대한 관찰로서, 아마치, 스트라디발리, 스티나와 같은 저명한 바이올린의 경우 정확히 조화의 비율로 만들어져 있으며, 저음계용의 코마, 다리, 머리, 궁, 현 등 부분적으로 보아도 조화의 정수라는 사실이 명확히 잘 정리되어 있고, 전체적으로 보아도 부분 상호간에 동일한 비율이 일관되게 적용되어 있다고 그는 이야기하고 있다.

3절 비네켄K. Wyneken의 조화율調和律

원圓의 조화율을 연구한 학자로 칼 비네켄Karl Wyneken이 있다. 이 사람은 저명한 학자이자 또한 비례이론가이기도 했다.

그는, 자연계에는 고도의 법칙이 있으며, 뛰어난 미술품에는 표준이 되는 어떤 법칙이 있다고 믿고 자연물이나 미술품의 형상에서 공통적으로 갖추고 있는 이상적 비례를 연구한 결과 다음과 같은 결론을 얻어냈

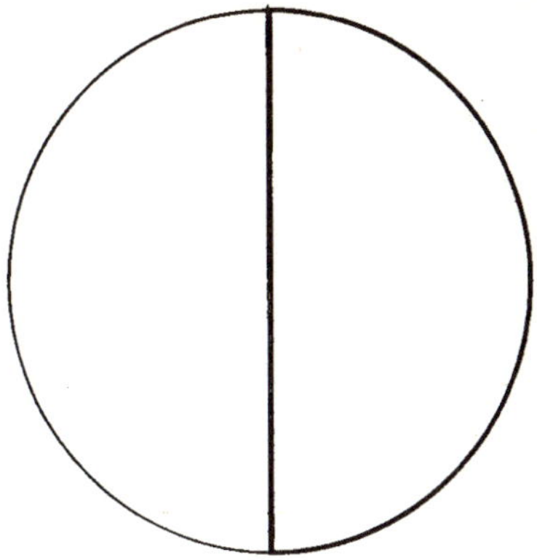

그림 7. 비네켄의 반원율(半圓率)

다. 즉, 원의 반주半周와 직경과의 비比가 그것인데, 그는 그것을 실제로 응용하여 틀림없다는 사실을 확인함과 동시에, 모든 장소로부터 추출되는 이상적인 분할이라고 함으로서, 이것을 "표준비율"이라고 이름 붙였다.

이 비比를 숫자로 나타내면 다음과 같이 된다. 직경 1에 대해 원주율은 3.1415이기 때문에,

$$1 : \frac{1}{2}(3.1415) = 1 : 1.570 = 5 : 7.85$$

가 되며, 이것 또한 황금률에 가까운 비율을 나타내고 있다.

4절 펜타그램pentagram

원圓으로부터 파생되어 나온 조화도형調和圖形의 하나로 펜타그램pentagram이라는 것이 있다.

이것은 정오각형을 내포하는 오능성五稜星을 말하는 것으로, 원주 위에 등 간격으로 놓여진 능稜의 정점을 하나씩 두고 그것을 직선으로 연결하면 최종적으로는 출발점으로 되돌아오며 5개의 정점을 지닌 성형星形이 되는 모습이다.

이 도형은 상당히 오래 전부터 존재해 왔으며, 피타고라스는 이를 "살

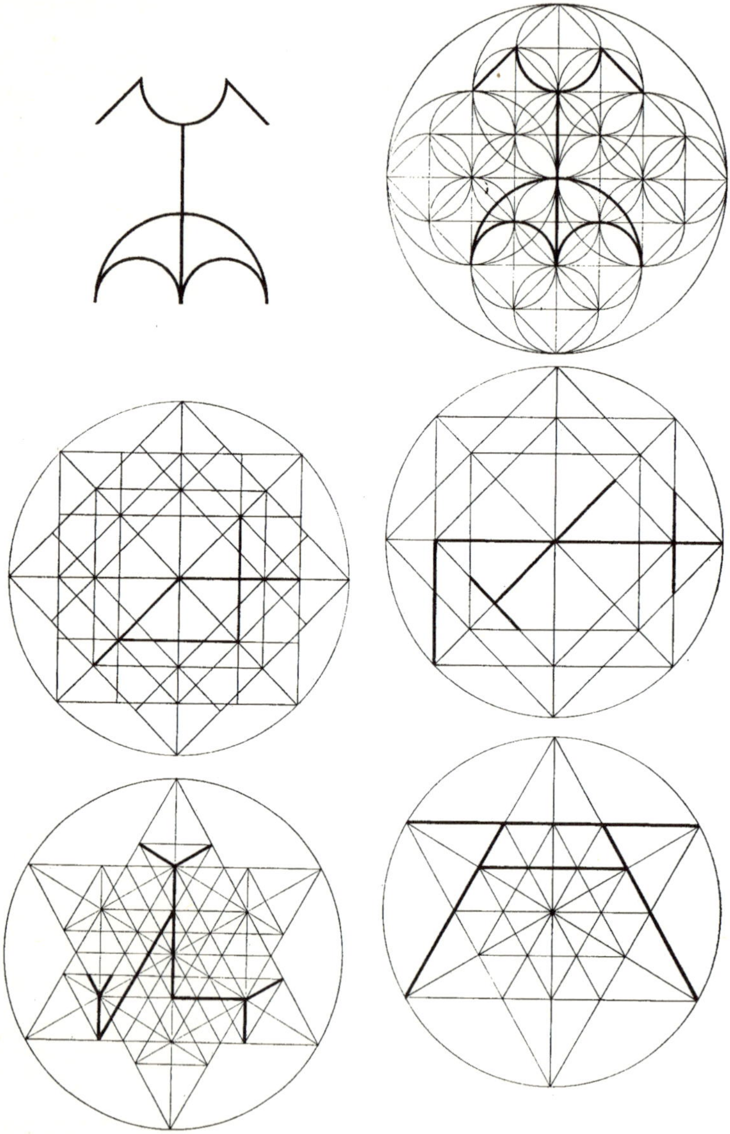

그림 8. 중세 석공조합의 마크[굵은 부분을 문장(紋章)으로 했음]

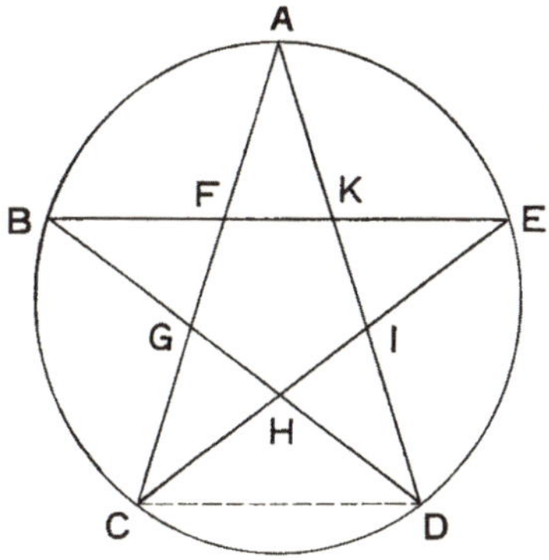

그림 9. 펜타그램과 황금비

그림 10. 비밀결사 프리메종의 마크(현재)

루스피타고라"로 이름붙였다고 전해지고 있으나, 고대에는 덕德의 상징, 또는 원만圓滿함과 함께 어떤 엄정권위嚴正權威의 화신으로 인식되어 그리스나 소아시아, 북구의 여러 나라에서는 종종 화폐나 호부護符에 새겨지곤 했다.

중세에 들어와서부터는 한층 그 신비성이 높아져, 기적을 만들어내는 부적으로 사용되기도 했고, 연기緣起를 중히 여기는 직업의 문장紋章이 되기도 했다. 그 중에서도 주목을 끄는 것은 고딕성당의 건축에 종사했던 중세의 석공조합인 프리메종의 신비적인 문장紋章은 모두 이 펜타그램으로부터 도출된 도형으로, 그 흐름을 따라가 보면 현재의 비밀결사 프리메종의 마크가 되며 현재에도 그것이 전승되고 있다. 〈그림 10〉

하나의 단순한 기하학적 도형에 지나지 않은 이 성형星形이 왜 그렇게 신비시 되었는지는 문제가 있는 부분이지만, 이 형태 가운데에는 일종의 불가사의하게 생각되는 비율 관계가 포함되어 있으며 실제로 황금률의 비율을 각 장소에 구현하고 있다. 교차된 선은 8개의 이등분삼각형과 하나의 정오각형으로 만들어져 있지만 선 상호간에는 황금률이 성립되는 것이다.

펜타그램의 기하학적 성질에는 다음과 같은 특징이 있다. 하나의 원을 5등분하여, A, B, C, D, E라 하고, 각 점을 하나씩 두어 직선으로 연결하면, AFK, BGF, CHG, DIH, EKI 의 5개의 이등변삼각형이 만들어진다. 이 삼각형 밑변의 양측의 각도는 72°로, 정점은 그 반인 36°이다. 또한, 각 정점을 연결하는 선(점선부분)을 가상하면 10개의 상사형相似形의 이등변삼각형이 가능하다. 상사형相似形의 대표로서, 다른 크기의 삼각형을 모으면 AFK, ACD, CDI 가 되며, 이와 같이 크기가 서로 다른 3종류의 삼각형은 어쨌든 한 변과 밑변이 5 : 8.09 = 1 : 1.618의 비율을 나타내어, 정확히 황금비율에 합치하게 된다.

5절 여러 비율과의 비교

이상과 같이 열거한 여러 비율 사이에는 어떠한 차이가 있으며, 또한 어떠한 공통점이 있는지 하나의 결론으로서 비교 검토해 보자.

(1) 루트2($\sqrt{2}$) 1 : 1.414 = 5 : 7.07
(2) 비네켄의 비율 1 : 1.572 = 5 : 7.85
(3) 제데르 바우에르 1 : 1.581 = 5 : 7.905
(4) 펜타그램 = φ 1 : 1.618 = 5 : 8.09
(5) 루트3($\sqrt{3}$)(정삼각형 가운데의 비율) 1 : 1.732 = 5 : 8.66
(6) 루트4($\sqrt{4}$) 1 : 2 = 5 : 10
(7) 루트5($\sqrt{5}$) 1 : 2236 = 5 : 1.118

이상, 7종류의 비례 가운데 비比가 가장 근접하고 있는 것은 (2)의 비네켄의 5 : 7.85, (3)의 제데르 바우에르의 5 : 7.905, (4)의 펜타그램의 5 : 8.09 등 세 종류로, 그 차이는 그림에 표시한 바와 같이, 선의 구분으로는 거의 알아볼 수 없을 정도로 근소한 것이다. 또한 (3)과 (4)의 평균을 내면

5 : 7.998이 되며, 실용적인 면으로는 5 : 8로 상정해도 지장이 없는 수치가 된다. 다른 사람이 다른 방법으로 계산한 결과, 가장 이상적인 조화율은 실제로 5 : 8로 요약할 수 있는 비比였다는 것을 이들 사실이 명백히 증명해 주고 있는 것이다.

3장 수학적으로 본 황금률黃金律

황금분할을 기하학의 명제로서 제기했던 사람은 권두에서 이야기했듯이 유클리드이다. 기원전 300년경, 그가 저술한 『기하학』 제2서 중에 그 해법이 설명되어 있다.

그 명제는 "하나의 선분을 대소大小 두 가지로 나누고 작은 쪽의 선분과 전全 선분에서 나온 구형矩形을 큰 쪽의 선분에서 나온 정방형에 근사近似시키는 것"을 말한다.

이는 분할된 각 선분을 AB라 하고, $A(A+B) = B^2$ 또는 $A : B = B : (A+B)$가 되도록 AB를 구하면 나오는 것으로, 작도로 쉽게 얻어질 수 있다.

정방형 ABCD를 만들고, 밑변 BC의 2등분점 O로부터, OD(대각선)를 그리고, 그 길이를 반경으로 하는 원호圓弧를 BC의 연장선상의 C′점으로 그린다. 다음에 CC′를 반경으로 하는 원호를, 정방형의 우변 DC로 돌려, 콤파스의 다리가 DC를 가르는 절점 A′를 통해, 직선 B′D′를 그리면, 구하는 구형矩形 0.382구형(증명 $1-0.618 = 0.382$)을 얻을 수 있다. 즉, 구형 B′BC′D′와 정방형 ABCD는 같은 양量이다. 〈그림 12〉

그리고, 원래 정방형 ABCD 내에 구획된 구형 B′BCA′는 φ(황금분할구형)가 된다. 또한, BC′선상에 구획된 작은 정방형 A′CC′D를 근거로 해서 앞의 같은 과정을 반복하면, 작은 정방형 위의 구형矩形은 φ가 되며, 그것을 포함한 전체 구형은 하나의 커다란 황금구형이 된다. 이 도형의 황금구형은 그 안에 크고 작은 2개의 정방형과, 크고 작은 2개의 φ구형

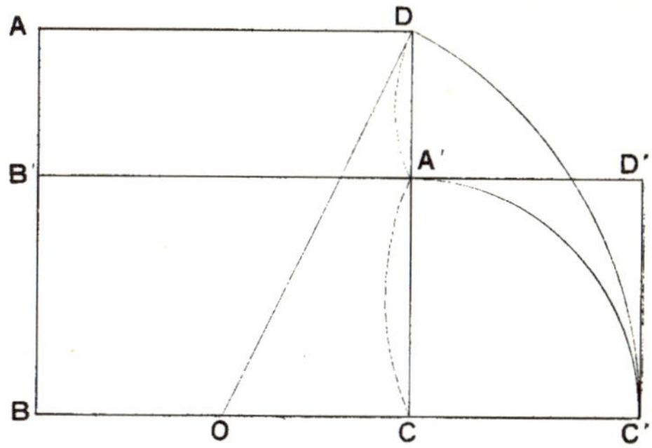

그림 12. 황금구형(黃金矩形)의 작도법

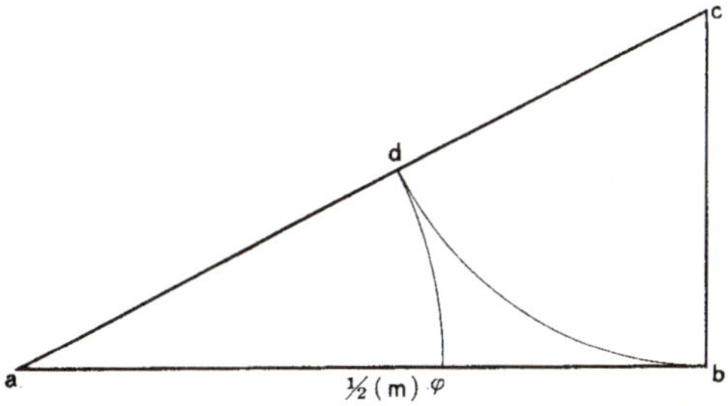

그림 13. 유클리드에 의한 황금률의 해법

및 크고 작은 2개의 0.382구형(정방형+φ구형)을 내포하는 모양이 되는 것은 그림을 통해 이해할 수 있다.

0.382구형은, φ구형의 단변에 정방형을 붙인 모양이며, 정방형 내에 φ구형을 잡으면 나머지 부분은 언제나 0.382구형이 된다.

φ구형의 작도법은 다양하지만, 유클리드의 해법에 따르면, 우선 주어진 선분 ab를 이등분하고 b에서 mb의 길이 만큼을 b점에 세워 c점을 정한 후, c에서 a 로사선을 그어 삼각형 abc를 만든다. 이 삼각형은 $\sqrt{4}$ 구형을 대각선으로 이등분한 형태와 같다. 그곳에서 이 대각선ca 의 d점으로부터 cb의 길이만을 콤파스로 잘라, 남은 da의 길이를 ab선상에 잡으면, 황금분할점 φ가 얻어진다. a에서 φ점까지가 장선(1.618), φ에서 b까지가 단선(1.00)의 비가 된다. 이 비를 장변의 길이로 해서 구형矩形을 만들면 황금구형黃金矩形이 되는 것으로, 앞서 기술한 것은 정방형을 이등분하

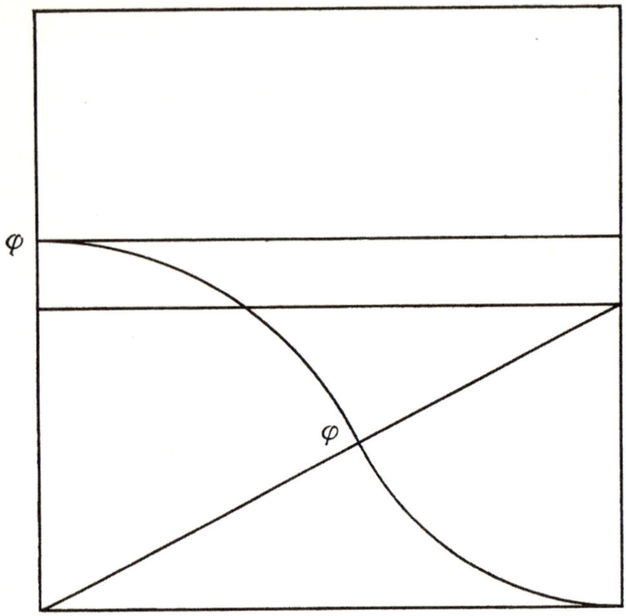

그림 14. 정방형 안으로 황금구형을 만드는 방법

고, 그 대각선을 정방형의 밖으로 연장하여 φ의 장변의 길이를 구하는 방법이었지만, 위의 조작을 정방형 내에서 해보는 것도 가능하다. 〈그림 14〉와 같이, 정방형을 이등분하고 $\sqrt{4}$의 대각선을 그린 다음, 이등분의 길이를 그 위에 잡으면, 남은 길이가 φ의 단변이 되며 정방형의 한 변이 그대로 황금구형의 장변의 길이가 되는 것이다.

13세기 초엽, 이탈리아의 수학자 레오나르도 다 피사Leonardo da Pisa(1175-1250)는 자신의 저서에서 다음과 같은 문제를 해결하고 있다.

"한 마리의 토끼로부터 1년 간 몇 마리의 토끼를 얻을 수 있을 것인가? 단, 각 1마리는 다음 달부터 매월 새로운 새끼 1마리를 낳고, 사망은 전혀 없는 것으로 한다."는 문제인 데, 이 조건으로부터 매월마다 토끼의 증가는 다음과 같은 수가 된다고 발표했다.

1, 2, 3, 5, 8, 13, 21, 34, 55, 89, 144, 233, 377, 610 ....

이 숫자는 제3항부터 다음의 각 항에 있어, 앞선 2항의 수를 더한 것과 같다는 성질을 갖고 있으며, 레오나르도를 통상 지칭하는 피보나치의 이름을 따라 피보나치 급수級數로 부르고 있다. 이 급수의 연속하는 2항의 비는, 황금지수黃金指數 1.618의 근사치가 되며, 각 항이 뒤로 갈 수록 그 수치에 가깝게 된다. 610에서부터 계속 진행해 가면 987 : 1597 : 2584 : 4181 : 6765 : 10946 : 17711 까지 계속되며, 그 결과 여기서 1 : 1.617 의 비比에 도달한다. 계속해서, 17711 : 28657 : 46368 : 75025 에 이르러 처음의 1 : 1.6180 의 비가 되는 것이다.

$$75025 \div 46368 = 1.6180, \qquad 1 : \varphi = 46368 : 75025$$

이후, 17세기에 들어와서 수학자 A. 지라르드Albert Girard가 이 급수를 근거로 하여, 황금비가 무리수가 되는 것을 근사近似 정수로 나타내는 방법을 통해 다음과 같은 수의 순서를 만들었다.

0, 1, 1, 2, 3, 5, 8, 13, 21, 34, 55, 89 ......

이것을 선분으로 나타내면 〈그림 15〉와 같이 된다.
a : b : c : d ....

그림 15. 황금률에 의한 선분의 발전

이들 사이에는, a : b = b : c = c : d의 관계가 존재하며, 전부 황금률이다.

이 수열의 앞쪽에 있는 3 : 5, 5 : 8 등은 앞절에서 서술한 바와 같이, 실용적인 면에서 황금비에 가까운 효과를 지니며, 그대로도 사용할 수 있는 간편한 수치이기는 하지만, 수학적인 엄밀함을 필요로 하는 경우에는 다음과 같은 정밀한 급수가 나오게 되며, 그것을 사용해야만 한다.

118, 191, 309, 500, 809, 1309, 2118, 3427 .....

위의 수열에서 임의로 연속하는 2항을 취하면, 그 비는 1 : 1.618이 되며, 하나 건너 다음 항, 예를 들어 500 : 1309의 비는 2.618이 된다. 이 2.618은 1.618의 2배이며 또한 1.618에 1을 더한 수와 같다. 또한, 두 수數를 건너 다음 항의 비, 예를 들어 118 : 500과의 비는 4.236이 된다. 이 4.236이라는 수는 1.618의 3배이며, 또한 2.618에 1.618(φ)을 더한 수(2.618+1.618 = 4.236)이기도 하다. 더욱이 또한, 1.618의 2배에 1을 더한 수(1.618×2 = 3.236+1.00 = 4.236)와도 같다. 이상과 같이 동일한 관계는 얼마든지 더 진행해 갈 수 있다.

이 급수는 그리스의 고전미술에서 실제로 나타나고 있는 수치로서, 뒤에서 이야기할 '다이나믹 심메트리Dynamic Symmetry' 의 제창자인 햄비지 교수가 자신의 이론에서 다루고 있는 수치로서 "서브스튜트 시리즈substitute series"로 불리우고 있다.

4장 이집트시대의 황금분할

1절 황금비黃金比의 기원

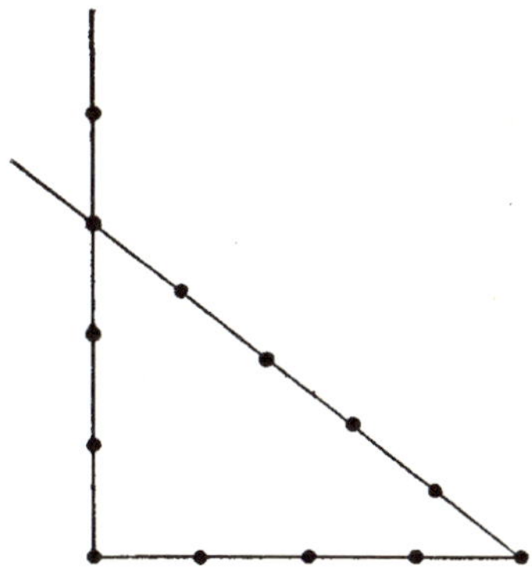

그림 16-1. 고대 이집트에서 행해진 망(網)으로 직각을 구하는 방법

인류가 최초로 발견한 기하학적 도형의 작도방법은 원이다. 가축을 막대에 묶어 두면, 가축은 자신의 주변 풀을 점차 먹어가면서 막대 주변을 돌게 된다. 그리고 밧줄이 미치는 범위에서 자신 주변의 풀을 다 먹어버리면 그곳에 원이 만들어진다. 결국, 밧줄의 길이를 반경으로 해서 이렇게 땅에 원을 그리는 방법을 인간은 가축에게서 처음 배운 것이다. 그러나, 직각을 사용하여 정방형을 만들게 되기까지는 상당히 오랜 시간을 보내야 했다. 그것은 인류의 지혜가 고도로 발전한 다음의 일이었기 때문이다.

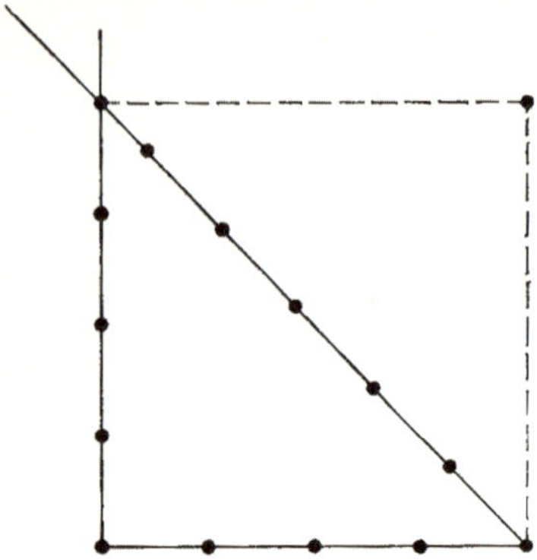

그림 16-2. 고대 이집트에서 행해진 망(網)으로 직각을 구하는 방법

이집트시대에는 간단한 방법으로 정방형을 그리는 방법을 알고 있었다. 〈그림 16〉과 같이 하나의 밧줄에 등간격으로 14개의 매듭을 만들어 둔다. 그리고 우선 두 번째의 매듭을 막대로 묶어 둔다. 그 다음 첫 번째부터 계산해서 다섯 번째의 매듭을 또한 막대로 묶어 둔다. 그곳에서 밧줄을 잘라 구부리고, 아홉 번째의 매듭에 막대로 묶는다. 이렇게 계속하여 14번째의 매듭을 처음의 두 번째 매듭에서 돌리고, 막대가 있는 곳에 세워 밧줄을 잡아당기면 3 : 4 : 5의 비례를 갖는 직각삼각형이 나온다. 직각삼각형이 나오면 이번에는 두 번째의 매듭에서 돌린 밧줄을 막대에서 벗겨내 처음의 매듭에 연결하고, 그것을 반전시키면 정방형을 얻을 수 있다.

피라미드의 구축이나 각종 신전의 평면은 모두 이 승장법繩張法 coding of the temple에 의해 획정된 것으로, 공사에 앞서 지상에 실물크기로 작도하기 시작했던 것이다.

이집트는 나일강 유역에 있었으며, 토지는 매년 정기적으로 홍수로 인해 범람이 되었다. 하천의 범람으로 토지는 비옥했으나 홍수가 있을 때마다 토지의 경계선이 유실되기 때문에 소유지를 다시 측정할 필요가 있었다. 그 때문에 이집트에서는 세계에서 가장 일찍이 측량술이 발달했던 것이다.

하나의 밧줄로 정방형을 만드는 방법도 필요에 의해 생겨난 것이지만, 그것 또한 조형적인 면에서도 중요한 기여를 하는 결과가 되었다는 것은, 그들이 직각을 만드는 과정에서 발견한 직각삼각형이 그 자체 뛰어나게 아름다운 하나의 미적 형식이기도 했기 때문이다.

이 삼각형은 〈그림 16〉과 같이 3 : 4 : 5의 정연한 정수비正數比를 지니며, 3개의 변의 선분의 최단과 최장의 비는 3 : 5로 명확히 황금비를 나타내고 있다.

후세에 레오나르도 다 빈치Leonardo da Vinci를 비롯해, 문예부흥기의 거장들이 이를 이집트삼각형이라 불렀으며, 사물의 위치 부여나 구성을 위한 기본형으로 애용했던 것이 이 삼각형이었으나, 정방형의 발견이 동시에 미의 발견이 되었으며 황금비의 기원이기도 했다는 사실은 시사하는 바가 크다고 하지 않을 수 없다.

2절 피라미드

이집트 피라미드 가운데에서 가장 크고 특히 유명한 피라미드라 하면, 무엇보다도 기제에 있는 쿠푸(케오프스)왕의 제1피라미드를 들 수 있을 것이다. 이것은 밑변의 길이 약 230m, 높이 약 146m, 평균 2.5톤의 절석을 약 230만개를 쌓아 올려 만들었다고 전해지고 있다.

이것이 건조되었던 것은 지금부터 약 4,500년경 이전의 일이었기 때문에, 당시 사람들의 지혜라는 점에서 단지 감탄할 뿐이지만, 이 피라미드는 모양의 장대함 뿐만 아니라 생김새도 뛰어나다. 외장은 석재를 노출시켜 맞대어 쌓은 각추형角錐形 사면체의 단순한 건조물이지만, 광대한 사막의 지평 위에 떠오른 균제를 이룬 삼각형의 실루엣이 우아하며 아름답다고 말하고 싶을 정도의 단정한 형식form을 보여주고 있다.

그러나, 이 피라미드가 지닌 조형적인 아름다움에 대해 학문적으로 그것을 규명한 학자는 이제까지 아무도 없었다. 금세기에 들어와, 뮌헨의

그림 17. 기제의 제1피라미드(좌측)

기사技師인 케이 크레피시가 현지를 답사하여 실측한 결과, 표면에 나타난 삼각형과 밑변을 점하는 정방형의 면적 그리고 전면적이 일정한 비比를 이루며, 그것이 황금비에 가까운 비라는 것을 시사한 정도에 머물렀다.

그 후, 1925년에 이집트정부 스스로 면밀한 실측조사를 수행하여 앞서 언급한 높이 약 146m, 밑변의 폭 약 230m라는 치수가 명확히 밝혀졌는데, 이 숫자는 우리들의 흥분을 불러 일으키기에 충분한 수치로, 제3장에서 서술한 피보나치 급수 가운데 제11항 : 제12항(지라르드의 수열로는 제13항 : 제14항)의 비比 144 : 233에 거의 합치하고 있는 것이다. 피라미드의 경우는 높이 약 146m이기 때문에 144와의 차이는 불과 2이며, 폭의 경우는 약 230m이기 때문에 233이라는 수치에 대해 3정도의 차이 밖에 없다.

높이와 폭의 관계가 이러한 황금률의 근사치를 나타내고 있다고 할 경우, 이 관계는 당연히 밑변의 정방형과도 밀접하게 연결되어 있기 때문에, 피라미드의 설계자는 아마 다음과 같은 과정을 밟아 그 비比를 나누었던 것은 아니었을까 하는 추정이 쉽게 성립되는 것이다.

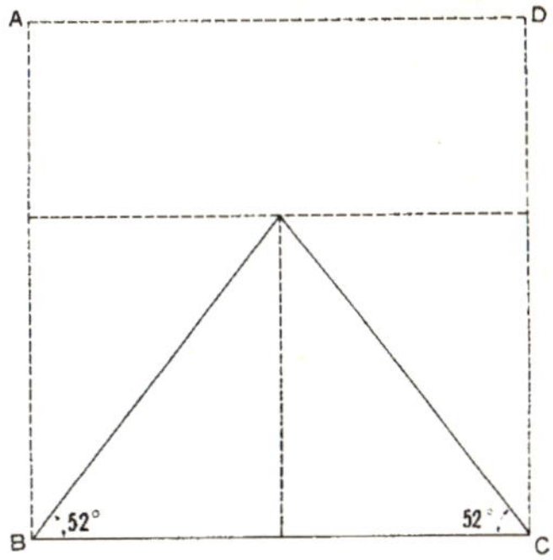

그림 18-1. 제1 피라미드의 설계원안 평면계획

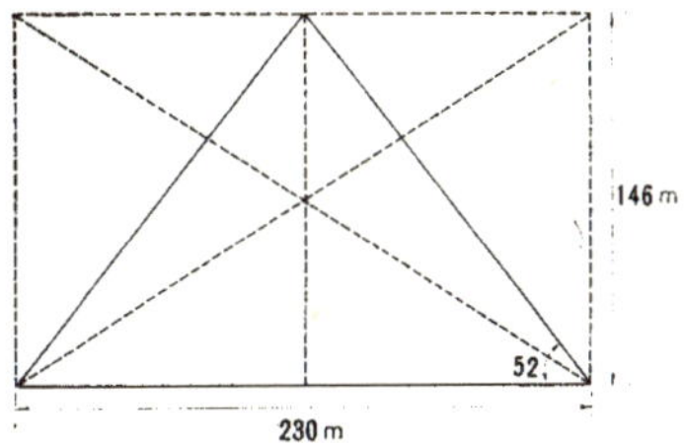

그림 18-2. 높이의 분할

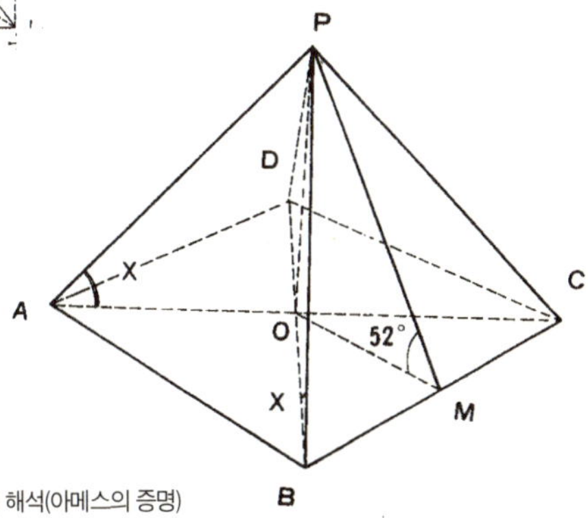

그림 19. 피라미드의 해석(아메스의 증명)

제일 처음에는, 우선 밑면의 정방형의 크기를 결정하고, 그 다음에 그 정방형 안에 앞장에서 언급한 φ구형의 작도법에서 서술한 바와 같은 방법으로 황금구형을 구하고, 이 구형의 단변의 길이와 높이를 결정했을 것이다. 즉, 〈그림 18〉과 같이 φ구형矩形의 장변의 이등분점을 정점으로 하여 구형의 좌우 양단으로 사선을 그으면 하나의 삼각형이 나오며, 동시에 그 균배도 결정된다는 간단한 의도, 그러나 놀라울 정도의 합리적인 방법에 의해 전체와 각부를 완전히 통제 하에 두고, 황금비율의 지배에 의해 이 비례가 지닌 독특한 아름다움을 형태상으로 구현시켰다고 생각했음에 틀림없는 것이다.

이상의 추정에 유력한 증거를 제공하는 것은 영국 국립박물관British Museum에 소장되어 있는 유명한 린드 파피루스이다. 이 자료는 지금부터 약 3,600년 정도 이전(쿠푸 왕의 피라미드 건축 후 약 1,000년이 지난), 이집트의 수학자 아메스가 기록하여 남긴 건축과 수학에 관한 귀중한 파피루스(책)으로써, 전체의 글이 성직문자聖職文字로 만들어져 있는 것을 영국의 고고학자인 린드가 연구 해독解讀한 것으로 '린드 파피루스' 라고 불리우고 있다. 그 안에 피라미드와 관계 있는 약간의 기술이 있다.

당시의 기록자 아메스는 기제에 있는 세 개의 대大 피라미드의 형상에 대해 언급하고, 이 각추형角錐形이 측면의 삼각형과 밑면과의 각도가 각각 52°로 만들어져 있다고 서술하고 있다.

〈그림 19〉는 그에 대한 해석도이다.

P는 피라미드의 정점, P로부터 밑면으로 곧바로 수직선을 그어 내리면 그 점이 O, 밑면은 정방형이기 때문에 O는 그 중심점이 된다. 밑면의 한변 BC를 이분한 절점을 M으로 하면, PM은 BC에 대해 수직이 되며, PMB는 직각이 된다. 삼각형 PBC는 이등변삼각형이기 때문에, 물론 OM이나 BC에 대해 수직이다. 따라서, 측면의 삼각형 PBC와 밑면의 정방형 ABCD와의 각, 즉 직선 PM과 OM의 각 PMO를 말하는 것으로, 이것이 52°인 것이다. 또한, 각 POM, POA, POB, POC는 여하튼 직각삼각형이기 때문에, 밑면의 정방형 ABCD의 대각선의 $\frac{1}{2}$의 길이, 예를 들어 OC의 길이와 능선 PC의 길이의 비比가 0.742가 되도록 하면 이 삼각형을 얻을 수 있다는 것을 아메스는 기록하고 있는 것이다.

각 PMO = 52°

$$\frac{OC}{PC} = 0.742$$

그런데, 각 PMO에 주어진 이 52°라는 각도는 피라미드의 측면의 경사를 규정하고 있는 조형상 결정적인 요소로서, 바꾸어 말하면 피라미드에 적절한 위엄과 안정감을 부여하고 있는 뛰어난 균배의 아름다움의 비밀인 것이다. 그러나 이 아름다운 삼각형은 전술한 바와 같이 황금구형으로부터 쉽게 취할 수 있는 삼각형이었다. 그리고 이 균배와 밑변과의 각도는 그림대로 정확히 52°를 나타내고 있는 것이다.

3절 람세스 4세 분묘의 평면계획

과거부터 정방형의 성격에 정통했던 이집트인들은 자연히 정방형의 조형적 취급에도 강점을 지니고 있었다. 피라미드의 설계는 오히려 간단한 사례로, 정방형 안에 황금구형을 계획하는 등 이집트의 예술가들에 있어서는 매우 쉬웠던 일이었을 것으로 생각할 만큼, 고도로 발달된 상당히 정교한 사례를 보여주고 있다.

〈그림 20〉은 이집트문화가 성숙했던 제23왕조(B.C 1200-1085) 람세스 4세 분묘의 평면도로서 동시대의 파피루스에 기재된 그림을 해석한 것이다.

분묘의 평면계획은 그림에서 볼 수 있는 것처럼, 정방형의 영역에 3중으로 성곽을 쌓는 방식으로 성곽의 중앙에는 관실棺室이 있다. 관실의 평면은 $\sqrt{4}$구형으로, 가운데의 성곽은 황금구형, 외곽은 φ구형을 상하로 중첩시킨 F자형을 하고 있으며, 그 전후좌우 공간들의 상대적인 관계가 실로 아름다운 것은 분묘영역의 정방형에 대해 성곽의 위치나 볼륨의 분할 등이 완전한 규제를 지니기도 하지만, 그러나 그 분할이 일정한 순서를 따라 일사분란하고 합리적인 정연한 방법에 의해 결정되어 있기 때문이다.

이에 대한 해석은 필자 독자적으로 시도해 본 것으로, 작도의 순서를 아래에 설명하고자 한다.

(Ⅰ) 첫 번째 조작은 분묘영역 S(정방형 ABCD)의 상하 양변상에 φ_1(상부) (AbcD) 및 φ_2(하부) (aBCd)를 만드는 것으로부터 시작된다. 정방형의 상하로부터 만들어지는 이 두 개의 φ구형矩形에 의해, 우선 성곽의

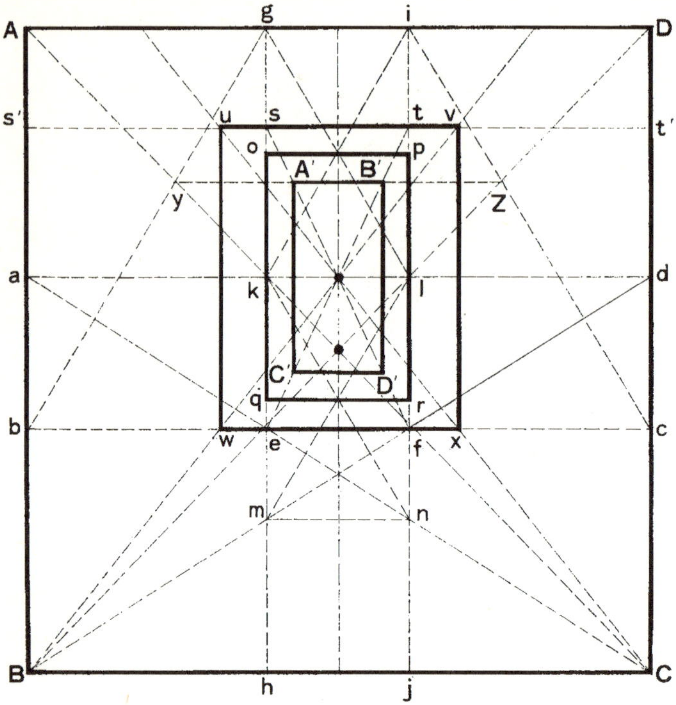

그림 20. 람세스4세 묘의 평면 작도법

위치 잡기가 행해졌던 것으로 보이며, φ_1(상부)의 하변 bc는 외곽의 전단부(입구가 위치함)를 규정하고, 이 선으로부터 안으로 성곽이 만들어진다는 것을 예상할 수 있다. 또한, φ_2(하부)의 상변 ad는 관실棺室의 중심위치를 결정하며, 동시에 분묘 영역의 정방형의 중심으로부터 안쪽으로 들어가는 거리를 규정한다.

(II) 다음으로, φ_2(하부)의 대각선 aC 및 dB를 그리고 이것과 φ_1 (상부)의 하변 bc와 교차하는 2개의 교점 e, f를 구하고, e, f를 통해 각각 세로로 gh선 및 ij선을 그리면 이 두 개의 선이 가운데 성곽의 옆 폭을 규정

하게 된다.

그리고 중심 성곽의 이 2가지 선의 외곽에는 Abeg 및 ifcD의 2개의 공간이 남지만, 이 공간은 원래의 φ이다. 또한, 이 세로의 2개의 선 gh 및 ij와 φ_2(하부)의 상변 ad가 만나는 교점 k, i로부터 위쪽, 즉 gkli가 φ가 되며, 더욱이 k, l로부터 밑의 이 두 가지 선 kh, lj와 φ_2 (하부)의 대각선 dB 및 aC가 교차하는 교점 m, n까지, 즉 kmnl은 동일하게 φ가 된다.

(Ⅲ) 다음으로, 이상의 상하 두 개의 작은 φ의 각 중심점(대각교점)을 구하고, 각각의 중심점을 통해서 옆으로 op 및 qr을 연결하면, 중심 성곽의 모양 oqrp가 얻어진다. 이것도 같은 φ이다.

(Ⅳ) 다음은 외곽의 뒷단을 결정한다. φ_1(상부)의 하변 bc선상의 교점 e, f로부터 관실棺室의 중심을 통해 위로 두 개의 대각선을 연장하고, 그 밑脚이 gh선을 자르는 개소 s와 ij선을 자르는 개소 t를 구하고, 이 두 개의 교점 s, t를 통해서 옆으로 정방형의 양변에 이르는 수평선 s′t′선을 그리면 이것이 외곽의 뒷단의 위치를 결정한다.

(Ⅴ) 다음은 외곽의 좌우 양측을 결정한다. 이것은 분묘영역 S(정방형 ABCD)의 하부 모서리 B, C점으로부터, 관실棺室의 중심점을 통과하는 두 개의 직선을 상하로 연장하여, 그 밑脚이 외곽의 앞단 및 뒷단을 결정하고 있는 분묘영역의 정방형상의 bc선 및 s′t′선을 가르는 개소 u, w, x, v를 구하면, uw가 외곽의 좌측 벽의 선, vx가 우측 벽의 선을 결정하며, uwxv의 외곽선이 된다.

(Ⅵ) 마지막으로, 안쪽 성곽 즉 관실棺室의 결정이다. 분묘영역 S(정방형 ABCD)의 대각선 AC 및 DB를 그리고, 이것과 중심 성곽의 양측에 남겨진 두 개의 공간 Abeg 및 ifcD의 대각선 gb 및 ic가 접하는 두 개의 교점 y 및 z를 연결하면, 관실棺室의 뒷단의 위치가 결정된다. 다음으로, 외곽의 앞단 및 뒷단을 규정한 seft의 대각선 sf 및 te와 관실棺室의 뒷단을 규정한 yz선의 교점 A′, B′를 구하고, A′, B′를 관실棺室의 폭으로 해서 세로로 A′, C′ 및 B′D′선을 그으면 관실棺室의 양측이 얻어지며, C′, D′를 옆으

로 연결하면, 관실의 앞단이 결정되어 완성된다. 관실棺室 A′C′D′B′는 $\sqrt{4}$구형이다.

4절 세토스 1세 분묘의 벽화

이 그림은 루브르 미술관에 있는 이집트 제14왕조(B.C 1312-1928) 세토스 1세 분묘의 벽화로서 회화에 적용된 황금률의 사례이다.

이 세장한 벽화의 모습은 φ구형을 기본으로 하여 그것을 구형 밖으로 연장하고, 세 번째 과정에서 전체 화면을 결정하여 그 메카니즘의 전개에 따라 세부를 나누어낸 것으로, 람세스 4세 분묘의 평면계획만큼 정교한 것은 아니지만, 그 순서와 기본개념은 매우 동일한 것이다.

〈그림 21-1〉과 같이, 우선 φ구형 abcd를 만들어 대각선 db를 구하고, db의 길이를 반경으로 하여 이것을 구형矩形 밖으로 연장하면, 제2구형 ebcf가 얻어진다. 그 상변 ef에서 인물의 신장, 즉 머리의 높이를 결정하고, 다음으로 〈그림 21-2〉와 같이 제2구형 ebcf의 대각선 fb를 반경으로 해서 동일하게 구형을 밖으로 연장하면, 제3구형 gbch가 얻어진다. 이 구형의 윗변 gh는 여신 하토르의 머리장식의 높이를 규정하고 있다. 더욱이 제3구형 gbch의 대각선 hb를 반경으로 하여 동일한 과정을 반복하면, 제4구형 ibcj 즉 전체의 화면의 모습이 얻어지는 것이다.

다음으로, 그 밑의 φ구형 abcd로 돌아가서, 〈그림 21-3〉과 같이, 구형矩形의 장변 dc를 반경으로 잡고 콤파스를 구형 안으로 돌리면 제5구형 kbcl이 얻어진다. 이 구형은 $\sqrt{\varphi}$라 불리우는 구형으로, $\sqrt{\varphi}$의 윗변 kl은 인물의 허리의 위치를 결정한다. 더욱이 $\sqrt{\varphi}$구형의 장변 bc를 반경으로 하여 동일한 과정을 구형 안에서 반복하면 제6구형 mbcn이 얻어진다. 이 구형의 상변 mn은 내린 손의 위치나 의복의 색채의 분포 위치를 규정한다.

그림 21. 세토스 1세 묘의 벽화

21-1 21-2

그 밑으로는 장변과 단변의 길이가 역전되기 때문에, 같은 과정으로는 진행할 수 없다. 따라서, 구형의 전개도 그곳에서 끝나게 된다. 이 조작과정 중 가장 마지막으로 가능한 제6구형 mbcn은 다시 $\sqrt{\varphi}$를 이룬다. $\sqrt{\varphi}$구형은 φ구형을 장변으로 두 개 중첩시킨 캔버스의 F형에 가까운 형태로, 그 차이는 $\frac{3}{100}$ 정도이기 때문에 시각적으로는 F형과 거의 같은 효과를 지니며 중앙에서 둘로 나누면 각각 황금구형의 근사치가 되고, 세토스 왕의 벌린 다리부분이 정확히 그 안으로 들어온다. 그 외에 인물의 안면, 가슴, 어깨 등의 폭은 모두 이상 6개 구형의 변과 대각선의 교점을 통해 그린 수직선에 의해 나누고 있음을 주의해서 보기 바란다.

21-3 21-4

이 작도법은 현대에는 몬드리안이 거의 그대로 답습하고 있으며, 그의 추상회화에 응용되고 있다는 사실은 그 역사성을 나타내고 있다고 서술해야 할 것이다.

5절 사왕蛇王의 비碑

이것은 조각의 경우에 있어서의 사례이다. 이집트 문화의 아직 여명기라고 해야 할 제1왕조의 작품으로 같은 시기의 수작으로 알려져 있다.(루브르 미술관 소장)

이 비석은 요절한 왕자의 분묘의 표식으로 만들어졌기 때문에 정면 상부에 수호신인 호루스의 심볼인 매를 보여주고 있으며, 그 밑에 왕국을

22. 사왕(蛇王)의 비(碑)

상징하는 뱀과 신전이 상형문자로 조각되어 있다. 간단한 그림이지만 호루스의 화신인 매는 이 표식에 상당히 잘 어울리며 어린 새의 모습으로 표현되어 단순한 형태 안에서도 왕국을 수호하는 결연한 결의와 지금도 날개를 펄럭이려는 듯한 생생한 기운이 넘치도록 하고 있다.

동물의 정확한 관찰, 그 정교하고 요약적인 단순화, 부족함이 없는 구도의 정리 등 후세의 어떠한 부조浮彫에 비해서도 손색이 없는 훌륭한 작품인 것이다.

이 비석을 분석했을 때 놀라운 것은 부조의 내부공간이 황금비의 반복에 의해 구획되었으며, 그 틀도 아래쪽의 뱀과 신전을 둘러싼 구형의 전체가 완전한 황금구형, 그 좌우에 불균형하게 남겨진 공간의 비比도 동일한 φ율을 나타내며, 별것 아니게 보이면서도 어떠한 빈틈도 없는 긴장된 구도를 만들어내고 있다. 제1왕조라 하면, 멀리는 5,000년 이전의 과거의 사실이기 때문에 놀라운 일이라 할 수 있다.

이상으로 고대 이집트인들이 수 천년이나 거슬러 올라가는 태고적 시대로부터 황금비에 정통해 있었으며, 이것을 건축을 비롯해 회화, 조각 기타 모든 조형미술의 구성에 적용했다는 것을 이해하게 되었다고 생각되지만, 이 사실은 그리스의 황금률에 비해서는 아직 일반적으로 알려져 있지 않은 것이다.

5장 그리스시대의 황금분할

1절 크라이스지오메트리

그리스인이 아나로기아라 불리우는 비례법을 사용하여 그들의 신전이나 미술작품의 비례를 만들어냈던 것은 로마의 건축가 비트루비우스가 일찍부터 간파했던 사실이지만, 그 비례가 인체의 비례에서 도출되었다고 단순히 믿어 왔던 것에 그의 오류가 있었다.

전술한 다이나믹 심메트리를 제창한 햄비지 교수와 크라이스지오메트리를 제창한 모제르 박사 모두 인체비례를 부정했던 것은 아니지만, 고대의 조형작품에서 확인되는 비례는 보다 더 수리적 근거에 기초하여 기하학적으로 표현되고 있다는 점에서는 일치하고 있다.

우선, 모제르 박사의 '크라이스지오메트리' 에 대한 설명을 요약하자면, 그는 다음과 같은 논지를 전개하고 있다.

> 이집트 초기부터 중세 말까지 건축을 포함한 기타 조형작품을 연구한 후 내가 깊이 깨달은 것은 그것들에서 수적인 관계의 일정한 계획성이 확인된다는 것이었다. 그것들은 시대에 따라 다른 표현양식을 지니지만 구성의 근저에는 각 시대에 공통하는 동일한 법칙이 존재하며, 그것은 산술적인 것이 아닌 기하학적인 특질을 지니고 있고, 원주의 규칙적인 분할, 즉 4, 5, 6, 7, 8, 10 등의 수에 의한 분할을 기초로 한 것이었다.

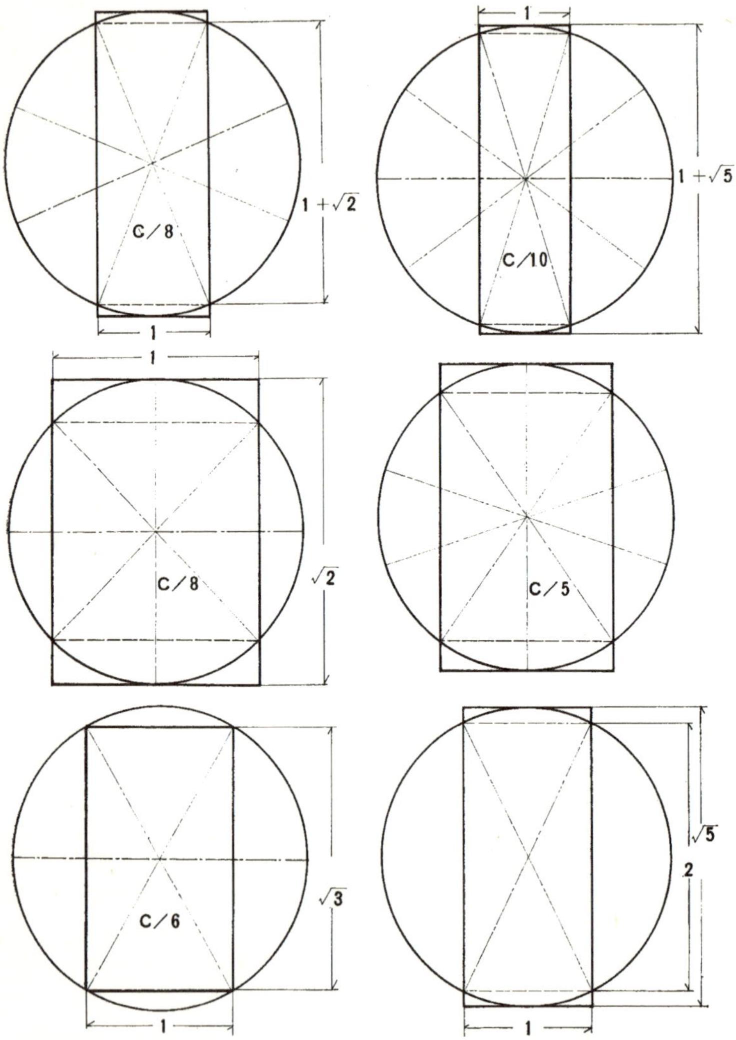

그림 23. 크라이스지오메트리에 의한 원주의 분할

원주의 분할에 의해 망상網狀으로 전개되는 정방형, 삼각형, 다각형, 성형星形다각형 등의 다양한 시스템이 구성되지만, 이들 기하학적 형상은 건축이나 조각의 기조를 이루는 형形이며, 이들 형태는 소위 플라톤 입방체의 정사면체, 정육면체, 정팔면체, 정십이면체의 투영도와 다르지 않다는 것이 이해되었다.

문예부흥기 이후, 기하학적인 비례는 크게 산술적인 프로포션의 개념으로 분리됨으로써, 기하학적 비례가 지닌 독특한 감각을 상실했으나, 산술적인 프로포션은 기하학적인 프로포션을 이해하고 활용하기 위한 수단으로서, 프로포션의 기초는 어디까지나 기하학적인 것이었다.

크라이스지오메트리에 의한 기하학적 구성은 형태 전체를 결정함과 동시에 그 부분적 관계를 규정하기 때문에 전체와 부분은 결국 상사적相似的 관계에 놓여진다.

각종 원주의 분할 중 고대의 건축가들이 가장 애호했던 것은 원주의 10등분과 그 유도형식으로부터 나온 것으로, 그 분할에서 생겨난 특정한 프로포션에 의해 전체와 부분은 항상 수이적數宜的 관계에 놓여 있다.

크라이스지오메트리의 발생은 인류의 최초기의 문화에 의존하며 원시적인 천문학적 체험과 결부되어 있어 기술적인 발달을 이루었던 것으로 생각된다. 현재 남아 있는 당시의 종교적, 천문학적 또는 점성술적 조형유물에서 기하학적 형태가 확인되는 점을 보면, 발생적으로는 미학적이기보다 실용적인 목적에서 나타난 것으로, 미학적인 문제는 그 후에 부여되었을 것이다.

〈그림 23〉은 모제르가 그의 언설 중에 크라이스지오메트리의 기본적인 원주분할의 형식으로서 피력하고 있는 각종 도형을 보여주고 있다.

좌측 상단의 그림은 원주의 8등분으로, 직선으로 연결하면 정팔각형이 되는 유도체誘導體이지만, 원에 내접하는 정팔각형의 1변을 1로 하고 원주 내에 구형을 그리면 그 형태는 $1+\sqrt{2}$가 된다. 또한 두 변의 길이를 1로 하고 원에 외접하는 구형을 그리면 $\sqrt{2}$가 되며, 내접하는 구형을 그리면

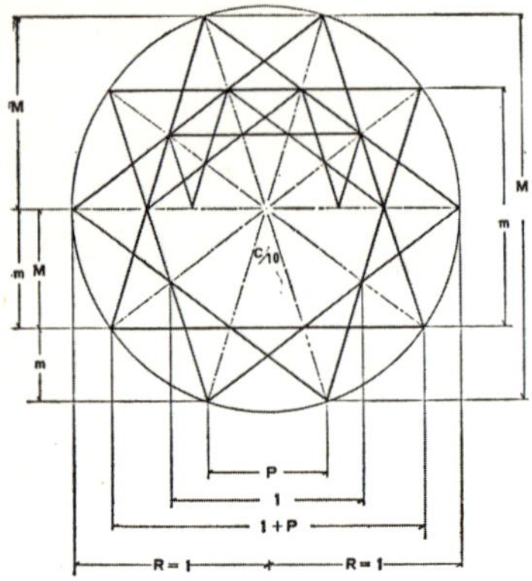

그림 24-1. 크라이스지오메트리에 의한 성형십각형
M은 φ의 장선
m은 φ의 단선
P는 $\frac{1}{2}(\sqrt{5}-1)$

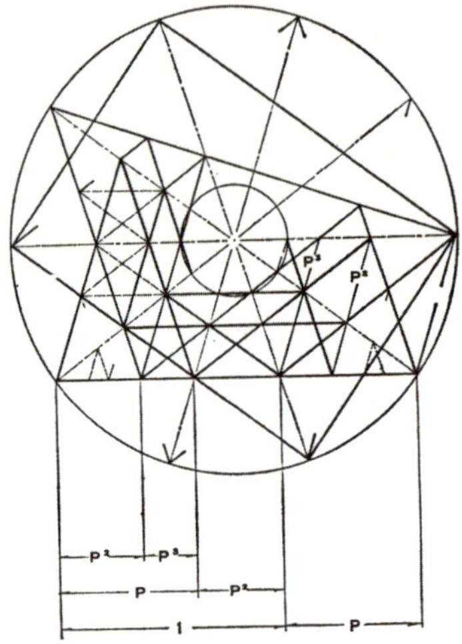

그림 24-2.

$\sqrt{3}$이 된다.

〈그림 23〉 상단의 그림은 원주의 10등분으로, 10각형의 한 변을 1로 하고 원에 내접하는 구형을 그리면 그 형태는 $1+\sqrt{5}(\varphi+\varphi)$가 된다. 또한 중단의 그림과 같이, 10각형의 두 변을 잡아 원에 내접하는 구형을 그리면 $\sqrt{2}$가 되며, 외접하는 구형은 $\sqrt{3}$이 된다.

〈그림 23〉 하단의 그림은 원에 내접하여 $\sqrt{4}$구형을 그리면, 외접하는 구형은 $\sqrt{5}$가 된다는 사실을 보여주고 있다. 다만, 이 경우는 원주를 간단한 정수로 분할하는 것은 아니지만, 작품의 분석에는 $\sqrt{5}$의 프로포션이 다수 나타나고 있기 때문에, 이것도 기본 도형의 하나로 추가되어 있는 것이다.

〈그림 24-1〉은 원주의 10등분에 의한 성형星形 정십각형의 도형에서 나타나는 프로포션을 나타낸 것이다. 그림에 기재되어 있는 M(φ의 장선) 및 m(φ의 단선)은 황금분할된 크고 작은 선분을 나타내고 있으며, P는 $\frac{1}{2}(\sqrt{5}-1)$, 근사치로는 0.618을 나타내고 있다. 1 : P의 관계는 황금률 1.618(1 : 0.618)로 같은 그림의 M과 m의 관계와 같다.

〈그림 24-2〉도 동일하며 원주의 10등분에 의해 생겨난 각종 삼각형, 즉 원심圓心에 있어서의 정각頂角이 $\frac{C}{10}$(c는 360°), $\frac{C}{5}$, $\frac{3C}{10}$, $\frac{4C}{10}$의 삼각형으로 분할되며, 그에 따라 황금률의 계열이 생긴다는 점이 지적되고 있다.

에른스트 모제르가 크라이스지오메트리를 발표한 것은 1915년으로, 뮌헨의 고등공예학교에서의 연구발표였다. 이때의 논문은 간행되지 않았으며, 1920년의 뮌헨 미술협회에서 발표된 요지가 같은 해의 조형미술연감에 수록되었던 것이 그가 정식으로 세상에 내놓았던 최초의 것이다. 이후 1926년, 그는 『고대 및 중세에 있어서의 비례Die Propotion im Antike und Mittelalter』(1926)라는 책을 출판함으로서 그것에 대해 상세히 논하고 있다.

2절 다이나믹 심메트리

모제르 박사의 크라이스지오메트리와 거의 동일한 시기에 미국에서는 예일대학 공예미술과의 제이 햄비지 교수가 「다이나믹 심메트리」를 발표하였다. 저서로서는 1920년에 간행된 『동적균제론: 그리스의 도자기陶甕 Dynamic Symmetry: The Greek Vase』(1920)가 최초이지만 그것에 앞서서 1919년부터 1920년에 걸쳐 그의 그리스 체재 중 예일대학에서 간행되었던 월간 팜플레트 「대각선The Diagonal」에 그 개요가 연재되었으며, 그것이 나중에 『다이나믹 심메트리의 요소The Element of Dynamic Symmetry』라는 책으로 정리되어 1926년에 간행되었다.

『그리스의 도자기』라는 책 다음으로, 1923년에 『예술의 구성에 응용된 다이나믹 심메트리Dynamic Symmetry in Composition as used by the Artist』(1923)를 출판하였으며, 이어서 1924년에는 『파르테논 및 기타 그리스신전에 있어서의 다이나믹 심메트리The Parthenon and Other Greek Temples, The Dynamic Symmetry』(1924)를 발표함으로써 종래 생각해왔던 비례개념에 획기적인 혁명을 가져다 준 새로운 언설로서 주목되었다.

그는 자신의 최초의 저서 『그리스의 도자기』의 서문 중에 다음과 같이 서술하고 있다.

> "약 20년 전, 나는 요즘의 디자인에 통일성이 결여되어 있다는 점을 통감하고 자연 안에는 뭔가 일관된 원칙이 존재하고 있으며, 그 원칙으로서 미술가는 볼륨의 통제가 틀림없이 가능하다는 신념을 갖기에 이르렀고, 자연 및 예술에 대해 그 디자인의 근저를 이루는 것에 대해 비교 연구하기 시작했다. 그 결과, 균제 또는 비례라고 언급되는 것에는 두 가지의 종류가 있는데, 그 하나는 적극적인 성질을 갖는 것이고 나머지는 소극적인 성질을 갖는 것이라는 사실을 발견했다. 편의상, 전자를 다이나믹 심메트리Dynamic Symmetry(동적균제), 후자를 스테틱 심메트리Static Symmetry(정적균제)라고 이름 붙였다. 정적균제에 속하는 것은 뛰어난 많은 예술가들에게 있어, 의식적 또는 무의식적으로 극히 자연스럽게 사용되었던 형식이며, 사실 동적균제에 속하는 것이 아닌 한, 이 정적균제의 형식을 다소나마 구비하지 않은 디자인은 없다는 것을 나는 확인했다. 정적균제는 자연 안에서는 어떤 종류의 결정형(結晶形), 방산충류(放散蟲類), 규초(硅草), 꽃과 종자(種子) 등에서 보이며, 뛰어난 미술품에서는 모든 시대를 통해 의식적으로 사용되고 있다는 것을 알았다. 이에 대해, 동적균제는 조개(具殼)의 성장 및 식물의 잎새 등에 현저하게 나타나고 있다. 미술에 있어서는 이집트와 그리스의 두 민족만이 이 균제를 숙지하고 있었으며, 이를 디자인의 기초로 삼았다."

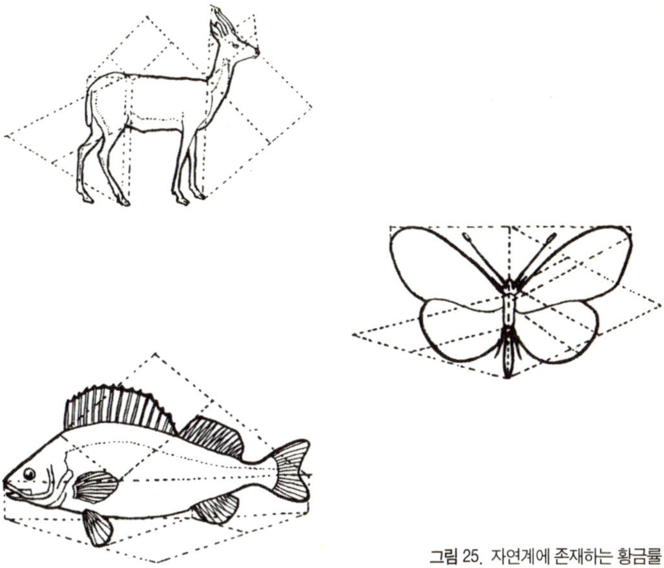

그림 25. 자연계에 존재하는 황금률

「다이나믹 심메트리」의 이론적 근거는 이상으로 대략 요약되나 햄비지 교수는 그의 저술에서 서술하고 있는 바와 같이, 자연의 형태나 이집트, 그리스의 조형에 대한 다년간에 걸친 연구의 결과로서 종래의 비례개념과는 근본적으로 다른 면적비례面積比例가 존재한다는 것을 밝혀내고 그것을 체계화함과 동시에, 균제에서는 동적, 정적이라고 이름 붙인 두 가지의 종류가 있으며 고대의 조형에 적용되었던 프로포션은 다음과 같은 두 가지의 계열로 이루어진 기하학적 면적개념面積概念을 기본으로 하고 있다는 것 등을 명확히 했던 것이다.

제1계열은 햄비지 교수가 정적균제로서 다루고 있는 것으로 정방형을 근간으로 하며, 대각선에 의해 점차 얻어지는 일련의 구형, 즉 $\sqrt{2}$, $\sqrt{3}$, $\sqrt{4}$, $\sqrt{5}$ 등의 루트구형으로서, 이 가운데 황금비율과 밀접한 관계를 지닌 $\sqrt{5}$구형만을 그는 제2의 계열로 편입하고 있다.(15쪽 그림 3 참조)

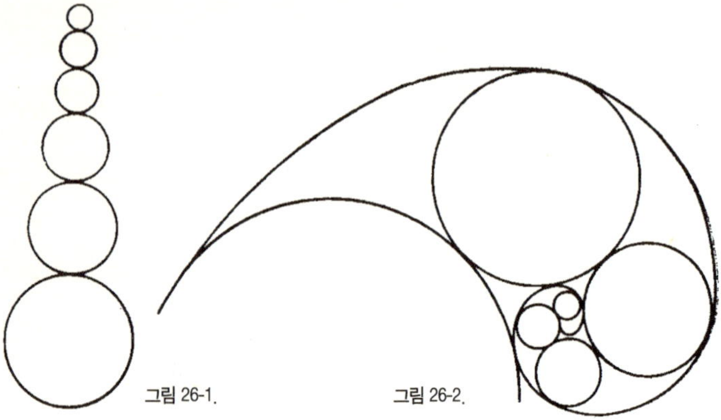

그림 26-1. 그림 26-2.

그림 26. 세포의 번식도해(繁殖圖解)

제2계열은 동일하게 정방형을 기조로 하여 그 $\frac{1}{2}$의 구형($\sqrt{4}$)의 대각선($\sqrt{5}$)으로부터 도출되는 황금구형을 기본으로 하는 것으로, 햄비지 교수는 이 구형이 지닌 특성이 생물형태의 자연적 구성에서 보이는 대수곡선對數曲線과 부합한다는 점에 주목하여 이것에 동적 균제라는 이름을 부여했던 것이다.

우선 자연계를 바라보자. 일정한 시간 안에 분열 번식하는 세포는 그것에 준한 비율을 지니면서 새로운 세포를 증식해 가고 있으며, 이 과정은 〈그림 26-1〉과 같이 원추체圓錐體와 〈그림 26-2〉와 같은 과상체過狀體로서 형상화할 수 있다. 성장도가 강한 어떤 종류의 식물이나 조개(具殼) 등의 성장형식에서 가장 많이 확인되는 것은 〈그림 26-2〉와 같은 스파이럴형過卷型이다.

이 곡선은 등비나선等比螺旋 또는 대수나선對數螺旋이라 불리우며, 등각거리等角距離에서 뽑아낸 임의의 세 가지 벡터에 있어서 중간 것의 제곱은 그 전후 것의 상승적相乘積과 같은, 즉 제1과 제2의 벡터의 비比는 제2와 제3의 벡터의 비比와 동일하다는 특수한 성질을 지니고 있다.

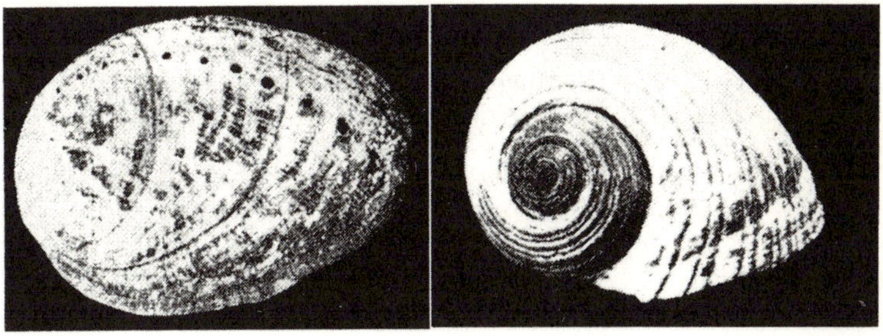

그림 27. 자연계에 존재하는 황금률

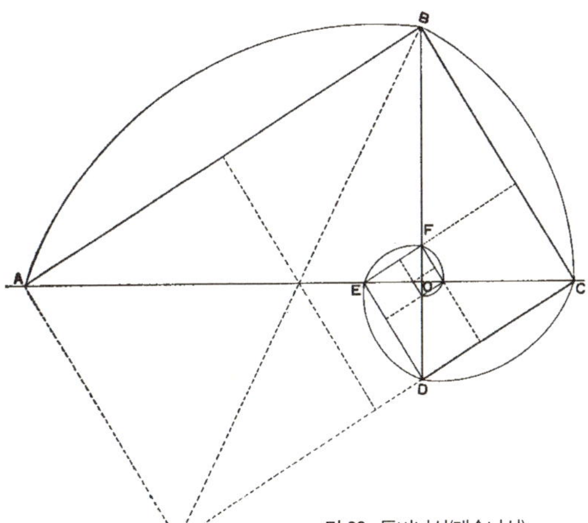

그림 28. 등비나선(대수나선)

이 곡선은 웅장한 전개를 보이며 그 자체로도 아름다운 형태로서, 이 곡선으로부터 직각 나선螺旋이 나타나는 곳에서 사용상의 묘미가 존재하고 있다.

그림과 같이, 이 나선의 수렴점 O를 통해, 서로 직각으로 교차하는 두 선을 그리고, 이것과 곡선과의 교점을 A, B, C, D, E, F라 하면, 이 곡선의 특성에 의해 AO : BO = BO : CO가 되며, △ABO와 △BCO와는 상사형相

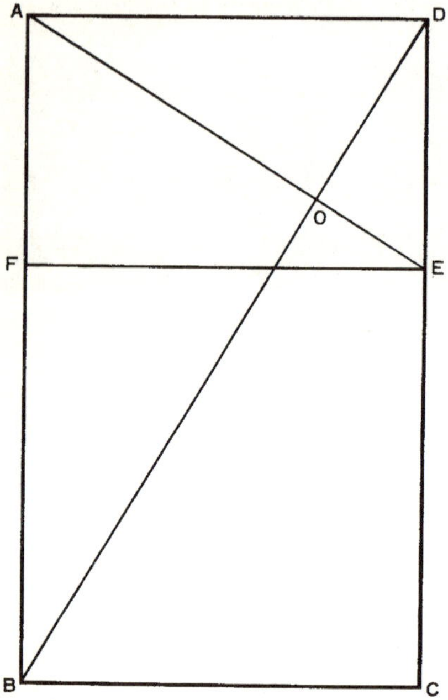

그림 29. 직각나선

似形이 된다. 또한, ∠ABC, ∠BCD, ∠CDE는 항상 직각이 되며, 하나의 직각나선을 갖게 된다(제10장 슬러의 '그랑 제트의 일요일' 이라는 그림분석 부분에서 이에 대한 정밀한 응용과 작도를 게재했다. 참조하기 바란다.).

다음으로, 〈그림 29〉와 같이 φ구형 ABCD를 그리고 대각선 DB에 대해 A로부터 수직선을 그리고 대각선과 수직선의 교점을 O으로 잡아, 수직선의 밑 부분이 장변 DC를 가르는 부분을 E점으로 하면, BADE는 O를 수렴점極으로 하는 직각나선의 일부가 되며, 구형 ABCD와 구형 AFED는 상사형相似形이 된다.

$$\overline{AD}^2 = \overline{AB} \times \overline{DE} \quad \text{혹은} \quad \overline{AB} : \overline{AD} = \overline{AD} : \overline{DE}$$

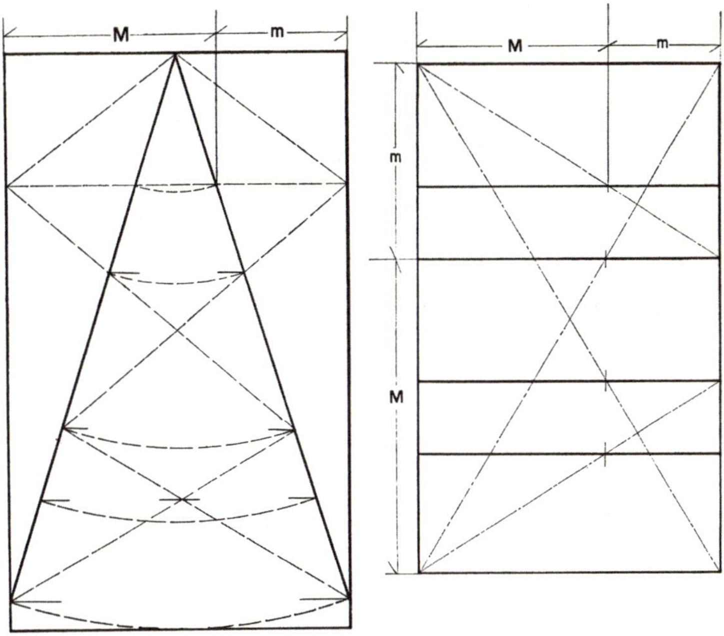

그림 30. 크라이스지오메트리(좌측)와 다이나믹 심메트리(우측)의 비교. 왼쪽 그림은 원주의 10등분 부분도, 삼각형의 정점은 원심임. M은 황금비의 장선, m은 단선을 나타냄.

이 경우, 원래 구형 ABCD 안에 구획된 소구형 AFED는 원래 구형矩形이 갖는 비比와 거꾸로 되기 때문에 역수구형逆數矩形이라 불리운다. 이에 대해서는 다음 절에서 상술하기로 한다.

다이나믹 심메트리는 이상과 같은 대수나선代數螺線을 기본으로 해서 고안된 것으로 이 스파이럴渦卷은 항상 동일한 모습으로 표면에 나타난다고는 할 수 없으나, 내재하는 요소로서 자연이나 뛰어난 예술품의 형태를 지배하고 있는 근본원리라는 사실이 동적균제론動的均齊論의 논지로서, 이에 근거하여 햄비지 교수는 그리스의 도자기와 파르테논신전의 평면계획에서부터 입면, 기타의 세부에 이르기까지 세밀하게 분석하여 그 프로포

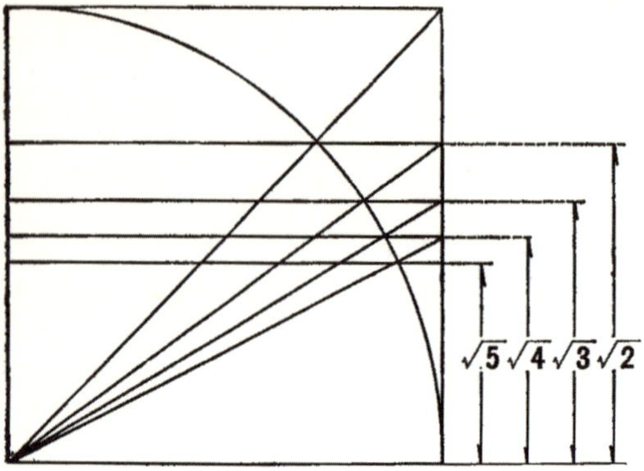

그림 31. 정방형 안에서 루트구형을 구하는 방법

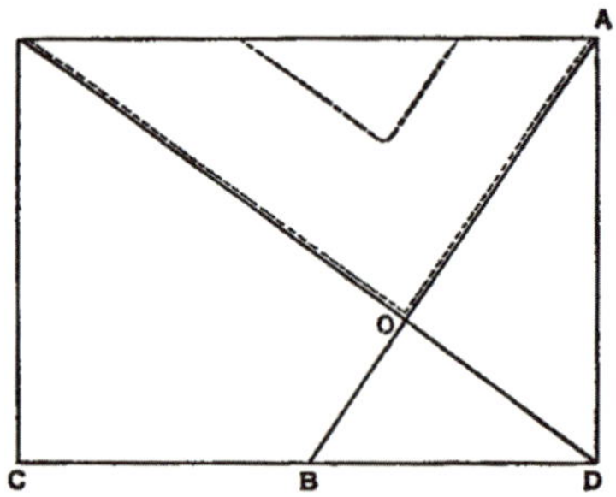

그림 32-1. 구형의 분할 $\sqrt{2}$

선을 명확히 했던 것이다.

3절 그리스의 구형矩形, 파르테논신전의 해석

햄비지 교수에 의하면, 그리스인들은 어떤 면적을 이해함에 있어 항상 그 면적 안에 포함되어 있는 단위구형을 생각하면서 균제均齊를 연구하였으며, 결코 하나의 구형을 바둑판 식으로 나누거나 대각선 식으로 나누는 식의 방법은 사용하지 않았다고 한다.

그리스의 균제법에서 사용된 단위구형矩形의 종류는 제1장 총설에서 언급한 바와 같이 다음의 6가지 종류가 있다. 정방형, $\sqrt{2}$구형, $\sqrt{3}$구형,

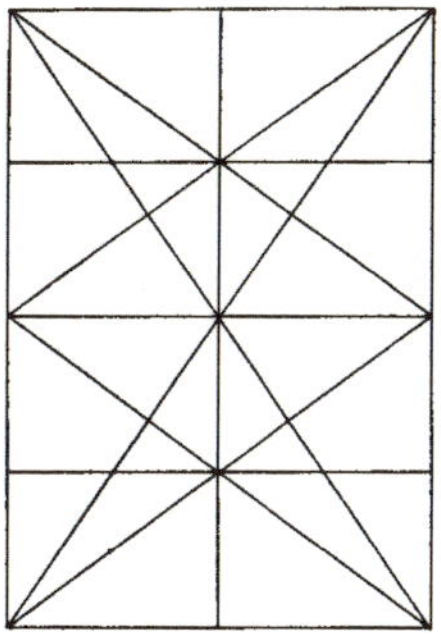

그림 32-2. 구형의 분할 $\sqrt{2}$

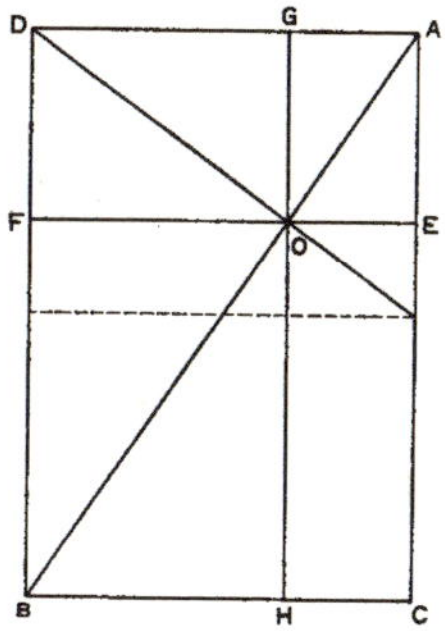

그림 32-3.

그림 32-4.

$\sqrt{4}$구형, $\sqrt{5}$구형, 선회방형구형旋廻方形矩形(즉 황금구형).

이들 구형矩形은 모두 정방형을 기본으로 하여 도출된 형形으로, 정방형 밖에서 구하는 작도법은 제2장 이상적 비례의 〈그림 3〉에서 볼 수 있는 것과 동일하나 이것을 정방형 안에서 구하는 것은 〈그림 31〉과 같이 정방형 안에서 한 변을 반경으로 하는 원호를 그리고 그 호선弧線과 대각선이 접하는 교점을 통해 평행선을 그으면 $\sqrt{2}$구형이 얻어진다. 이와 동일하게 $\sqrt{2}$구형의 대각선과 원호와의 교점을 통해 평행선을 그으면 $\sqrt{3}$구형이 얻어지며, 이렇게 동일한 과정을 반복함으로서 $\sqrt{4}$, $\sqrt{5}$ 등의 구형矩形을 만들 수 있는 것이다.

다음으로 동적균제론에 의한 이들 구형의 분할법을 설명해 보자. φ구형의 대각선에 대해 직각으로 수직선 AB를 내려 그으면 그 밑이 직각나선의 수렴점 O 및 원래의 구형에 대한 역수구형逆數矩形을 결정하는 것은 전절에서 서술한 바와 같다. $\sqrt{2}$구형에 있어서는,

DB = $\frac{1}{\sqrt{2}}$ = $\frac{\sqrt{2}}{2}$가 되며, 역수구형逆數矩形의 단변 BD는 원래 구형의 장변 CD의 $\frac{1}{2}$이 된다. 즉, DB = $\frac{1}{2}$CD가 되며, 수선垂線의 밑 B는 원래 구형矩形의 이등분점을 부여한다. 거기에 〈그림 32의 2〉와 같이, 구형의 두 개의 대각선에 각각 수선垂線을 그리고, 그들 각 교점을 통해 단변 및 장변에

평행한 수선垂線을 그으면, 원래의 구형矩形은 8개의 상사구형相似矩形으로 분할된다.

또한, 〈그림 32의 3〉과 같이 수렴점 O를 통해 각 변에 평행하게 직선 FE와 GH를 그으면,

$$\overline{DO}^2 = \overline{AO} \times \overline{BO}$$

AO를 단위로 잡으면 AO : DO = 1 : $\sqrt{2}$이기 때문에 $(\sqrt{2})^2$ = BO = 2가 된다.

즉, BO는 AO의 2배가 되며, E, F, G, H의 각 점은 각 변을 3등분하게 된다. 따라서, 〈그림 32의 4〉와 같이, 4개의 끝점을 통해 세로 및 가로로 평행선을 그으면 원래의 구형矩形은 9개의 상사구형相似矩形으로 분할된다.

$\sqrt{3}$구형에 있어서는, 역수구형逆數矩形의 단변은 $\frac{1}{\sqrt{3}}$ 즉, $\frac{3}{\sqrt{3}}$이 되고 원래 구형의 장변을 3등분한다. 따라서, 단변에 평행하게, 각 수선垂線의 밑을 직선으로 연결하면, 원래의 구형은 3개의 상사구형으로 분할되며, 이 평행선과 대각선의 교점을 통해 장변에 평행한 직선을 그으면, 원래의 구형은 16개의 상사소구형相似小矩形으로 분할된다.

이 과정을 순차적으로 진행해서 $\sqrt{4}$, $\sqrt{5}$구형에 적용해 보면, 각 구형은 역수구형逆數矩形의 결정에 의해, 항상 원래의 구형의 장변 비比의 2승($\frac{1}{\sqrt{n}} = \frac{\sqrt{n}}{n} = \frac{1}{n}$장변, $\therefore$ $\frac{1}{n}$장변 $\times$ $\frac{1}{n}$단변 = $\frac{1}{n^2}$구형矩形)의 상사소구형相似小矩形으로 분할된다. 또한, 직각나선의 수렴점의 결정은 항상 원래의 구형의 대각선을 장변 비比의 2승과 1로 분할하고 원래의 구형을 장변비의 기수基數에 1을 더한 것의 2승 개의 상사구형으로 분할을 가능케 하는 것이다.

이것은 어떠한 기수基數의 구형矩形에도 적용할 수 있는 일반 법칙으로서, 다음에 서술할 황금분할구형을 다루는 방식과 연관하여 특히 흥미로운 점이 있다.

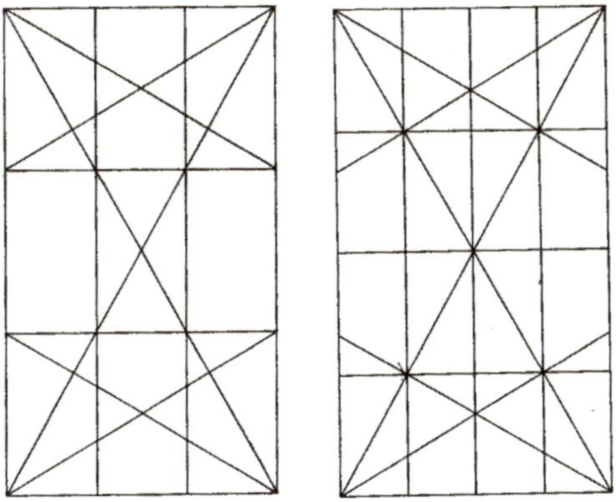

그림 33. 구형의 분할 $\sqrt{3}$역수구형으로 분할하면 구형은 3등분됨. 수렴점에서 분할하면 구형은 4등분됨.

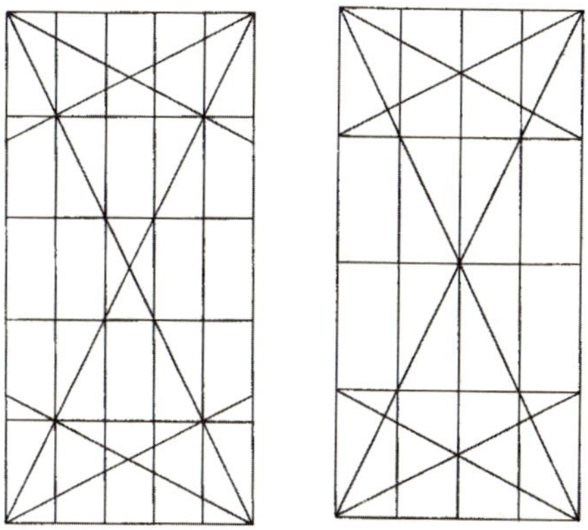

그림 34. 구형의 분할 $\sqrt{4}$역수구형으로 분할하면 구형은 4등분됨. 수렴점에서 분할하면 구형은 5등분됨.

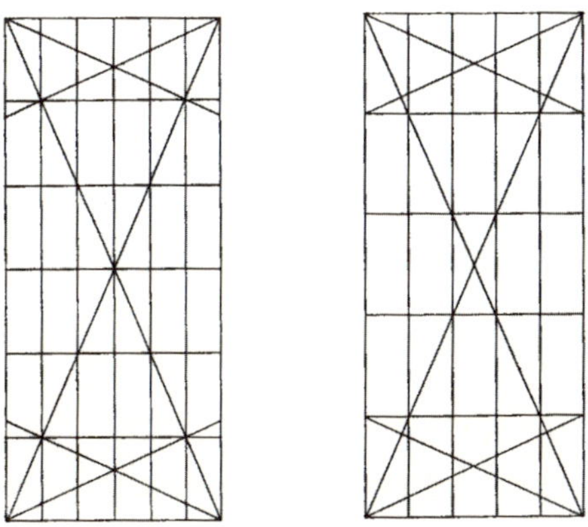

그림 35. 구형의 분할 $\sqrt{5}$역수구형으로 분할하면 구형은 5등분됨. 수렴점에서 분할하면 구형은 6등분됨.

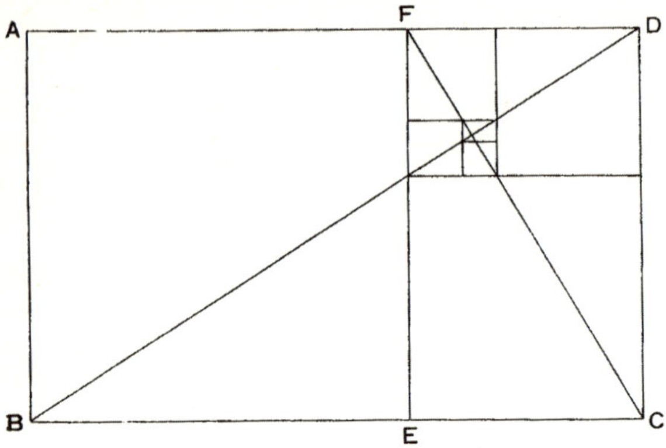

그림 36-1. 황금구형(나선방형구형)의 분할

햄비지 교수는 황금분할구형이 지닌 특수한 성질을 모든 각도에서 검토하고 그 특성에 근거하여 이 구형에는 특히 선회방형구형旋廻方形矩形 Whirling Square Rectangle이라는 이름을 부여하고 있다.

〈그림 36〉과 같이 구형 ABCD를 그리고 이전과 같은 방식으로 수렴점을 구한 후, 역수구형逆數矩形 FECD를 결정했을 때, 원래의 구형으로부터 역수구형逆數矩形 FECD를 제거하면, 이 구형의 특성으로서 나머지부분은 반드시 정방형 ABEF가 된다. 즉,

$$(\overline{AD} : \overline{DC} = \overline{DC} : \overline{CE})$$

가 되며, 원래의 구형의 장변 AD는 역수구형逆數矩形의 장변 DC에 단변 CE를 더한 것과 동일한 관계가 된다. 즉,

$$(\overline{AD} = \overline{AF} + \overline{FD} = \overline{DC} + \overline{CE})$$

가 되며, 이 직각나선은 연속하는 임의의 세 개의 벡터에 있어, 최대

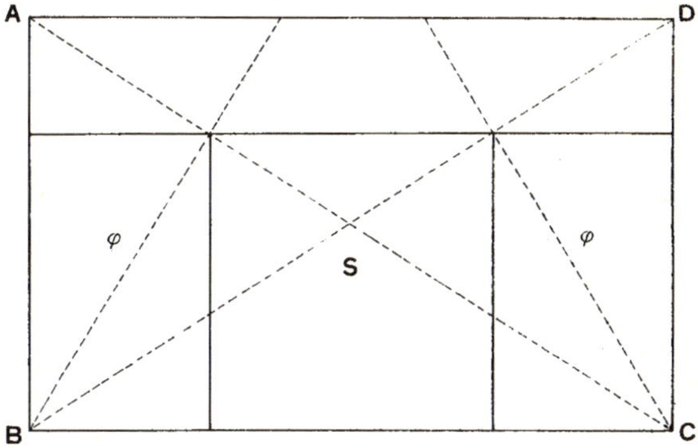

그림 36-2.

의 벡터 값은 앞의 2개의 평균과 같은 성질을 지니게 된다.

이상과 같이, 이 구형의 특수한 성질은 역수구형逆數矩形의 결정이 동시에 원래의 구형 내에 정방형을 만든다는 점에서, 이를 연속적으로 행하면, 수렴점을 향해 점차 작아져 가는, 정방형이 무한히 선회한다는 점에서 선회방형구형旋廻方形矩形이라 명명되었던 것이다.

동적균제의 근간으로 항상 정방형이 존재하는 것은 전술한 바와 같지만, 이 구형은 동적균제 이론의 기본개념인 대수나선對數螺旋과 정방형이 결합한 것으로, 햄비지 교수는 그 점을 특히 강조하고, 소위 황금비례에 대해 종래 생각해 왔던 정적균제 개념과 구별되기 때문에 선회방형구형旋廻方形矩形이라는 이름을 부여했다고 말하고 있다.

다음으로, 이 구형(φ구형)을 그리스인들은 어떻게 이해하여 의장에 적용했는지를 논해보고자 한다.

〈그림 36의 2〉와 같이 φ구형 ABCD를 만들고, 좌우의 수렴점을 통해 장변에 평행한 직선을 그리면 직선으로부터 밑은 $\sqrt{5}$구형이 된다. 이 $\sqrt{5}$구형은 작도할 때 보았던 바와 같이 하나의 정방형과 2개의 세로형型 φ구형을 옆으로 연결한 형태이며, 이들 구형은 내재적인 요소로서 생각되고 있다.

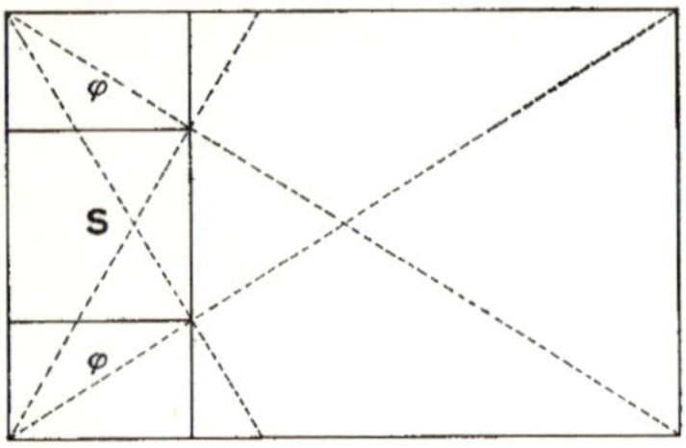

그림 36-3. 황금구형의 분할

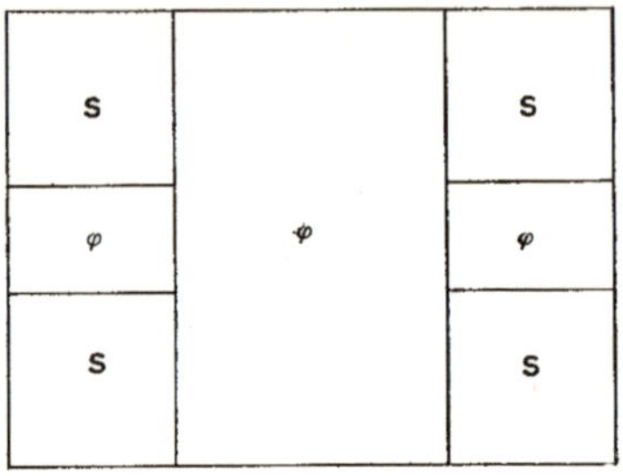

그림 36-4. 가로형 1.382구형의 분할

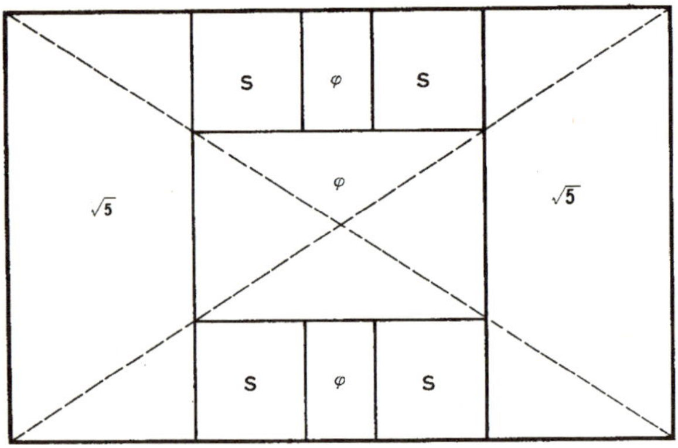

그림 36-5.

〈그림 36의 3〉과 같이 수렴점을 통해 단변에 평행 직선을 그어도 결과는 동일하며, 직선에 의해 만들어진 구형은 작은 $\sqrt{5}$구형(정방형을 가운데 끼워 넣은 2개의 φ구형이 좌우 혹은 상하로 연결된 형태)이 된다.

〈그림 37의 1〉은 수렴점 ABCD의 AB 및 DC를 통해 단변에 평행하게 각각 직선을 그린 다음 AD를 연결한 경우로, 원래의 구형은 좌우에 2개의 $\sqrt{5}$구형, 중앙에 정방형 E, 그 상부에 0.382구형인 F와 같은 형태로 분할된다. 이 중앙부에 만들어진 구형, 즉 정방형 E를 제외한 상부의 구형 F는 0.382구형이라 불리운다.(증명 1.382-1 = 0.382)

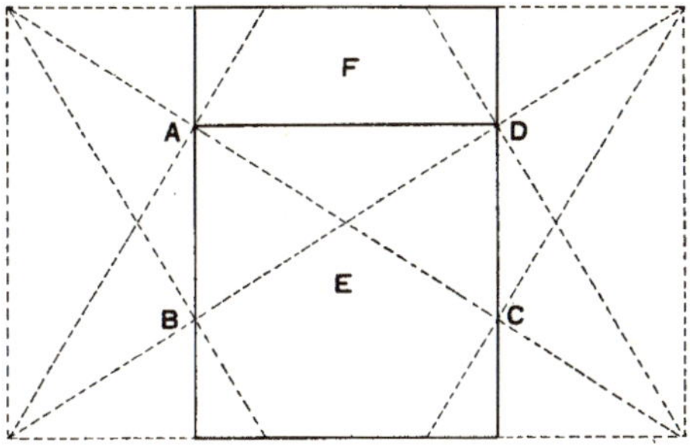

그림 37-1. 1.382구형의 성격

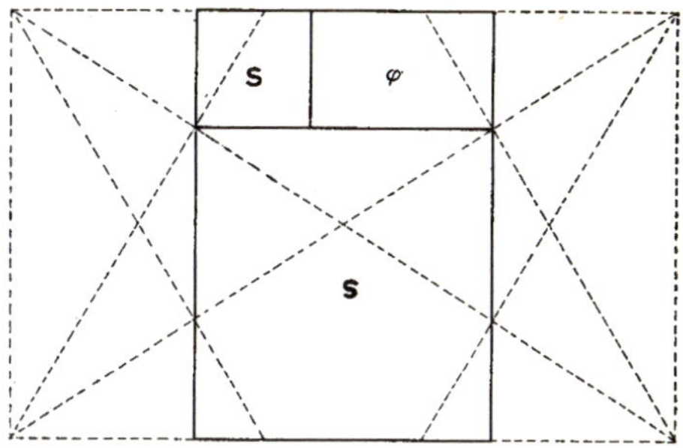

그림 37-2.

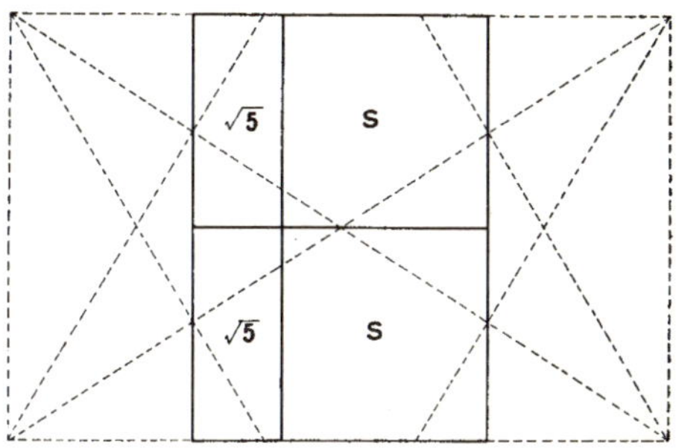

그림 37-3. 세로형 1.382구형의 분할

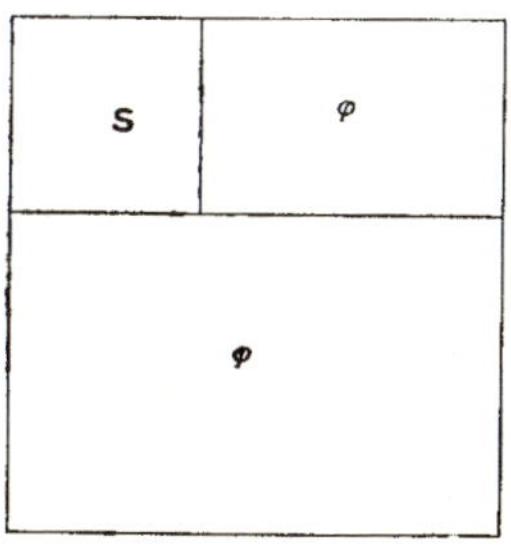

그림 38. 정방형 안으로 황금구형을 잡을 경우

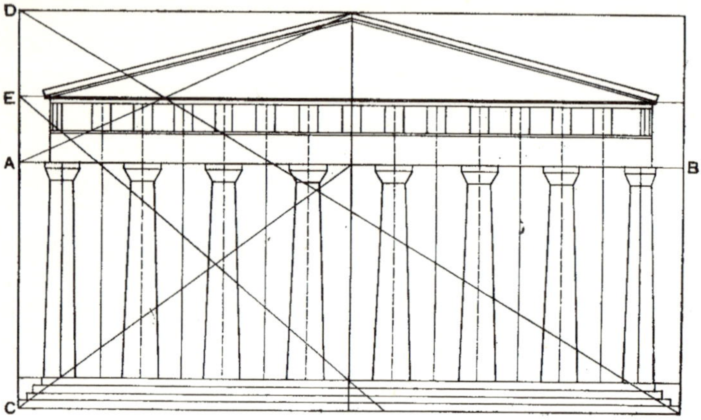

그림 39-1. 햄비지 교수에 의한 파르테논의 해석

이 구형은 〈그림 38〉처럼 정방형 내에 φ구형을 만들었을 경우 φ의 외부에 남는 면적으로, 정방형과 φ구형을 옆으로 연결한 형形이다. 또한 이 0.382구형 내에 좌우로부터 정방형을 잡으면, 중앙에 세로형의 작은 φ구형이 나온다.

또한, φ구형의 4개의 끝점 ABCD(〈그림 37의 1〉 참조)를 연결하면 중앙부는 φ의 상사구형相似矩形이 되며, 상하로 각각 0.382구형이 남는다. (〈그림 36의 4〉참조)

〈그림 37의 3〉은 황금구형의 중앙부에 내포된 1.382구형을 상하로 이등분한 경우로, 그것에 의해 나온 각 구형은 정방형과 $\sqrt{5}$구형을 연결한 형形이 된다.

다음으로, 이 구형과 $\sqrt{5}$구형으로부터 성립된 것으로서 햄비지 교수가 시도한 **파르테논신전**의 파사드facade의 해석을 살펴보자.

이 분석에 의하면, 전체의 형形은 옆으로 나란한 4개의 정방형과 크고 작은 크기의 서로 다른 6개의 $\sqrt{5}$구형으로부터 이루어져 있음을 알 수 있

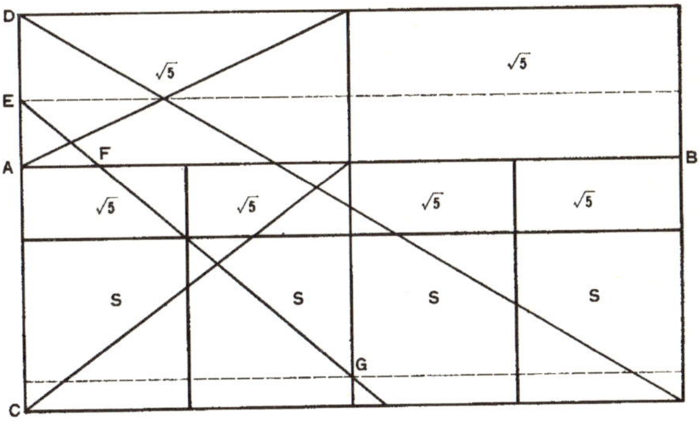

그림 39-2.

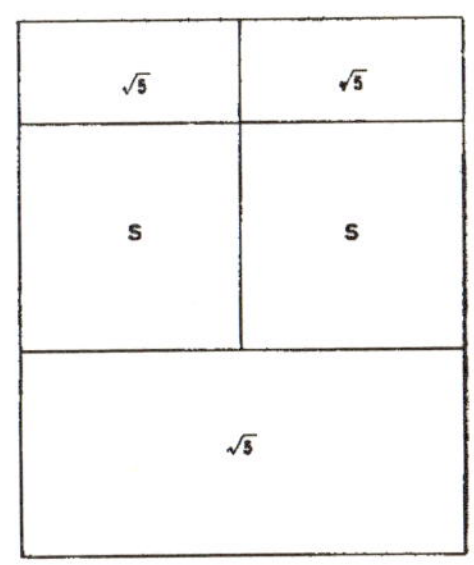

그림 39-3.

다. 우선 하부에 4개의 단위 정방형을 나열하고, 각 정방형의 상부에 한 변의 길이를 장변으로 하는 $\sqrt{5}$구형을 배치한 후, 그것에 의해 기단에서부터 주두까지의 높이 및 건물 정면의 폭을 결정했을 것으로 짐작된다. 그리고 그 상부에 2개의 $\sqrt{5}$구형을 놓고 그것을 옆으로 연결한 형태 안에, 기둥으로부터 상부의 엔타블레이춰, 즉 처마로부터 아키트레이브에 이르기까지의 부분을 정리한 것이다.

이러한 처리방식은 일견 복잡다단하게 보이지만 이는 φ구형의 성격으로부터 간단히 나오는 형形으로서 특별한 조작은 필요로 하지 않는다. 주두 이하(AB선 이하)의 부분은 〈그림 36의 4〉에서 서술한 가로형形의 1.382구형을 단변으로 2개 연결한 것이며, 그 위로 $\sqrt{5}$구형을 2개 나열하여 배치한 것이다.

〈그림 37의 1, 2〉를 참조하면, 이 관계는 일목요연하다. 〈그림 37의 1〉

에 있어서 φ의 중앙부분을 점하는 구형矩形은 전술한 바와 같이 1.382구형이다. 이를 이등분하면, 그것에 의해 나온 각각의 구형은 정방형에 √5구형을 연결한 형形이 된다. 다만 〈그림 37의 3〉에서는 정방형과 √5구형은 옆으로 연결되어 있지만 파르테논에서는 정방형과 √5는 상하로 연결되어 있다. 이것은 구형의 배치에 있어, 전자는 가로형型, 후자는 세로형型이라는 차이 뿐으로 그 원리는 동일하다. φ구형의 중앙부로 〈그림 36의 5〉와 같이 1.382구형을 취하면 잔여부분은 각각 √5구형이 되며 좌우에 남는다.(세로형의 경우에는 상하로 남는다.)

파르테논의 입면 전체를 포괄하고 있는 형型은 〈그림 36〉에서 보면, 기본 φ구형으로부터 좌우 어느 쪽의 √5구형을 빼고 남은 구형(1.382+√5)(〈그림 36의 3〉)을 세로형型으로 고쳐 장변으로 연결한 형型에 지나지 않은 것이다.

더욱이, 디테일의 산출이나 위치잡기 등도 모두 이 구형이 지닌 성격으로부터 합리적으로 도출되고 있다. 예를 들어, 전체 구형의 대각선과 상부의 √5구형의 대각선이 접하는 교점을 통해 옆으로 수평선을 그으면 페디먼트 삼각형의 하단(점선)을 얻게 되며, 그것과 외부 프레임이 접하는 E점으로부터 작은 √5의 이등분점 F를 통해 수선垂線을 내리면 수선과 건물의 중심선이 접하는 개소 G가 기단의 상부(점선)를 규정하고 있는 모습이다.

〈그림 40〉은 필자 스스로 시도한 동일한 파르테논의 해석으로서, 페디먼트 상단에서 주각까지를 단변의 길이로 하여 하나의 구형 abcd를 만들어보면, 장변은 양단의 기둥 중심을 연결하는 길이가 되며 기단으로부터 상부는 이 φ구형 안에 들어간다. 다음으로 구형矩形을 중앙으로부터 좌우로 이등분하고 상부에 2개의 √5구형을 취하면 √5구형의 밑변이 프리즈의 하단 ef를 규정한다.

다음으로 √5구형의 단변을 이등분하고 페디먼트의 상단 g와 좌우의 이등분점 ij를 사선으로 연결하면 지붕의 균배가 얻어지며, 원原구형의 대

그림 40. 저자에 의한 파르테논의 해석

abcd = φ

aehg = $\sqrt{5}$

ghfd = $\sqrt{5}$

ij = $\frac{\sqrt{5}}{2}$

각선 ac와 2개의 $\sqrt{5}$구형을 통한 대각선 de와의 교점 k를 통해 수평선을 그으면 프리즈의 상단 lm을 얻게 된다.

이를 통해 살펴보면, 햄비지 교수의 해석도안에서는 내재적 요소로서 그 자체가 황금률을 갖는 이상적 비례 요소가 내포되어 있는 것으로, 눈에 호소하는 파르테논신전의 미관은 물론 후자에 의해 단적으로 빚어지는 효과라는 사실이 이해되게 된다.

다음으로 간단히 평면계획을 살펴보자. 이 신전의 기단 주변부는 완전한 $\sqrt{5}$구형이다. 기단의 4변은 등 간격으로 놓여진 원주열에 의해 둘러싸여 있다. 그 안에는 벽으로 외부와 단절된 안으로 깊은 내진內陣이 있다. 내진은 2개의 구획으로 나뉘는데 그 뒷 부분은 오피스토도무스Opistodomus라 불리우며 입면에서 보았던 1.382구형을 이루고 있다. 그 전면에 만들어진 구획이 φ구형으로서, 그 안에 팔라스 아테네의 신상을 안치한 나오스Naos 또는 셀라Cella라 불리우는 신실神室이 있고, 이것은 다시 $\sqrt{5}$구형으로 만들어져 주변을 작은 원주와 회랑이 둘러싸고 있다.

평면은 이상과 같은 구성으로 볼 때 입면에 대해 유기적인 연결을 지니며, 완전한 규제를 이루고 있다. 파르테논형型의 도리아식 신전은 남부

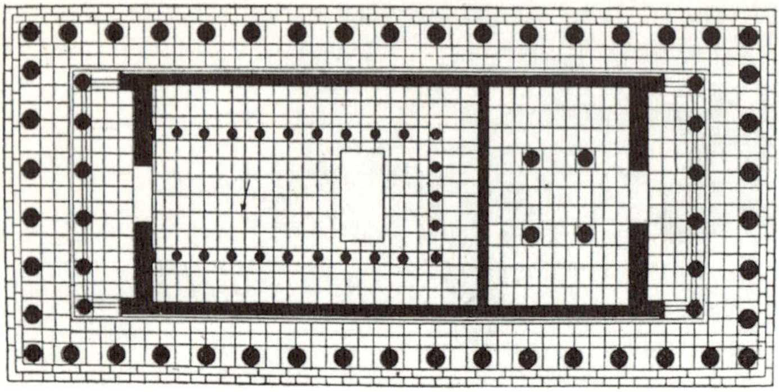

그림 41. 파르테논 평면도

이탈리아와 시칠리섬에 다수 남아 있으며, 소위 마그나그레키아Magna graecia 시대의 모습을 보여주고 있으나, 평면계획은 대부분 $\sqrt{4}$구형을 취하고 있어 파르테논에서 볼 수 있는 바와 같은 다이나믹한 비례의 묘미는 보이지 않는다.

4절 그리스 도자기

〈그림 43〉은 햄비지 교수에 의한 그리스 도자기의 해석에 대한 한 가지 사례로 여기에는 φ구형의 적극적인 용법이 나타나 있다. 그림에 나타난 바와 같이, 전체의 형形을 규정하고 있는 것은 4개의 세로형 φ구형이나, 그것에 의해 우선 높이와 폭을 결정하고 다음에 각 구형矩形 내에 단변을 한 변으로 하는 정방형을 구해 그것을 용기 부분에 처리함과 동시에 다리 부분의 높이를 결정한 것이다. 이 다리는 밑변의 빈곳을 $\sqrt{5}$로 취하고 있다. 다음에 중심선의 하단으로부터 양측 φ구형의 안쪽의 장변과 정방형의 절선切線이 교차하는 교점을 통해 수선垂線을 그리고, 그 연장선이 도기의 상단에 이르는 점에서 양측의 손잡이를 이루는 빈 공간을 결정했다고 볼 수 있다. 정방형의 아래쪽에 만들어진 φ의 역수구형逆數矩形은 여기서

그림 42. 그리스의 잔

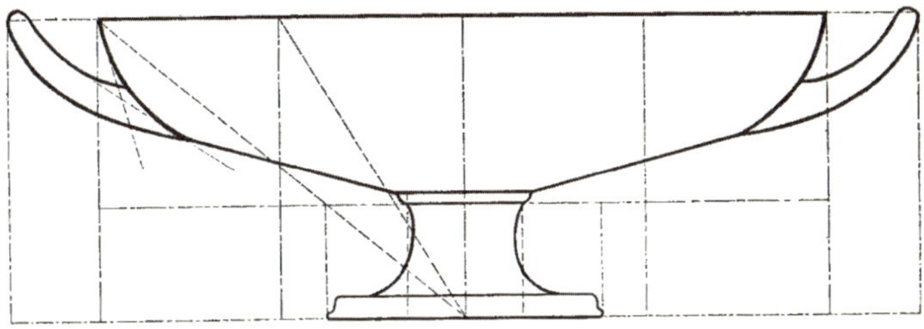

그림 43-1. 그리스의 잔. 햄비지에 의한 해석

는 사용하지 않았으나 도기의 중심부분은 $\sqrt{4}$, 양단은 $\frac{S^2}{2}$으로, 이 또한 $\sqrt{4}$에 가까운 비比가 되며, 전체를 다이나믹한 형태로 정리해내고 있다.

이상으로, 신전과 도자기 모두 그리스식 비례방식에 있어 가장 광범위하고 정교하게 이용되었던 것은 정방형, φ구형 및 구형 안에 내재하는 $\sqrt{5}$구형이었다는 사실을 이해하게 되었다.

햄비지 교수의 동적균제론의 제1서는 전술한 대로 '그리스의 도자기에 대한' 연구를 정리한 것으로 대부분 그리스의 도자기에서 확인되는 대수나선對數螺旋 Logarithmic Spiral의 곡률과 황금률과의 관계를 설명한 것이며, 실제로 그리스의 도공陶工들은 그것을 자유로이 구사하여 세상에 아름다운 형태미를 창조한 것은 틀림없다고 할 수 있다.

그들의 손에 의해 이루어진 옹기, 항아리, 잔 등은 시대에 따라 각각의 용도에 의해 또는 우아하게 또는 고귀하게 또는 웅장하게 만들어졌으

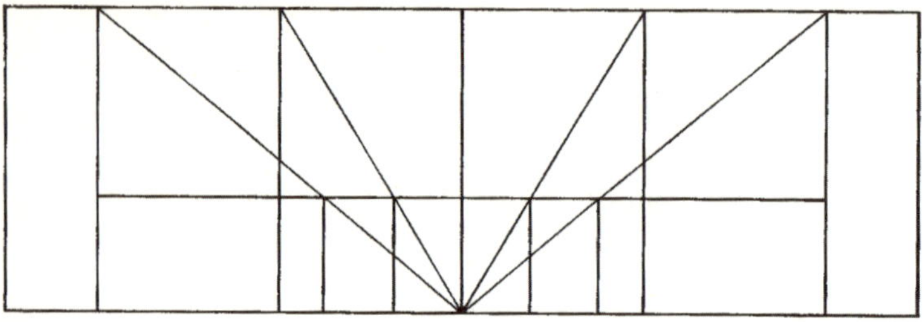

그림 43-2.

그림 44. 그리스 도자기.
크라테르형(型), B.C. 6세기

그림 45. 그리스 도자기.
암폴라형(型), B.C. 6세기

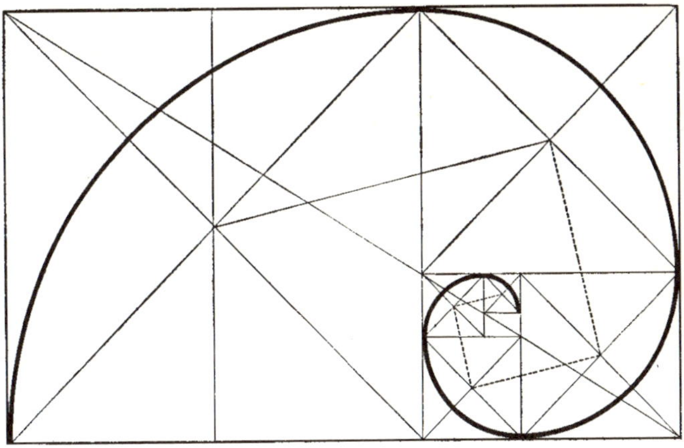

그림 46-1. 대수나선(φ형)의 작도법

나 그것에 일관되게 흐르고 있는 특징은 그 균형을 이루는 고결하게 펼쳐진 단정한 형形 form의 아름다움이다.

그리스의 도자기가 고래로부터 많은 미학자들의 관심을 끌었던 것도 주로 그 때문이며 그것에 의해 나온 이유를 밝히기 위해 열심히 연구를 계속해 왔다. 그러던 중, 19세기 중엽, 프랑스의 고고학자인 샤를 앙리 Charle Henry에 의해 황금률과의 관계가 지적되기에 이르렀으며, 그 연구를 통해 비약적으로 발전하여 햄비지 교수의 동적균제론動的均齊論의 단서를 제공했던 것이다.

당시, 앙리의 연구를 기초로 조수로서 활동하고 있었던 화가 시냐크로부터 황금비율의 이론을 전해듣고 그것에 상당한 흥미를 품었던 사람은 화가 슬러였다. 그의 유명한 대표작 「그랑제트의 일요일」은 그것을 화폭의 구도 안에서 철저히 추구했던 시도였으나 그에 대해서는 뒷장 현대편에서 상술할 생각이다.

〈그림 46〉 이하는 그리스 도자기의 형태에서 얻을 수 있는 대수곡선對數曲線이다.

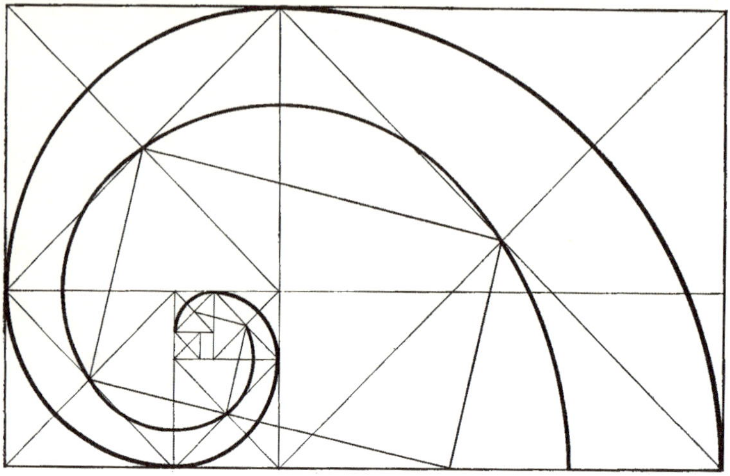

그림 46-2.

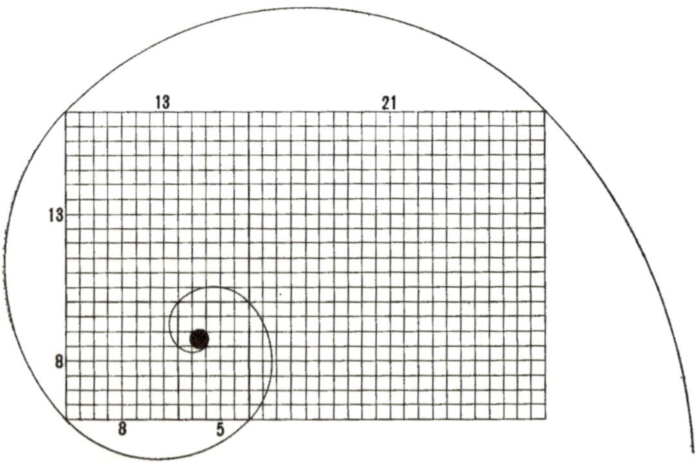

그림 47. 그래프에 의한 대수나선의 작도법

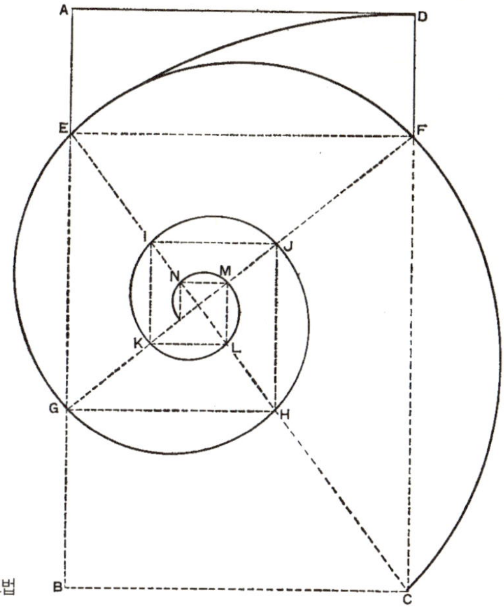

그림 48. 대수나선($\sqrt{\varphi}$형)의 작도법

〈그림 46의 2〉는 나선방형구형螺旋方形矩形(φ구형)으로부터 도출된 대수나선(등비나선)으로서, 작도법은 〈그림 29〉를 참조하라. 〈그림 47〉은 그래프를 통해 구하는 방법이다. 이 그래프는 피보나치 급수 3, 5, 8, 13, 21.......의 수의 순서에 의해 격자의 수가 나누어져 있다는 점을 주의하길 바란다.

〈그림 48〉은 $\sqrt{\varphi}$구형을 기초로 한 대수곡선對數曲線과 그 작도법으로, 그리스의 도자기 가운데에서도 가장 오래된 형식의 코린트식 옹기에서 이 곡률이 정확하게 사용되고 있다.

작도의 순서

(1) φ구형 ABCD을 그린다.

(2) φ구형의 장변 CD를 반경으로 잡고 콤파스를 구형 안으로 돌려 원

호가 장변 AB를 자르는 점이 구형 $\sqrt{\varphi}$의 구분점 E이다. EBCF = $\sqrt{\varphi}$

(3) 다음으로, $\sqrt{\varphi}$구형의 대각선 EC를 구하고, 그것과 직각으로 교차하는 수선垂線의 밑이 장변 EB를 자르는 개소 G점을 결정한다. CFE와 FEG는 상사형相似形이다.

(4) G점으로부터 수평선을 그리고, 대각선 EC와의 교점 H로부터 수직선을 그린 다음, 그것이 사선 FG를 자르는 개소 J를 구하면, 다음의 구형(제2 역수구형)의 단변이 얻어지며 EGH와 GHJ는 상사형이 된다. 이 과정을 안과 밖을 향해 반복시키면, 구형은 무한히 발전한다.

(5) 구형의 각 릉稜을 연결하여 곡선을 그리면 $\sqrt{\varphi}$형型의 대수나선對數螺旋이 된다.

$$\frac{CF}{FE} = \sqrt{\varphi} = \frac{OF}{OE} = 1:1.272$$

이외에 1.382구형을 기초로 한 대수나선의 곡률도 수시로 사용되고 있으나 작도법에서는 큰 차이가 없기 때문에 생략한다.

5절 인체비례人體比例 그리스 조각의 캐논Canon

그리스의 균제는 모두 인체의 비례에서 도출된 것이라고 생각한 비트루비우스의 이론은 현재에는 학문적으로 부정되고 있지만, 고대의 그리스인이 인체가 지닌 완벽한 비례의 아름다움에 마음을 빼앗겨서 그것에 깊은 관심을 두게 되었다는 사실까지 부정되고 있는 것은 아니다.

"그리스에 있어서 체육의 장려는 두 가지의 효과를 만들어냈다. 그들은 그것에 의해 우선 육체를 미화했다. 머지않아 그것은 민중의 미적 감각이 되어 되돌아 왔다."라고 디드로는 말하고 있는 것으로 볼 때 인간의 인체비례에 대해 특별한 관심을 기울였던 것은 당연한 일이었다.

B.C 5세기 무렵의 유명한 조각가이자 당시 그리스 조각에 영향을 미쳤던 폴리크레토스Polycletes는 인체비례로부터 전범典範을 취해 모델형(표

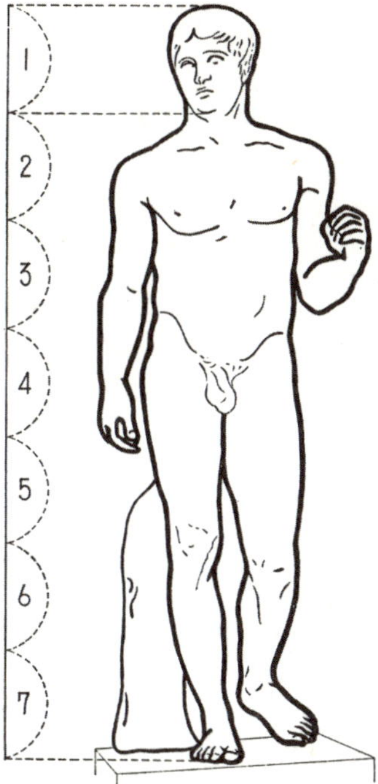

그림 49. 폴리크레토스의 캐논. 7등신

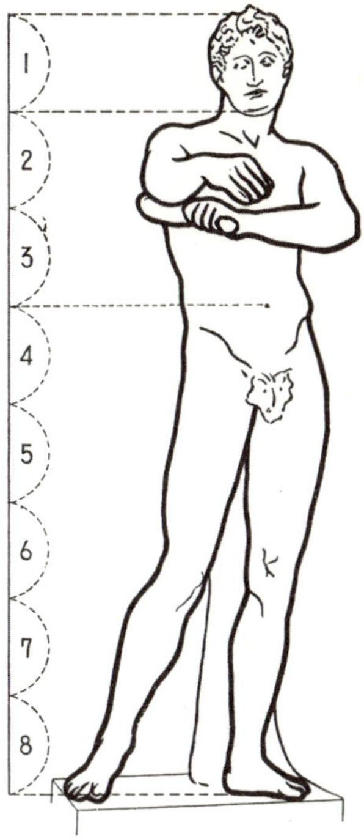

그림 50. 리시포스의 캐논. 8등신

준형)을 창조했다는 것은 잘 알려져 있다. 이는 올림픽 경기의 우승자인 청년 드리폴로스를 모델로 삼은 입상立像으로, 그리스인들은 이 표준형을 캐논Canon이라 불렀다. 캐논은 법칙을 말하는 것으로, 이 조각상에 주어진 비례는 그 후 1세기에 걸쳐 조각가의 규범이 되었던 것이다.

폴리크레토스상像의 규격은 머리의 크기를 신장의 $\frac{1}{7}$로 결정하였으며, 그 외에 그리스인 청년 신체의 지체肢體의 이상적 비례라 생각되었던 것을 세부에 이르기까지 정밀하게 측정하여 이 조각상에 부여했다. 이에 대해서는 다시 뒤에서 상술하겠지만, 틀림없이 이 경기자에 부여된 인상은 건장하고 준수한 느낌이었다.

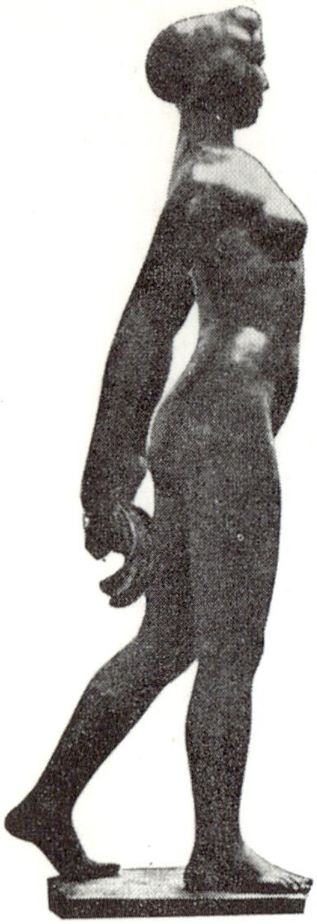

그림 51. 비너스와 배꼽의 위치. 일 드 프랑스, 마이요르 작(作)

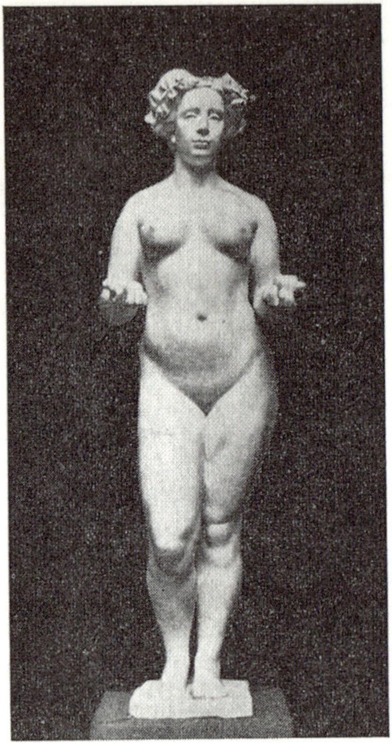

그림 52. 과실(果實)의 여신. 마이요르 작(作)

그 후, 제1세기를 지나, 동시기의 대표적 조각가인 리시포스Lysippos가 이전의 폴리크레토스에 대항해서 인체비례의 표준형型을 제정하였는데 '아포키시오메느의 조각상' 이 그것이다. 리시포스의 표준형은 머리의 전신에 대한 비가 1 : 8을 나타내며, 폴리클레토스의 케논에 비해 1등신정도 높이가 증가되어 있다.

현재 이른바 8등신의 시작인 것이다. 말할 것도 없이 이 시기에는 사람들의 기호嗜好가 이전보다도 우미優美해졌으며 여성화되어 갔던 시대와 사회의 풍조를 반영한 것이었다.

그런데, 이 8등신이라는 프로포션이 지닌 의미는 단지 머리와 전신의 관계가 1 : 8의 비比를 지닌다는 사실에만 있기 때문인 것은 아니다. 보다 중요한 것은 오히려 이 8이라는 수의 구성 요소이다. 제3장에서 서술한 바와 같이 이 수는 3에 5를 더한 수로, 분할하면 3 : 5 : 8이라는 정수비(피보나치 급수)가 되어 황금비의 근사치가 된다.

인체비례에 있어서는 이것이 배꼽의 위치와 깊은 관계를 지니고 있다. 그리스 조각에서 보이는 배꼽의 위치는 원칙적으로 신장을 8 : 5의 비比로 상하로 분할하는 곳에 놓이며, 그것을 표준형으로 하고 있다. 즉, 배꼽으로부터 위, 머리까지를 5로 하면, 배꼽으로부터 밑, 발뒤꿈치까지는 8이 되는 비율로 그 위치가 결정되고 있다. 이것은 폴리크레토스의 캐논에서나 리시포스의 캐논에서 모두 동일하며, 신장에 대한 머리의 비례가 시대나 사회의 기호에 따라 변동하였는 데 이것에 비해, 배꼽의 위치는 그대로 안정되어 있었다는 것을 말하고 있다. 다만, 남녀에서 그 비율에 약간의 차이가 있으며, 남성은 8 : 5, 여성은 5 : 3의 비율을 나타내고 있다고 인체비례학자인 자이징거 박사는 말하고 있다.

8 : 5나 5 : 3 모두 황금비의 근사치이며, 8등신이 되면 배꼽이 황금분할점이 되어 전신을 3 : 5 : 8의 정수비로 분할하기 때문에, 특히 우미優美한 여성상에는 이 비比가 이상적일 것이다. 또한 취급상의 관점에서 말해 보아도, 7등신 보다 편리하다는 것은 당연한 것이다.

어쨌든 인체비례에 있어서 8등신을 계승한 후세의 문헌으로서 문예부흥기에 프랑스의 화가 장 크장이 저술한 『초상화법Livre de pourtraicture Paris』(1571)에서도 그것이 나타난다. 〈그림 54〉는 남성 입상立像으로서, 머리로부터 발바닥까지를 8등분하고 배꼽을 분할점으로하여 상부를 3, 하부를 5로 분할하고 허벅지로부터 하부의 다리의 길이에 4의 비比를 부여하고 있다. 말할 것도 없이, 이것은 황금분할이다. 다음에, 어깨 끝에서 손가락 끝(중지의 끝단)까지의 길이를 각각 3으로 잡고, 그 $\frac{1}{3}$에 상박上膊, 전박前膊, 즉 바꾸어 말하면, 팔꿈치의 위치를 결정하고 있다. 이에 대

그림 53. 샤방느의 벽화 밑그림. 8등신

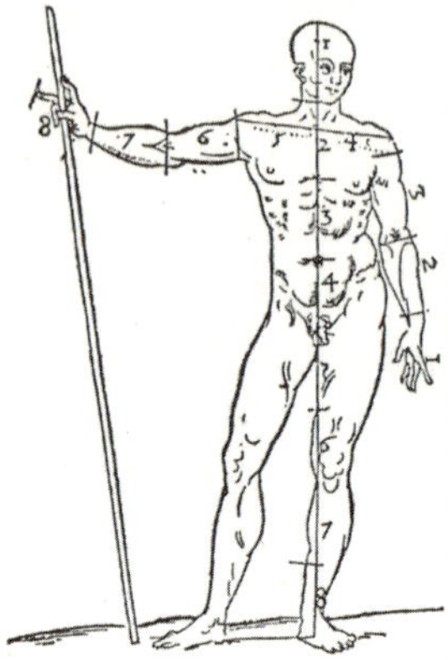

그림 54. 쟝 쿠쟝의 인체비례. 16세기

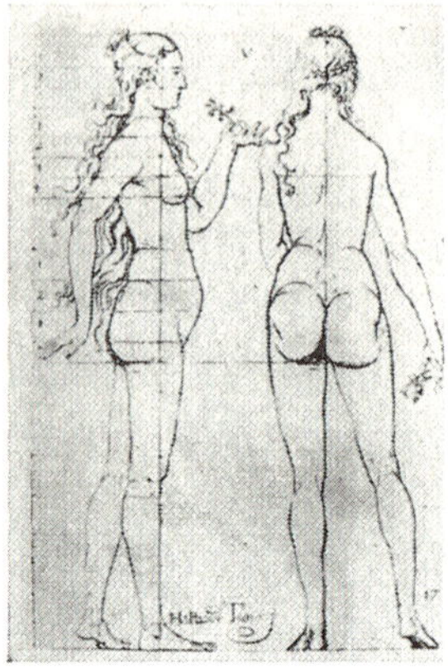

그림 55. 로마조의 인체비례. 17세기

해, 어깨 폭의 2의 비比가 주어져 있기 때문에 양손을 펼쳐 서 있는 모습은 상하좌우가 같은 양量이 되며, 정방형의 원안에 들어가 있어 파찌올리의 『신수비례법神授比例法』 안에 삽입되어 있는 레오나르도 다 빈치의 인체비례와도 완전히 합치하는 것이다.

다음으로, 17세기에 들어와 프랑스의 툴루즈에서 간행된 로마조의 『비례범론比例汎論 Traite' de la proportion, Toulouse』(1649)에서 그 전승을 찾아볼 수 있다.

삽도는 툴루즈의 화가 이레르 파데르의 그림이며, 이 방법은 여자의 인체비례로 동일하게 8등신의 측면도와 배면도가 그려져 있다. 측면도에서는 이마 옆으로부터 머리 밑까지를 3등분하고 $\frac{1}{3}$을 이마, $\frac{1}{3}$을 코, $\frac{1}{3}$을 턱까지의 길이로 하여 안면을 규정하고 있다. 몸통胴 부분은 목 끝부분으로부터 유두까지를 4등분하고 다시 가슴으로부터 옆구리 밑 부분까지를 4등분하여 세부를 나누고 있다. 허벅지로부터 하부와 상반신의 비율은 상반신이 생각보다 길고 눈의 위치와 대체로 조화를 이루고 있다. 배면도는 머리로부터 양 옆구리까지를 상부, 양 옆구리로부터 허벅지까지

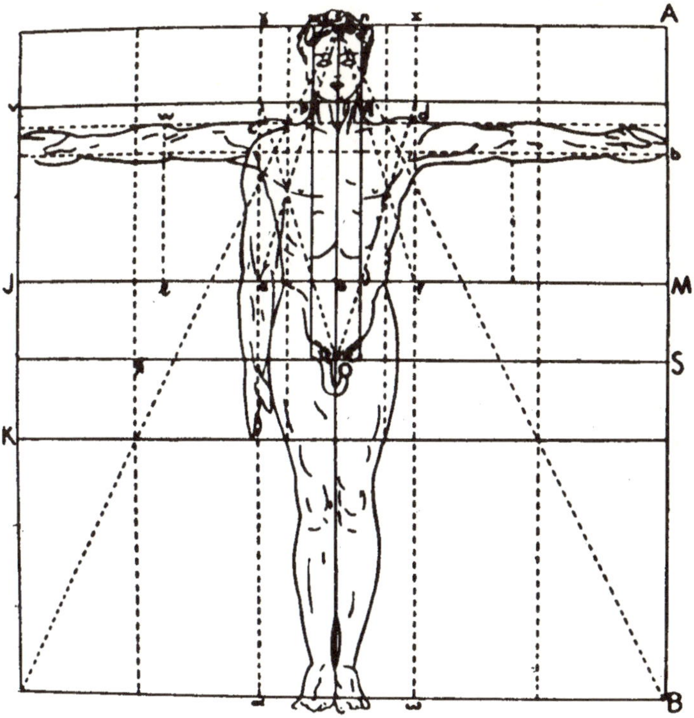

그림 56. 쟈이징거의 인체비례(외부프레임 정방형)

를 중간부, 허벅지로부터 밑을 하부로 하여 상중하 3단으로 나누고 상중부의 비를 3 : 4, 중하부의 비를 2 : 3의 비율로 나누고 있으나, 여기서는 이미 황금률의 의식은 상실되어 뒤에 논할 알베르티즘 비례법에 기울고 있다는 점을 알 수 있다.

19세기로 들어오면, 다시 고전사상이 융성해지며, 고대의 비례를 연구한 여러 학설이 나타났으나 인체비례에 대해서는 광범위한 연구를 발표하여 인간이 지닌 지체의 비례에는 명확히 황금률이 확인된다는 것을 지적했다.

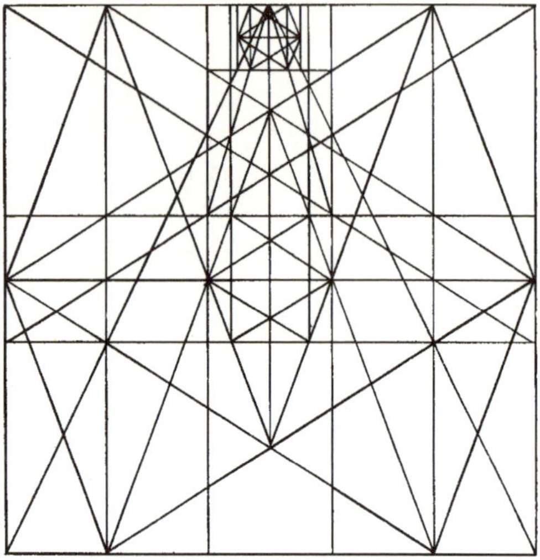

그림 57. 햄비지에 의한 인체비례의 해석도(외부프레임 정방형)

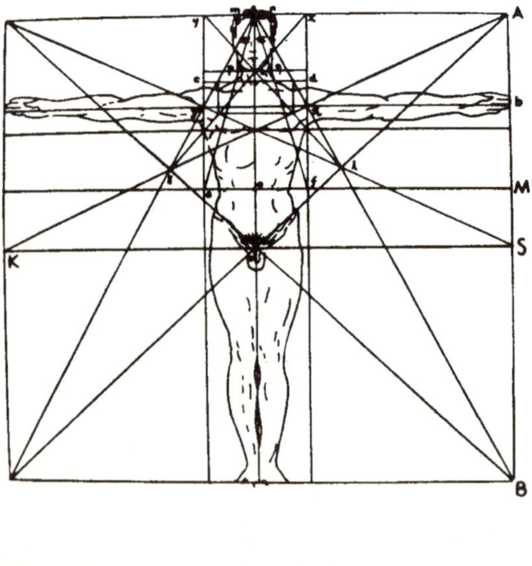

그림 58. 햄비지에 의한 인체비례의 수정(외부프레임 $\sqrt{5}+\sqrt{5}$)

『다이나믹 심메트리』의 햄비지 교수는 자이징거의 설명을 지지하면서도 인체비례는 엄밀하게는 골격을 기본으로 해서 측정해야 하며 골격을 측정하지 않으면 정확하지 않기 때문에 중요 내지 우수하다고 생각되는 골격을 근거로 하여, 〈그림 57〉 및 〈그림 58〉과 같은 인체비례를 소개하고 있다.

〈그림 56〉은 자이징거가 지적한, 비투르비우스 이래의 정방형 안에 상하좌우가 들어가 있는 인체비례로 세부의 결정은 해석도 〈그림 57〉에서 볼 수 있는 것처럼 모두 황금률 φ를 기본으로 하고 있으나 머리와 신장의 비율은 역시 1 : 8로 8등신과 황금률의 관계가 명확히 나타난다.

해석도의 S는 정방형의 이등분선, O는 중심, 즉 수렴점極이다. MJ는 φ의 구분선으로 이 선으로부터 하부는 φ구형, 상부는 0.382구형, 즉 정방형과 φ구형이 옆으로 연결된 형形이다. 이 그림은 동일한 과정을 상하 및 좌우로 반복시켜, 4개의 φ구형을 연속화시킨 것으로, 본서 이집트 장에서 서술한 람세스 4세 분묘의 평면분할과 매우 동일한 세부를 결정하고 있다.

〈그림 58〉은 동적균제론에 근거하여 결정된 수정인체비례로 이 또한 8등신이지만 외부 틀의 정방형에 대신하는 것으로 2개의 $\sqrt{5}$구형을 상하로 중첩시킨 형形이 사용되고 있다. 따라서, 좌우에 대해 상하가 약간 낮게 처리된 구형矩形으로 이루어져 있지만 햄비지 교수는 이 방법이 보다 정밀하다고 말하고 있다.

그림에 대해 말해보면, SK는 상하 이등분선, M은 φ라인으로 이 높이는 원原구형의 단변에 대한 φ비比이다. M점으로부터 상하를 구분하면 상하의 비는 1 : 1.618이 되며, 이 M선과 중심선(좌우 이등분선)이 교차하는 교점에서 배꼽의 위치를 결정하고 있다. 몸통胴의 폭은 원原구형과 $\sqrt{5}$구형의 대각교점으로 규정이 되며, 양 어깨는 원原구형의 단변의 $\frac{1}{3}$ 지점에 위치하고 있다. 머리는 원原구형의 대각선과 $\sqrt{5}$구형의 대각선이 교차하는 교점으로부터 2개의 수선垂線을 그으면, 그것에 교차하는 교점을 턱 밑의 위치로 하여 머리 정상까지의 높이를 결정하고 있다.

상하좌우를 정방형 안으로 집어 넣은 앞 그림의 비례와 비교해 보면 동일한 8등신이라도 이쪽이 더 자연스럽고 아름답다.

6절 드리폴로스의 상像

B.C 5세기의 조각가 폴리크레토스가 올림픽의 선수였던 드리폴로스의 훌륭한 체구를 빌려 그를 이상으로 하는 남성상을 만들었다는 것은 앞절에서 서술했다. 이 원작은 현재 남아 있으며, 바티칸, 피렌체, 나폴리 등의 미술관에는 로마시대에 만들어진 충실한 복제품이 소장되어 있어, 이 작품이 옛날부터 얼마나 유명했으며 또한 그 표준형이 얼마나 존중되었는지를 알 수 있고 폴리클레토스의 캐논이 어떠한 것이었는지를 충분히 이해할 수 있게 해 준다.

이 조각상은 앞서 언급한 대로 7등신으로 만들어졌으나 세부의 프로포션은 모두 황금비로 결정되었으며 그리스인이 말하는 아날로지아(균제)의 이상을 완전히 구현하고 있다.

〈그림 60〉은 그 측정도로서, 현재 1 : φ의 관계(1 : 1.618 또는 1 : 0.618)를 단선單線 및 장선長線을 사용해 설명하면,

(1) 우선, 머리정상에서부터 턱 밑까지가 단선이고 턱 밑으로부터 배꼽까지가 장선이다.

(2) 배꼽으로부터 허벅지까지가 다시 단선, 허벅지의 위치는 신장의 $\frac{1}{2}$이다.

(3) 배꼽의 위치는 전신의 φ의 치수를 잡아 높이가 결정되어 있으며, 배꼽으로부터 머리 정상까지가 단선, 배꼽으로부터 발뒤꿈치까지는 장선이 되어 정확히 황금률로 상하가 알맞게 결정되어 있다.

(4) 또한, 상체는 어깨 폭과 머리정상으로부터 하복부의 선까지의 길

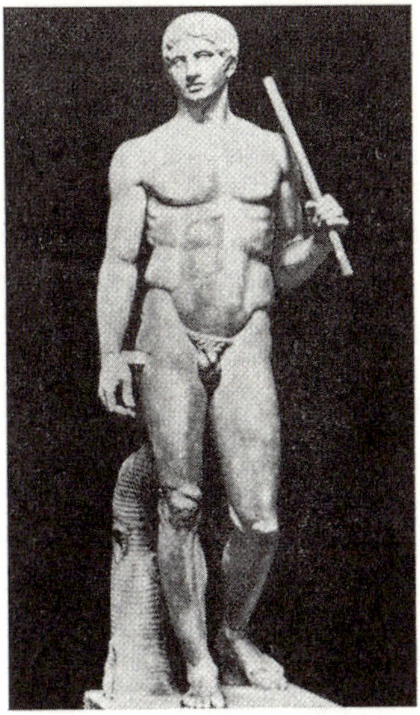

그림 59. 드리폴로스. 폴리크레토스 작(作)

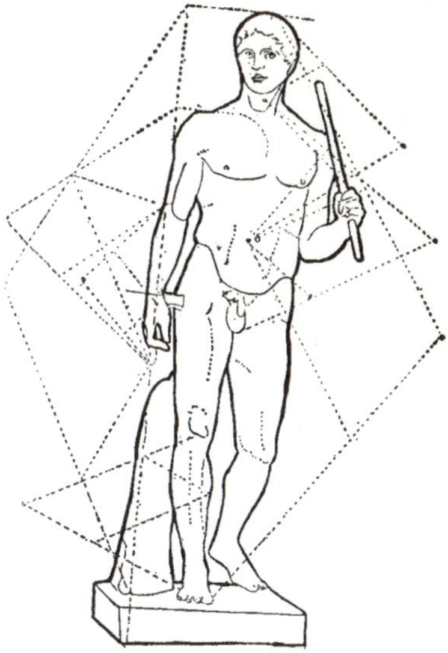

그림 60. 드리폴로스의 해석

이가 황금비를 나타내며, 이 부분은 어깨 폭을 단변으로 하는 1개의 φ구형 안에 들어온다.

(5) 다음에, 머리정상에서 어깨까지, 어깨에서 손목까지, 손목에서 발뒤꿈치까지 상호의 비례도 동일하다.

(6) 거기에서 φ의 근사치가 되어, 거꾸로 머리 정상부터 어깨까지의 치수를 5로 잡으면 어깨에서 손목까지는 8, 손목에서 발뒤꿈치까지는 13의 비율이 되며, 최장 13은 정수리부터 발뒤꿈치까지의 길이와 같으므로서 정교한 조작을 각각의 위치에서 발견할 수 있다.

이상의 해석에서도 알 수 있는 것처럼, 배꼽의 위치가 역시 구분점이 되어 전신을 황금비로 분할하고 있다는 사실이 확인되고 있다.

동적균제론에 근거해서, 자이징거의 인체비례론을 수정한 햄비지 교

그림 61. 밀로의 비너스. B.C. 4세기
그림 62. 밀로의 비너스의 황금비례
배후: 어깨에서 배꼽(의복의 상단까지) 5. 의복의 상단에서 발까지 8. 배꼽주변 8. 발 하부의 주변 5
측면: 배꼽에서 머리 정상까지 5. 배꼽에서 발 밑 하부까지 8. 무릎 밑 다리의 길이 8. 머리 밑에서 머리 정상까지 5. 머리 밑에서 배꼽까지 8
정면: 머리 정상에서 배꼽의 움푹 들어간 곳까지 5. 배꼽에서 목덜미까지 8. 배꼽 8. 유방 상부에서 구획된 간격 5

수도 배꼽의 위치가 황금분할의 구분점이 된다는 사실을 주목하고 있으며, 그의 인체비례도에서도 전신에 대한 φ의 값을 취해 배꼽의 높이를 결정하고 있다. 〈그림 58 참조〉

전술한 리시포스의 「아포키시오메느」도 배꼽의 위치에 대한 생각은 동일하다. 다만, 이 조각상은 8등신으로서 체구는 드리폴로스보다도 약간 여성화되어 있으며, 배꼽은 자이징거가 지적한 여성형의 3 : 5로 상하를 구분하는 곳에 위치되어 있다.

7절 밀로의 비너스상像

그리스 조각의 현존하는 소수의 원작 중에서도 특히 백미로 여겨지며, 프랑스 루브르 미술관이 가장 귀하게 세계에 자랑하는 밀로의 비너스 상像의 무엇과도 비교할 수 없는 예술적 가치에 대해 여기서 새삼 사족을 더할 필요는 없을 것이다.

이 조각상은 1820년 에게해海의 그리스령 밀로섬의 흙 속에서 발견되

그림 62. 밀로의 비너스의 황금비례

어, 우연히 급수를 하기 위해 섬에 잠시 들른 프랑스 해군의 보고에 의해 프랑스가 사들이게 됨에 따라 밀로의 비너스라 불리지고 있으며, 제작자의 이름이나 제작연대는 현재 명확하지 않다.

다만, 작품의 경향으로 봐서, B.C. 4세기의 스코파스파派에 속하는 것인지 아니면 시대는 내려가지만 헬레니즘시대에 들어와서부터 복고적인 요구에 따라 스코파스파派의 작품 경향을 회고해서 만들어진 것일 거라는 점이 대체적인 의견으로 받아들여지고 있다.

이러한 의견은 여성의 나체상이 많이 나타나고 있는 시대가 B.C. 4세기에 들어와서부터이며, 그 이전에는 여체의 경우 의복으로 대부분 가려

놓는 것이 보통이었기 때문에 이 반나상半裸像은 그러한 시대의 기호에 부응한 것이라는 점이 이유 중 하나로서, 구체적으로는 동시대의 프라키시텔레스나 리시포스에게서 볼 수 있는 바와 같은, 드러내는 아름다움과 같은 부분을 이 작품에서는 찾아볼 수 없고, 오히려 준결峻潔하다고 말할 수 있는 강력한 표현을 볼 때 스코파스의 작품경향과 일맥상통한다는 점이 주된 이유이다. 다만, 헬레니즘시대의 복고주의復古主義에 의한 작품일지도 모른다는 독일계의 다소 질투 섞인 학설에 필자는 동의하지 않는다. 그것은 이 조각상이 지닌 엄격한 비례나 그 비례를 기초로 하여 재편해야 할 캐논의 존재가 후세의 아류의 손에 이루어진 것으로서는 아직 확실하지 않으며 그것에 대한 연구도 아직 시작단계일 뿐이기 때문이다.

〈그림 62〉는 필자가 시도한 밀로의 비너스의 해석도이다.

이 조각상은 제작연도를 알 수 있는 것으로, 대좌臺座를 뺀 조각상의 전 높이는 204cm, 실측으로는 209cm이며, 이에 대해 두부頭部의 길이는 26.7cm이기 때문에 8등신으로 하면 계산상으로는 약 4cm 정도 오차가 나지만, 이는 머리의 측정방법에 있어서도 약간의 차이가 생기기 때문에 대체로 8등신으로 다루어도 무관한 비례이다.

예에 의해, 우선 배꼽의 위치를 결정하면, 〈그림 62〉의 해석도에서 볼 수 있는 바와 같이 이것도 정확히 황금분할점에 위치되어 있다는 것을 알 수 있다. 다만, 리시포스의 캐논과 같이, 상하를 3 : 5로 구분하는 위치로부터 다소 어긋나 있으나 그것은 조각상의 자세에서 나온 것이라고 해도 좋을 것이다.

다음으로, 세부의 프로포션을 검토해 보자.

높이의 관계는 우선 어깨로부터 반나半裸의 하단(옷의 상단)까지와 그곳에서 옷으로 덮여있는 곳까지의 높이의 비가 φ이다. 즉, 어깨로부터 반나의 하단까지가 φ의 단선, 옷으로부터 하부가 φ의 장선의 비율로 나오고 있다. 현재 이 장변의 $\frac{1}{2}$의 길이에 따라 상체로 옮겨 실측해 보면 이 길이는 허리로부터 머리카락頭髮까지의 길이에 합치한다. 또한, 이 길이의 역수비례逆數比例(장선에 대한 단선의 길이)가 허리로부터 반나의 하단까지의 길이로 동시에 허리라인의 길이이기도 하다.

허리라인은 횡폭橫幅의 관계로 이루어지나, 간단히 말하면, 허리라인의 길이는 엉덩이 폭을 장선으로 하면 허리는 단선의 길이가 된다. 다시 이 단선의 역수비례를 취하면, 대좌에서부터 턱까지의 길이가 된다.

안면은 정확히 살펴 보면 폭과 높이가 φ의 분할로 규정되어 있다는 것을 알 수 있다.

또한, 복부 하단의 폭과 어깨 폭은 대개 동일한 길이로 균형을 이루고 있으나 이 폭과 유두간의 거리는 장선에 대한 단선의 분할로 언제나 그 비는 φ이다.

다음에 측면의 경우, 우선 머리에서는 프레임의 전단에서부터 머리카락頭髮의 후단까지가 φ의 장선으로 그것에 대해 코의 전단으로부터 턱의 기점까지가 φ의 단선이다.

몸통 부분은 복부하단의 깊이와 등으로부터 유두까지의 깊이는 거의 동일한 깊이가 부여되어 있으나 이 길이는 머리카락을 뺀 두부 측면의 깊이에 대해, 정확히 황금률로 규정되어 있다.

8절 라오콘

그리스 조각의 역사적인 매듭으로서 헬레니즘시대의 수작으로 인정되는 유명한 「라오콘」(바티칸미술관)을 마지막으로 다룸으로서 이 장을 끝내기로 하자. 이미 알려져 있는 것처럼, 이 조각은 아폴론 신전의 신관神官 라오콘이 미네르바에게 봉헌된 목마를 파괴하여 신의 벌을 받게 됨으로써 2명의 아들과 함께 큰 뱀에 고통을 당한다는 전설을 주제로 한 작품으로, 정교함이 극에 이르는 근육의 정교함과 강렬한 고통의 표현으로 명성이 높다.

작가는 로도스파派에 속하는 아테노도로스와 아게산드로스의 합작으로 이 시기(B.C. 3세기)에 아테네는 더 이상 예술의 수도가 아니었으며, 그 중심은 소아시아에 가까운 로도스 섬과 소아시아의 페르가몬으로 옮겨지게 되었다. 동지중해의 연안지방에는 일찍부터 그리스 계통의 도시국가가 번영해 있었으며, 알렉산더의 동방정벌에 수반해서 문화의 중심은 그들 여러 도시로 옮겨갔던 것이다.

예술작품에, 인간의 고통이나 감정의 고조를 노골적으로 보여준 작품이 최초로 나타난 것이 이 시기에 들어오면서부터이며, 헬레니즘 조각은 가차없는 리얼리즘에 의해 특징지워져 있는데 「라오콘」은 그 중에서도 당시의 전형적인 작품경향을 나타내고 있으나, 이 작품이 조각으로서 뛰어난 점은 단지 그 이유에 의한 것만은 아니다. 기술적인 관점에서 볼 때, 오히려 경탄을 자아내게 하는 것은 근육의 정교함 이상으로 그 비범한 군상群像의 취급방식이다.

크고 작은 인물에 부여된 형形이나 볼륨의 합리적인 처리, 그들의 긴밀한 연쇄, 강고한 건축적 조립 등을 보면 이 작품이 그 격한 극적 내용이나 동적 표현과 관계없이 어떠한 공허감이나 불안감도 부여하지 않은 이유가 확실히 이해되는 것이다.

해석도에서 명확히 알 수 있는 바와 같이, 이 군상은 대소 3개의 나체상이 하나의 φ구형 안에 들어가 있는 것으로 정리되어 있다는 점에서 매우 흥미롭다. 그러나 대소 볼륨의 관계 뿐만 아니라 생김새의 형形이나 운동의 방향, 위치의 관계 등이 모두 이 구형矩形이 지닌 성질에 의해 규정되어 있음을 알 수 있다.

구형 ABCD는 φ이다. 정방형 AefD는 구형의 상부에 놓인 정방형이다. 정방형 gBCh는 하부에 놓인 정방형이다. 이 정방형 gBCh의 상단 gh와 φ구형의 대각선 AC가 교차하는 교점 k를 통해 수직선 ij를 그은 곳이 주상主像의 위치이다. 좌측의 어린이는 주상主像의 왼쪽에 만들어진 0.382 구형 gBjk 안에 놓이며 구형의 외곽선에 붙어 손을 곧바로 위로 뻗고 있다. 고통을 참는 상체를 활과 같이 구부리고 있는 신관神官 라오콘의 지체

그림 63. 라오쿤의 상(像)

는 원原구형 φ의 대각선 AC에 의해 형形을 규정하고 있다. 또한, 라오콘의 들어올린 손으로부터 어깨, 상박上膊으로 흐르는 선의 운동은 φ구형의 상부에 잡은 정방형 AefD의 대각선 Af의 방향에 정확히 따르고 있다.

우측의 어린이는 수직선 ij에 의해 만들어진 상사구형相似矩形 kjCh의 대각선 hj에 의해 상체의 위치나 굴곡의 정도가 규정되어 있다는 것을 알 수 있다.

(주) 인류학 분야에서는 현재 유럽인의 실제적인 인체비례는 평균치를 7등신 반으로 하고 있다고 한다. 어깨 폭, 손바닥의 길이 등은 장 쿠쟝의 인체비례와 완전히 합치하고 있다.

6장 로마시대Roman Architecture

1절 포럼과 개선문

로마시의 중심부 캄피톨(옛 이름 캄피돌리오)의 구릉에 서면, 시야 아래로 펼쳐지는 것은 일대의 광대한 폐허군群의 장대한 파노라마이다. 오래된 초석의 열주나 대형 원주圓柱가 곳곳에 서 있으며, 과거에는 세계에 군림하여 부와 번영을 누렸던 이 수도의 웅장한 모습이 뚜렷하게 눈에 들어온다.

언덕의 바로 밑은 고대 로마도시의 심장부였던 곳으로 포럼 로마나 Forum Romana(로마광장)라 불리우며, 장방형의 광대한 광장을 둘러싸고 크고 작은 장려한 신전과 호화로운 바실리카(로마시대의 상업교역소)가 세워져 있던 유적이다.

이 일곽을 둘러싸고 유명한 개선문, 고대의 궁전 유적, 콜로세움의 이름으로 알려진 대大 원형극장, 그리고 카라칼라 황제나 트라야누스 황제가 경쟁하듯 세운 국립공동목욕장 등의 폐허가 산재해 있다.

로마시대의 균제개념에 대해서는 아직 그리스만큼 연구가 진행되지 않았으며, 제1장에서 서술한 비뇰라의 5가지 오더Order(문예부흥기의 건축가인 비뇰라가 검출해낸 신전 기둥의 비례)와 프랑스의 19세기의 건축가이자 중세의 건조물 수리나 고대건축의 복원에 중요한 업적을 남긴 비올레 르 뒤크Viollet le Duc(1814-1879) 등의 연구를 약간 반복하고 있는 정도에 지나지 않는다.

그러나, 비트루비우스의 『건축십서』에서 서술된 전통적 비례개념으로부터 추측해 볼 때, 로마시대에는 그리스식 균제개념이 이미 사라져버

그림 64. 콜로세움. 로마

그림 65. 로마광장 (부분). 로마

렸다는 햄비지 교수와 같은 학자들의 단정은 다소 지나치게 성급한 결론이었다고 생각된다.

본인의 한정된 범위의 빈약한 연구에 있어서도 그리스의 균제를 지배한 기하학적 면적개념, 특히 황금구형黃金矩形의 적용 등은 그 취급상 다소의 차이가 있다고는 해도, 그대로 로마에 계승되어 널리 활용되고 있었다는 사실을 여러 곳에서 발견했기 때문이다.

원래, 그리스를 답습하여 그것을 공리적으로 실용화한 것이 고대 로마의 문화이며, 특히 제국의 발전도상에 있어서는 남南이탈리아에 잔존해 있던 그리스계係의 도시나 알렉산드리아로부터 실제로 그리스인 기술자를 초빙하여 제작시켰던—예를 들어 폼페이와 같이— 사례도 적지 않았기 때문에 당연히 그것은 고려해야 할 사항이다.

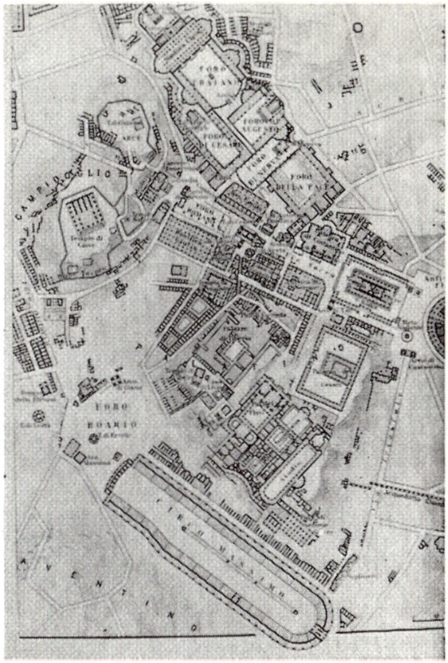

그림 66. 포럼 부근 평면도

어쨌든, 다시 되돌아가서, 로마의 포럼에 남아 있던 폐허의 건축물 평면계획을 복원도를 통해 살펴보면, 콘스탄틴, 에밀리아, 키우리아 등의 각 바실리카 및 베네이레 신전의 평면, 또한 로마광장Forum Romano을 비롯해 구舊 트라야누스 황제의 광장, 구舊 아우구스투스 광장 등의 광장은 모두 황금구형으로 만들어져 있다는 것을 일 수 있다.

로마의 포럼에 있는 각종 모뉴먼트를 측정한 뒤 특히 필자가 놀랐던 것은 캄피톨의 좌측, 구舊 트라야누스 광장의 일각에 서 있는 유명한 트라야누스 황제의 전승기념비이다. 이것은 서기 1세기 무렵의 로마 황제 트라야누스의 전공을 기념하여 서기 113년에 세워진 원통형의 높은 기념비로, 높이 29m에 이르는 대원주의 정점에, 원래는 트라야누스 황제의 상像이 서 있던 것을 16세기 말에 성 베드로의 상像으로 바꾸어 놓았던 것으로

그림 67. 트리야누스의 기념주. 로마, A.D. 1세기

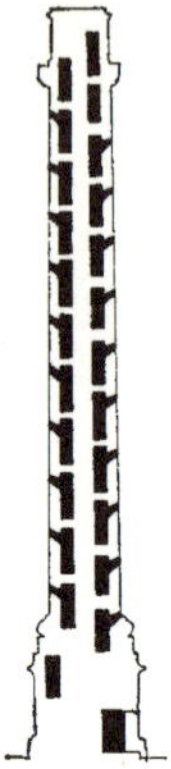

그림 68. 트리야누스의 기념비의 내부 구조

서, 원주의 주변에는 다키아 전쟁의 장대한 여러 장면을 묘사한 주동鑄銅의 리본이 빈틈없이 표현되어 등장인물 2,500명에 이르는 대군상의 소용돌이過卷에 의해 로마 예술의 정점을 이루고 있다.

그런데, 이 원주는 내부에 나선계단이 만들어져 있어 주두 위까지 올라가도록 되어 있다. 주두 위에는 상像을 두는 정방형의 대좌가 설치되어 있으며, 상像은 그 위에 서 있게 되지만, 이 대좌의 상단으로부터 원주 하부까지의 길이와 직경의 관계를 측정해 보면, 〈그림 68〉과 같이 3개의 정방형과 3개의 φ구형에 의해 완전히 분리되어 있다.

정방형과 φ구형을 연결한 이 형形은 앞서 서술한 바와 같이, φ구형의 작도로부터 자동적으로 도출되는 예의 0.382구형으로서, 이것을 3개 중첩해 쌓아 기둥의 전체 높이로 한 것이며, 그 뿐만 아니라 각 구형의 절선이 동시에 내부계단의 나선의 위치를 정확히 규정하고 있다는 점에 주목하고자 한다.

이 기념비에는 주각부의 대석台石에 고대 로마식의 훌륭한 서체의 각문刻文이 새겨져 있으며, 그 점에서 역시 과거부터 유명했으나 문자의 비례는 동시에 황금비에 의해 산출되어 있다.

그림 69. 콘스탄티누스 황제의 개선문. 로마, A.D. 4세기

고대 로마의 유구遺構는 그 대부분이 폐허로 변해 있어 건설 당초의 모습을 그대로 입면에 남겨두고 있는 작품은 극히 드물다. 트라야누스의 기념비는 단순한 하나의 원통형에 지나지 않으나 그 의미에서는 중요한 가치를 지닌 유품이다. 그 외에 비교적 잘 보존되어 있는 것으로는 개선문이 있다.

로마의 개선문凱旋門

모든 길은 로마로 통한다라는 말이 있듯이 로마의 도로는 포럼Forum을 기점으로 하고 있다. 그 길을 통해, 동에서 서로 그리고 북에서 남으로 해외 정벌을 끝내고 개선하는 황제나 군대의 노고를 위로하기 위해 처음에는 임시로 만들어지던 것이 이후에는 도시의 장식을 더해 영구적인 건조물로서 조영되었던 것이 지금 남아 있는 개선문으로, 포럼 주변의 옛 공도公道 유적에서 어느 정도 그 옛 모습을 남기고 있다.

개선문의 양식은 거의 동일하며, 중앙에 큰 아치, 후대의 것으로는 그 양측에 2개의 작은 아치를 수반하고 있다. 아치의 양측에는 화려한 코린트식 주두를 갖는 원주가 배치되며, 원주는 높은 대좌 위에 위치해 있다.

아치의 상부에는 조각이나 각문刻文을 새긴 액자額面 모양의 넓은 벽이 붙어 에틱Attic이라고 불리웠다.

〈그림 69〉는 캄피톨의 구릉을 향하고 있는 포럼 로마노의 동쪽 입구 근처에 있는 콘스탄티누스의 개선문으로 서기 312년, 콘스탄티누스가 기독교도의 힘을 빌려 숙적인 막센티우스에게 승리하고 티베르강에 익사시킨 자크사 루브라하의 쾌승을 기념하여 세워진 유명한 개선문이다.

이 개선문은 파리의 개선문과 같이 웅장하고 호화로운 것은 아니지만 유려한 장식과 변화가 풍부한 입면을 지니고 있고 또한 부분과 전체의 조화가 잘 이루어져 있어 격조 높은 풍취를 나타내고 있다.

그 앞에 서면 우선 눈길을 빼앗는 것은 서로 인접한 대소 3개의 아치가 어우러지는 청순한 원圓의 선율이다. 양측 아치 위의 4개의 금속(원반 조각)은 이 당시보다 200년 정도 거슬러 올라간 하드리아누스 황제 무렵에 만들어진 것으로, 다른 곳에 있던 것을 옮겨 사용한 것이라 전해지고 있으나 이것이 한층 고조古調있는 아취雅趣를 풍기고 있을 뿐만 아니라 하부의 아치에 대해서도 잘 조화를 이루는 크기로 되어 있어, 즐거운 반주伴奏의 역할을 하고 있다.

이러한 점에서 유추해 보면, 이 개선문의 작가는 원에 대해 적극적인 관심을 갖고 그것을 가장 효과적으로 이용하려고 시도했다는 것이 관찰된다. 그곳에서 여러 각도로 입면구성의 창출을 검토해 본 결과, 필자는 크라이스지오메트리에서 다루었던 원주의 5등분에 의한 비례법이 적용되어 있다는 것을 발견한 것이다.

원주의 5등분은 정오각형의 작도에 의해 얻어진다. 작도의 순서를 나타내면 〈그림 70〉과 같이, 우선

(1) 임의의 반경으로 원주를 그린다.

(2) 원의 중심을 통해 수직선 AB 및 수평선 CD를 그린다.

(3) 다음에 원에 외접하는 수평선 BE 및 수직선 DE를 빼낸다.

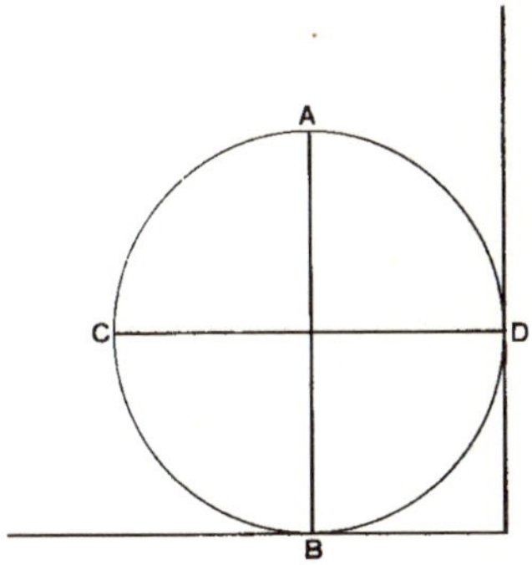

그림 70-1. 정오각형의 작도법

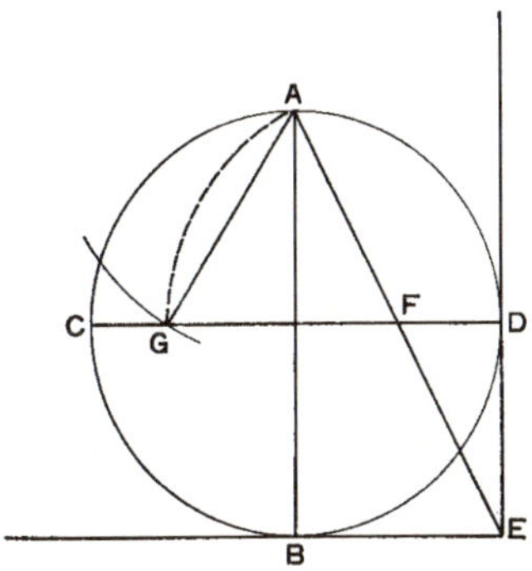

그림 70-2. 정오각형의 작도법

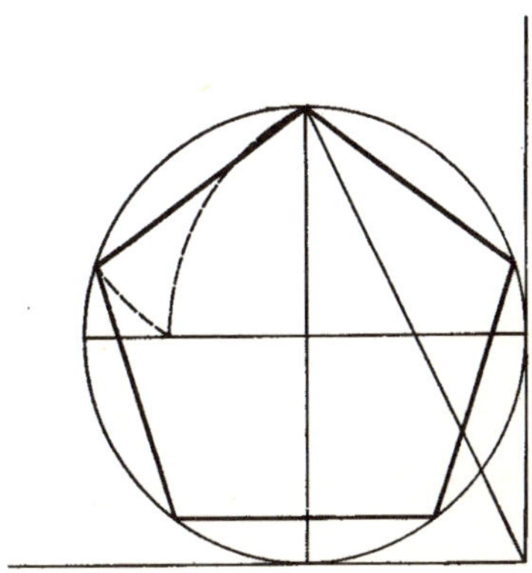

그림 70-3. 정오각형의 작도법

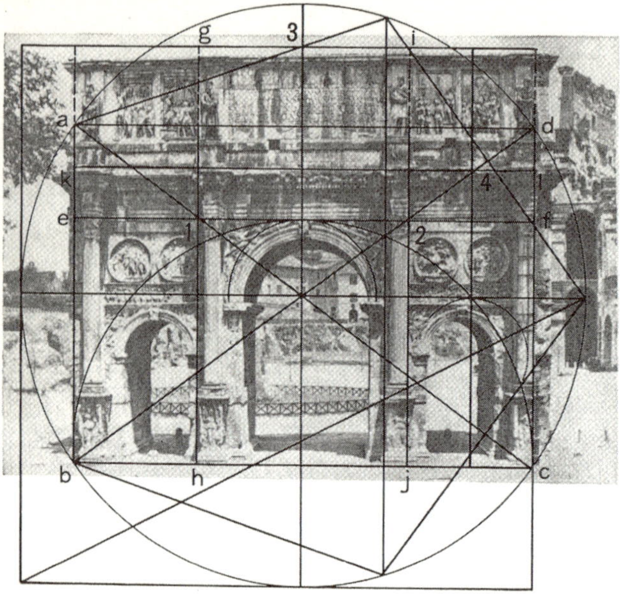

그림 71. 콘스탄티누스 황제의 개선문의 해석

(4) 그 다음, AE를 수선垂線으로 연결하면, 이 수선과 수평선 CD가 교차하는 교점 F가 얻어진다.

(5) AF의 길이를 측정해 F점으로부터 그 길이를 CD 선상에 잡으면 G점이 얻어지며, GA가 구하는 원주의 5등분점, 정오각형의 한 변의 길이가 된다.

지금 이 길이(5각형의 한 변의 길이)를 짧은 변으로 하고 원에 내접하는 구형 abcd를 그려보면 〈그림 77〉(해석도)과 같이 $\sqrt{2}$구형이 된다. 콘스탄틴 개선문은 이 구형을 단위구형으로 만들어진 것으로 에틱Attic額面으로부터 밑은 φ구형 kbcl이 되어 정확히 그 안에 들어온다.

다음에, 이 구형의 장변 bc의 $\frac{1}{2}$을 반경으로 하여 밑으로부터 원호를 그려보면 중앙의 아치 상단을 규정하는 위치가 얻어진다. 이 위치에 수평선 ef를 만들면 프리즈로부터 밑의 ebcf는 $\sqrt{4}$구형이 되며 2개의 정방형이 옆으로 연결된 모양이 되어 하부의 대부분을 결정한다.

다음에, 이 $\sqrt{4}$구형의 상변 ef 와 원原구형의 대각선 db 및 ac가 교차하는 좌우의 교점 1, 2를 통해 수직선 gh, ij를 그리면 중앙부 및 양측의 면적이 창출된다. 중앙의 아치는 원原구형의 대각교점(이등분점)으로부터 원호 상단까지의 길이를 잡아 반지름의 크기로 삼았던 것을 알 수 있다.

에틱의 상단, 즉 건물 전체의 높이는 원原구형의 중심선의 연장과 정오각형의 변이 교차하는 교점 3으로 규정되며, 처마 하부면은 원原구형의 대각선과 정오각형의 다른 한변이 교차하는 교점 4를 통해 그려진 수평선 kl에 의해 규정되었다는 것은 해석도를 보면 명확하다.

정오각형에서 도출된 이 특수한 구형은 7장 '중세의 비례' 에서 상술할 것이나 분할된 공간 각부에 많은 φ구형을 만들어내며, 이 개선문과 같이 크기와 형태가 다른 여러 가지 면을 필요로 하는 구성에는 특히 유효하게 움직임의 변화가 풍부한 벽면의 분할을 가능케 하는 것이다.

2절 로마의 욕장浴場

서기 1세기 초, 아그리파 황제에 의해 만들어진 로마의 공공욕장은 역대의 황제들이 시민들의 인기를 끌기 위해 경쟁하듯 조영했던 건축물로, 대표적인 것들만을 언급해도 유명한 카라칼라 욕장을 비롯해 트라얀의 대욕장, 디오클레티안의 대욕장, 네로의 욕장 등 적은 수는 아니다.

소규모의 공공욕장은 폼페이의 폐허에 거의 완전한 모습으로 남아 있으며 대체적인 구조를 알 수 있다. 중앙에 팔레스트라로 불리우는 체육장으로 사용된 넓은 중정이 있으며, 그 주변으로 온도가 각각 다른 3개의 욕실, 즉 냉수용 욕장인 프리지다리움, 중온욕실인 테피다리움, 고온욕실인 카리다리움이 배치되었다.

그림 72. 로마의 국립대욕장의 폐허지. 로마, A.D. 3세기

당시의 공공욕장은 모두 이런 형식을 따르고 있었으나 로마의 욕장은 그것을 거대한 규모로 확대했을 뿐만 아니라 시민의 쾌락적인 현세사상을 반영해서 욕실에 부속하는 각종 설비를 체육관과 욕장을 겸비한 장려한 하나의 대전당大殿堂으로 바꾸기에 이르렀던 것이다.

그 가운데에서도 웅대한 규모를 지니면서도 평면계획이 우수한 대표적인 사례로서는 3세기 초에 지어진 카라칼라 황제의 욕장과 이를 모방하여 그 100년 정도 뒤에 건축된 디오클레티안 황제의 욕장이 있다.

카라칼라 황제의 욕장은 외장을 장식하지 않고 벽과 골조만으로 이루어진 유구遺構로서, 입면도 상당 부분 남아 있으며, 전술한 프랑스의 건축가 비올레 르 뒤크가 그것에 근거하여 복원했던 그림이 있다. 〈그림 73〉

운동장을 포함한 전체 영역은 정방형으로, 정방형의 안쪽은 요주식繞柱式으로 건축되었으며 긴 열주가 주변을 두르고 있다. 욕실이 있는 주옥主屋의 평면은 $\sqrt{5}$구형을 이루고 있으며, 그 중에 3개의 욕실, 프리지다리움, 테피다리움, 칼리다리움이 종축을 따라 점차적으로 올라가 높이를 달리 하며 배치되어 있다.

그림 73. 카라칼라 황제의 대욕장 복원도. 비올레 르 뒤크

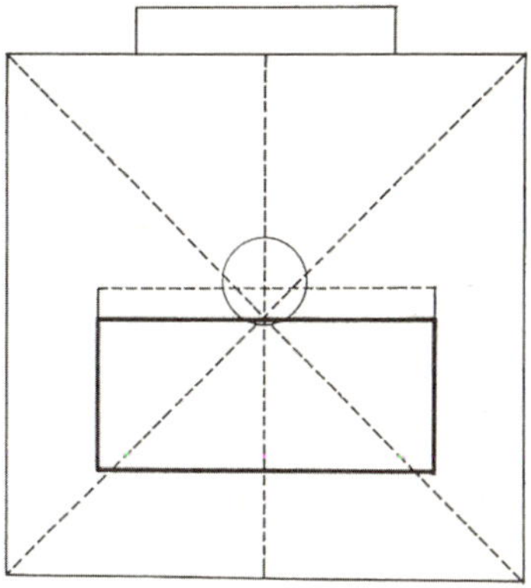

그림 74-1. 카라칼라 황제의 대욕장 평면도. 부지와 건물의 관계를 나타냄.

그림 74-2. 중앙부의 전방은 저온욕실. 프리지다리움
중심부는 중온욕실. 테피다리움
뒤쪽 원형은 고온욕실. 칼리다리움

전면의 프리지다리움은 노천 또는 평천정 욕장식의 건물이었을 것으로 보이지만 중앙의 테피다리움(중온욕실)은 시민의 사교장으로서 특히 아름답게 장식되어 있으며, 교차궁륭cross vault을 설치한 옆으로 긴 대공간으로 만들어져 있다. 이에 대해, 제3의 고온욕실인 칼리다리움은 둥근 지붕의 돔을 지니며 평면은 원형으로 만들어져 있고 원의 $\frac{1}{2}$은 운동장으로 확장시킨 모습으로 이루어져 있다.

입구는 건물의 좌우에 있으며, 입구가 설치된 곳이 요주식繞柱式의 넓은 실내체육관으로 욕장을 가운데에 끼워 넣은 건물의 양단에 만들어져 있다.

이들 평면계획을 보면, 평면은 모두 정교한 비례의 지배 하에 고안되었으며, 일관된 시스템에 의해 각 세부는 합리적으로 만들어지고, 크고 작은 모양의 다른 공간을 갖가지로 변화시키면서도 상호간을 합리적으로 융합하여, 전체를 통제하는 정리된 모습으로 처리되어 있다는 점은 주목할만 하다.

전술한 바대로, 운동장을 포함한 전체의 지형은 정방형(배후의 스탠드만은 정방형을 벗어남)이며, 기본적인 구상은 이 정방형을 중심에서 이등분하고 그 앞부분에 주 건축물을 배치하고 뒤쪽을 운동장으로 할당하는 아이디어로부터 출발하고 있다는 점을 알 수 있다.

주 건물의 평면은 $\sqrt{5}$구형으로 건물의 외단外端은 정방형의 이등분선에 접해 규정되어 있으며, 선으로부터 약간 나온 부분은 정원을 향해 열린 일종의 베란다이다.

주 건물의 평면계획은 중심부를 구성하는 3개의 욕실과 그 양쪽 익부를 이루는 체육장의 설계를 의도하여 진행했음에 틀림없으며, 우선 냉수욕장인 프리지다리움과 중온욕장인 테피다리움을 수용하는 공간으로서 하나의 정방형이 고안되었고, 그것을 근간으로 해서 좌우를 결정했다고 볼 수 있다. 〈그림 76 참조〉

그 경우, 정방형을 세로로 이등분하고 각 대각선을 구해 그것을 좌우로 연장하면 $\sqrt{5}$구형을 이루는 것은 작도를 설명하는 부분에서 이미 서술

그림 75. 디오클레티안 황제의 국립 대욕장 복원도. 비올레 르 뒤크

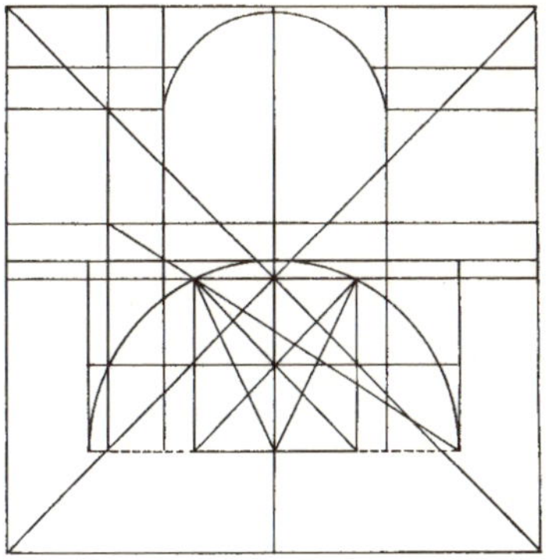

그림 76-1. 디오클레티안 황제의 국립대욕장 평면도

한대로이며, 주 건물의 평면은 아마 그와 같이 해서 나오게 되었던 것으로 생각된다.

$\sqrt{5}$구형은 그 특성으로서 중앙에 정방형을 취하면 양측은 φ구형이 되어 남는다. 중심부와 좌우의 양 익부翼部는 그것을 응용해서 결정되며, 중앙에 정방형, 좌우에 φ구형과 같은 구성으로 정리되었다. 건물의 양단에 위치하여 서로 대칭을 이루는 광대한 실내체육장의 평면은 각각 정확히 φ구형으로 만들어지며, 이상과 같은 예상을 명확히 뒷받침하고 있다.

욕실의 평면은 프리지다리움이 φ구형, 테피라리움이 $\sqrt{5}$구형, 칼리다리움은 구형矩形의 장변을 직경으로 하는 원형, 그 외의 실들도 정방형, φ구형, $\sqrt{5}$구형에 의해 배치되어 있다.

〈그림 76〉은 디오클레티안 욕장의 평면도이다.

카라칼라 욕장보다도 규모는 이쪽이 약간 크다. 그 대신 운동장은 면적을 합리화하여 전자보다도 상당히 좁아져 있다. 건물의 실 분할도 보다 단순화되어 있으나 정방형의 지역에 $\sqrt{5}$구형의 주 건물을 배치한 평면계획의 아이디어는 완전히 동일하다.

그림 76-2.

그림에 나타난 것처럼, 욕장영역의 정방형을 중심선에서 전후로 이등분하고 앞쪽에 주 건물을 배치하며 이와 동일하게 뒤쪽을 운동장으로 할당하는 기본구상을 비롯하여, 욕장영역의 이등분선에 접하여 중심부에 기본이 되는 정방형을 만들고 그것을 근간으로 해서 평면의 $\sqrt{5}$구형을 도출했던 수법이나 양 익부의 실내체육장을 φ구형으로 만든 모양 역시 동일하지만, 배면의 베란다는 기본이 되는 $\sqrt{5}$구형에 포함되어 있는 φ구형의 대각선을 연장하고, 실내체육장의 외단선外端線과 교차하는 교점을 사용하여 돌출부분을 규정하고 있다는 점이 다르다.

옥외운동장은 면적은 약간 작아져 있지만, 설계는 보다 합리적이며 배후에 반원형의 광대한 스탠드를 설치하고 칼리다리움의 돌출부와 대응시키면서, 정교하게 공간을 이용하고 있다.

스탠드의 좌우에는 부속건물이 배치되며, 욕장영역 가득 팔을 벌려 광장 전체를 건물로 둘러싸는 형식으로 이루어져 있고, 그 안측을 요주식繞柱式의 열주가 규칙적으로 배치되어 있다.

스탠드의 전단前端은 주 건물인 실내체육장의 외단外端을 연장하여 그것과 욕장영역의 정방형의 대각선이 교차하는 교점을 경계선으로 규정된 것이라는 점은 그림을 보면 명료하다.

3절 로마의 별장

평면계획에 φ구형을 적극적으로 사용하여 실 분할에 이용했던 것은 이 시대의 별장이다. 부강함을 자랑했던 융성기의 로마인들은 귀족이나 부유한 상인 뿐만 아니라 일반시민까지 능력에 따라 각지에 별장을 짓고 여유를 즐겼다. 빌라Villa라 불리는 것이 바로 그것으로, 폼페이는 도시민적인 마을의 유적이지만, 기후가 좋은 콤파니아 지방에서는 폐허가 되었던 빌라의 유적이 곳곳에 남아 있다.

주택건축은 대개의 경우, 그리스의 양식을 답습하고 있으며 그 전통은 과거 남이탈리아에서 번영했던 그리스의 식민도시로부터 가지고 나온 것으로 보인다. 주택건축의 전형적인 사례로는 역시 폼페이의 유적이 대표적으로 약간의 유적이 남아 있는 정도이다.

폼페이의 주택은 보통 1층으로, 가로를 면하여 창이 없이, 주위는 두꺼운 벽으로 둘러싸여 있으며, 통풍이나 채광이 내부에 설치된 중정을 통해 이루어져 있다. 현관을 들어서면 아트리움Atrium이라 불리는 넓은 공간이 있다. 아트리움은 로마주택에 있어서 가장 중요한 실로, 주인은 그곳에서 손님을 응접했다.

아트리움 중앙에 지붕을 설치하지 않은 부분이 있고 처마를 둘러 용수구가 설치되어 있으며, 우수雨水는 그곳으로부터 직하의 바닥면에 뚫린 인푸르비움이라 불리우는 장방형의 분수로 흘러 떨어지도록 되어 있다. 아트리움에 이어, 그 안쪽에 페리스타일Peristyle이 있다. 페리스타일은 이것을 둘러싼 작은 방과 함께 가족의 거실로 사용되었던 곳으로, 여기에도 우수를 처리하는 인푸르비움이 설치되어 있으며, 주변에 원주圓柱를 두른 일종의 회랑을 만들어내고 있다.

그림 77. 베티주택. 폼페이, A.D. 1세기

그림 78-1. 그리스식 주택의 내부

폼페이에 있는 유명한 베티저택은 입면이 그대로 거의 완전히 남아 있으나, 그 이외의 저택에 있어서도 평면은 모두 이상과 같은 양식을 따르고 있다. 주택건축의 주요 부분은 이른바 아트리움과 페리스타일이며, 평면은 대부분 앞의 내용과 같이 φ구형으로, 건물 전체의 평면도 φ구형을 기본으로 한 것이 많다.

콤파니아에 있는 로마식 별장의 대부분은 건물 전체 혹은 그 외곽을 φ구형 위에 정확히 위치시키고 있으나, 그 중에서도 단적으로 이 원칙을 보여주고 있는 것으로는 보스코레알의 빌라가 대표적이다. 그림과 같이, 이 빌라는 외곽을 정확히 φ구형으로 잡고, 그 안으로 구형의 단변을 한변으로 하는 정방형을 만들어낸 정식의 수법으로 평면을 결정하고 있다. 이

그림 78-2.

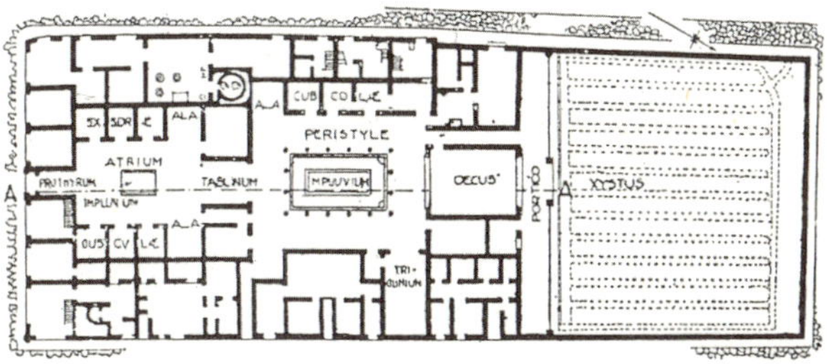

그림 79. 그리스식 주택의 평면도

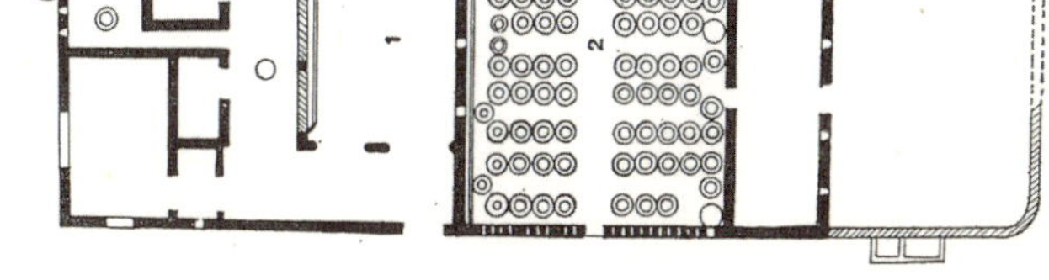

그림 80. 보스콜레아스의 빌라 평면도. 이탈리아

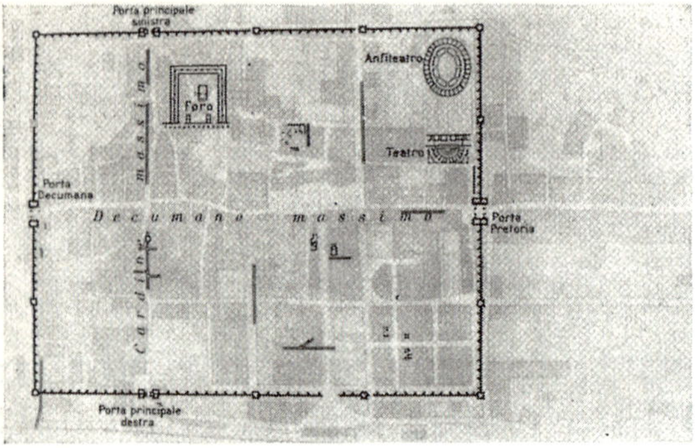

그림 81. 아우스타시(市)의 평면계획. A.D. 1세기

빌라는 포도주의 양조나 재배에 종사했던 이 지방 농민의 집회소를 갖춘 오락시설로 건축되었는데, 정방형의 안측으로 거실(1), 중정(2), 창고(3) 등을 배치하고 정방형의 외측을 이루는 φ구형의 공간을 관통하는 저低, 중中, 고高 세 종류의 욕장(4, 5, 6) 및 부속시설로 사용되고 있다.

그 외에 φ구형을 면적개념의 단위로서, 평면계획이라고 하기에는 상당히 광대한 도시계획의 사례도 보이고 있다. 기원 1세기 초에, 아우구스투스에 의해 로마의 식민도시로서 알프스 산록山麓에 조영된 아우스타시市의 폐허가 정확히 그것이다. 이 도시는 동서 724m, 남북 572m의 영역을 성벽으로 하여 구형矩形으로 둘러싸도록 만들어졌던 것으로 원형투기장, 극장, 바실리카, 공공광장 등을 지닌 전형적인 로마풍 도시였다. 이곳의 건물은 초석만 남아 있을 뿐 폐허가 되었으나, 성벽의 대부분과 성밖으로 통하는 4개의 문은 현재에도 과거 그대로의 모습을 간직하고 있다.

이 성벽에 의해 만들어진 구舊 시가지의 구형矩形은 2개의 φ구형을 장변으로 연결한 형태(F형)로, 그 중앙을 공도公道가 동서로 설치되고 2개의 성문을 직선으로 연결하고 있다. 이에 대해, 남북으로 설치된 2개의 공도公道가 직각으로 교차하여, 가로의 구획을 만들어내고 있다. 남북을 관통하는 공도公道는 각각 성벽 바로 옆으로 장변의 $\frac{1}{4}$ 지점을 통과하고 있기

그림 82. 아우스타시(市)의 성벽.
알프스산록, A.D. 1세기

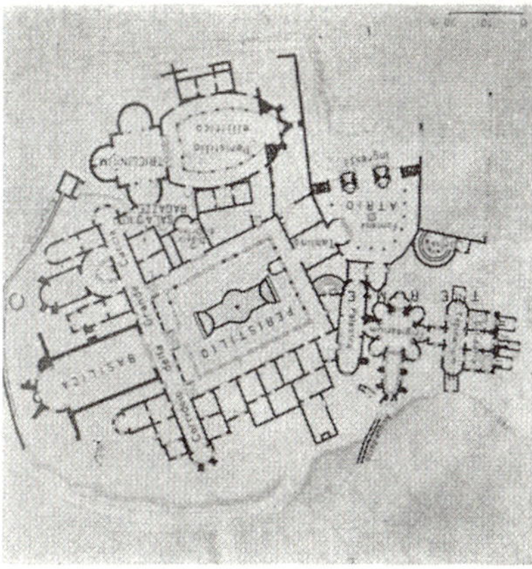

그림 83. 빌라 헤라클레스 평면도. A.D. 1세기

때문에, 중앙을 관통하는 간선을 사이에 두고, 동서의 성벽 바로 옆에 각각 2개의 φ구형이 연결되어, 중앙부에 원原구형의 상사구형相似矩形이 남북으로 2개 연결된 형식으로 시가지를 대소 6개의 구형으로 구분하고 있는 감탄할만한 도시분할의 명성을 남기고 있다. 이것은 φ구형이 적극적으로 평면계획에 사용된 분명한 증거이며, 가장 명시적인 사례로서 특히 흥미 깊다. 이 아이디어는 현대에서는 르 꼬르뷔제가 그의 도시계획 「빛나는 도시」 안에서 재현하고 있다.

빌라 헤라클레스

〈그림 83〉 이하는 시칠리섬의 중부지방 아르메리나 분지에서 최근 발굴

그림 84. 빌라 헤라클레스의 바닥면 모자이크. 시실리섬, A.D. 1세기

되어 그 이름이 알려진 제정로마시대의 이궁離宮의 바닥면의 모자이크이다.

이 이궁離宮은 과거에는 빌라 헤라클레스라 불리웠으며, 제정 초기(기원 2세기 무렵)의 황제나 귀족이 여름의 이궁으로 사용하였고, 또한 아프리카에서 맹수 수렵을 행할 경우에 기지로서 사용되었던 곳으로, 그러한 모습을 묘사한 채색 화려한 수렵도나 헤라클레스 전설에서 연유한, 그리스 신화를 주제로 한 다채로운 모자이크가 수십 실에 이르는 엄청난 홀과 로비 바닥을 다수 남기고 있다.

이후 이 건물은 여러 번의 외적의 침략에 의해 수 차례 파괴되어, 괴멸과 복구를 반복하던 중 건물은 대부분 소실되었으며, 다만 바닥면을 장식한 모자이크만이 흙 속에 묻혀 있던 것을 최근에 발굴하게 된 것으로써 1950년 부터 이탈리아 정부가 관리하게 되어 현재에 이르고 있다. 앞서 필자가 이곳을 방문했을 때에는 모자이크가 있는 광대한 건물의 실들이

그림 85-1. 빌라 헤라클레스의 대식당바닥면

플라스틱의 지붕과 벽으로 처리되어 있어 마치 플라스틱으로 만들어진 것 같은 궁전의 모습을 볼 수 있었다.

현재의 유구遺構는 오랜 세월 동안 변화되기도 하고 계속 손상을 입기도 해서 원형을 유지하고 있지 않기 때문에, 당초의 평면계획이 어떠한 것이었는지 전체의 구상에 대해서는 알 수 없으나 개개의 실 배치나 그 형상을 보면 실로 다양한 평면을 그려내고 있어 흥미로우며, 그 결과나 구성에는 보통이 넘는 고심의 흔적이 역력히 남아 있었다.

그들 가운데에서 황금률의 적용이 특히 현저히 확인되는 것과 그것을 다루는 데 있어 특색있는 것들을 2, 3개 정도 소개해보기로 한다.

〈그림 85〉는 트리크리니움이라 불리우는 그레코로만식 대식당大食堂의 평면이다. 중앙은 12m×12m의 정방형의 대공간이며, 세 방향으로 정

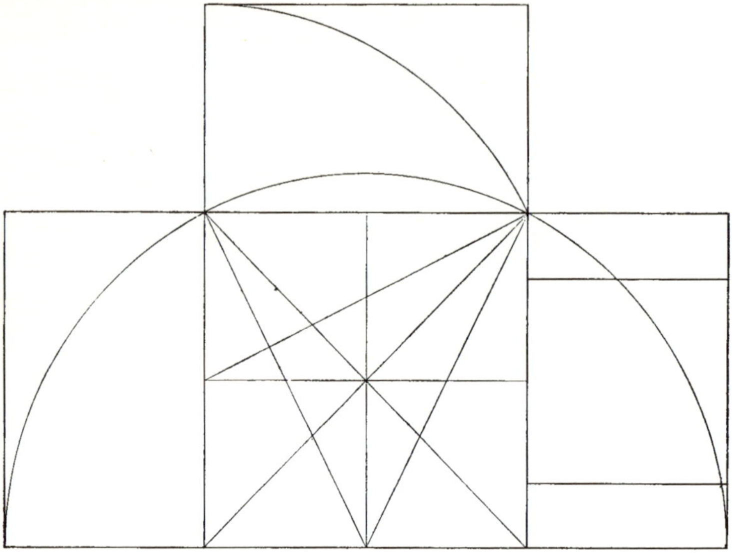

그림 85-2. 빌라 헤라클레스의 대식당바닥 분석

원을 향해 돌출된 반원형의 앱스Apse後陣가 하나씩 붙어 있고, 전면은 석단으로 마감되어 타원형의 중정에 접해 있다. 바닥면에는 헤라클레스가 싸우는 그림이 모자이크로 묘사되어 있다.

이 평면 역시 로마의 공공욕장과 매우 동일한 수법으로 창출된 것으로 중앙의 정방형을 세로로 이등분해서 각각의 대각선을 구하고 그것을 좌우로 연장해 $\sqrt{5}$구형을 만들어 중앙 및 양측의 크기를 결정한 것으로서, 다만 여기서는 중앙의 뒤쪽 안으로 같은 앱스(반원형 後陣)를 또 하나 만들 필요가 있었기 때문에, 홀의 정방형의 한 변을 단변으로 하는 φ구형을 고안해내고, φ의 장변의 길이를 취해 홀의 안쪽으로 옮긴 것이다. (그림 85의 2 참조)

다음으로 앱스의 크기는 정방형의 세 방향에서 만들어진 φ구형의 단변을 잡아 앱스의 안쪽 및 간구間口의 폭을 결정한 것이며, 이것은 φ구형

그림 86. 빌라 헤라클레스의 주악실(奏樂室) 바닥면 해석

의 중앙부로 구형矩形의 단변을 한 변의 길이로 하는 정방형을 잡으면 반원형 앱스의 바닥면이 쉽게 얻어지게 되어, 전체적으로 균제를 이루는 동시에 변화가 풍부한 평면이 구성되는 것이다.

〈그림 86〉은 같은 이궁離宮의 '주악奏樂의 방' 의 평면이다. 여기에는 악사의 주악이나 배우의 연기를 묘사한 우아한 모자이크가 붙어 있다.

이 방의 평면계획은 2개의 φ구형을 장변으로 연결한 모양(F형 구형)으로, 우선 관람석을 구획하고 다음에 이것에 구형의 단변(φ의 장변)을 한변으로 하는 정방형을 접속시켜 그곳을 연주장으로 삼은 디자인이다. 그리고 그 정방형 안에 φ구형을 잡아 그 안으로 반원형을 그리고 무대면을 만든 것이다.

따라서, 관람석과 무대 사이에는 1개의 0.382구형(정방형+φ구형)이 중간지대로서 남는다. 이 중간지대는 좌우로 기둥이 서 있기 때문에 그것을 피하는 의미도 있겠지만, 양측으로부터 각각 φ구형을 취해 주각柱脚을 설치하는 위치로 잡고, 잔여부분을 통로로 잡은 것으로 무대와 관람석이 적절한 거리를 취하며 서로 향하게 되어 평면에도 형태의 변화를 부여해 주는 수법이 적용되어 있다.

중세 · 근세편

7장 중세시대

8장 르네상스 · 문예부흥기

9장 근세

7장 중세시대中世時代

1절 로마네스크 사원의 균제均齊

기독교 교도들이 콘스탄티누스 황제에 대한 협력의 대가로 포교의 자유를 공인받은 것은 4세기 초였다. 기독교의 경우 그때까지는 지하운동의 시대로서, 비밀집회 이외에는 불가능했던 이유로 지상의 성전을 갖지 못했다는 것은 자명하다.

따라서, 기독교 공인 이후에도 종종 로마풍의 바실리카(상업교역소)를 기본으로 하여 그 양식을 교회양식으로 취하게 되었다. 그런 와중에, 기독교 신도들은 그리스도 교도들답게 독자적인 교회양식을 생각하였는데 그것이 잘 고안되기에 이르렀다. 기독교 교회는 원칙적으로 평면을 십자형으로 만들고 그 위에 입면을 올린다는 생각을 기본으로 하여 결정되었던 것이다.

일찍이 십자형 평면의 교회양식을 창시했던 것은 그리스 동쪽에 기반을 잡고 있던 동방교회로, 당초에는 십자형 평면으로부터 출발했기 때문에 그리스십자Greek Cross라고 불리웠다. 이러한 생각은 이어 서유럽의 서방교회로도 전해졌으나 서방교회는 좌우보다는 중축中軸이 긴 십자형을 채용했기 때문에 이를 라틴십자Latin Cross라고 불리우게 되었다.

6세기 이후, 프랑스를 중심으로 큰 발전을 보였던 로마네스크의 여러 교회들은 당연히 서방교회에 속하였으며 항상 라틴십자형을 원칙으로 했기 때문에 여기에 하나의 문제가 생겼다. 즉, 전후좌우 모두 같은 볼륨의 정십자형이 되면, 평면계획에 관한 한 특별히 어려운 문제는 없지만, 세

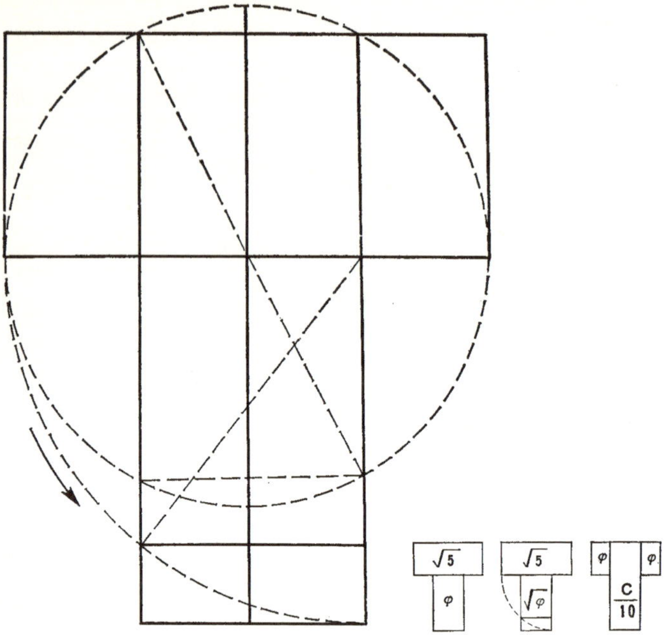

그림 87-1. 중세사원의 평면의 기본형. 에른스트 모제르에 의한 해석.
입구 양측의 비는 √5. 본당 밑은 φ 혹은 √φ구형

로, 가로, 그리고 축의 길이가 서로 다른 라틴십자를 적용하게 될 경우, 당장 양 축軸의 길이의 비를 어떻게 할 것인가가 문제시 되었을 것이며, 그 때문에 비례의 문제가 다루어지지 않은 상태에서 교회건축이 창출되는 결과가 나타나게 되었던 것이다.

무엇보다도 로마네스크교회의 현저한 특색은 구조와 형태의 합치에 있다고 언급되고 있다. 바꾸어 말하면, 평면계획과 입면계획의 완전한 융합이 특징인 것이다. 이것은 설계자들이 기독교 교회의 상징인 평면의 십자형을 적극적으로 입면에 투영시키려고 애쓴 결과로서, 그 결과는 평면이 지닌 균제미均齊美를 입면에도 반영시키는 것이 되며, 로마네스크 교회

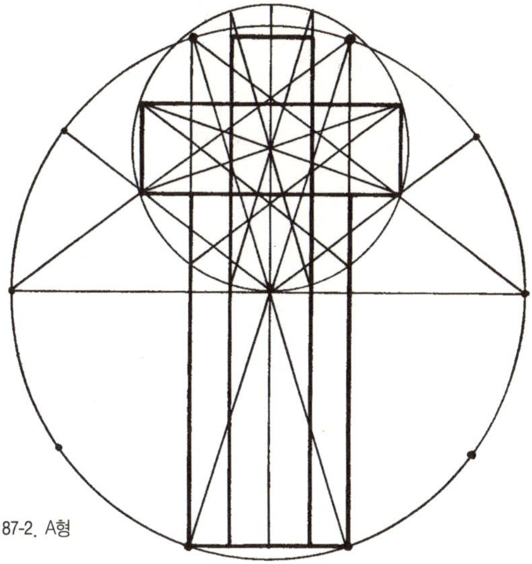

그림 87-2. A형

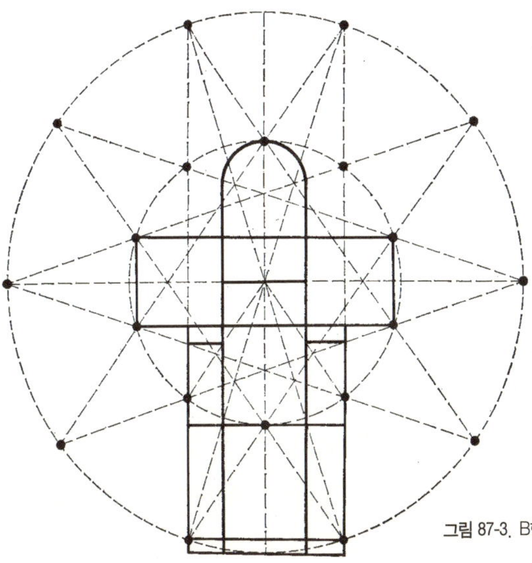

그림 87-3. B형

그림 88. 노트르담 드 포르 사원(단면). 프랑스, 로마네스크

특유의 입면의 다양성과 강력하고 중후한 응축적 특성을 만들어내게 했던 것이다.

중세건축의 규제개념에 대해서는 독일의 비례학자인 에른스트 모제르Ernst Moser가 광범위한 연구를 수행한 결과, 크라이스지오메트리 이론을 만들어냈다는 것은 앞장에서 서술한 바 있으며, 모제르가 중세 교회에서 가장 많이 확인되는 평면분할방식平面分割方法(일명 Bay System)을 그 이론 안으로 끌어들이고 있는 것은 원주의 10등분을 기본으로 한 그림과 같은 A · B 두 개의 기본방식이다.

A의 경우, 중축中軸이 긴 전형적인 라틴십자형이며, B는 중축中軸이 보다 짧은 십자형의 사례이지만, 모두 원주의 10분선에 의해 중축의 폭을 결정하고 내진內陣 및 외진外陣을 하나의 작은 원 안으로 정리하고 있으며,

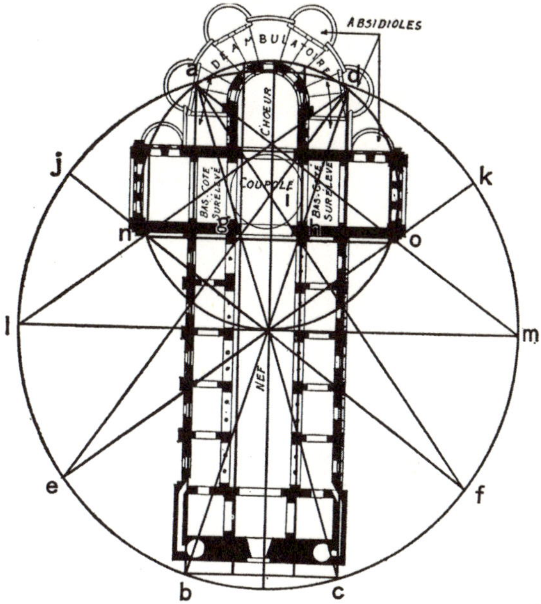

그림 89. 노트르담 드 포르 사원의 평면도(원에 내접하는 형(型)의 사례)

전자는 작은 원을 상부에 취하고 후자는 작은 원을 중앙에 취했을 뿐인 차이를 나타냄으로써 근본적인 생각방식은 동일하다. 작도법은 필자가 모제르 박사의 기본방식에 근거하여 유명한 로마네스크 사원의 실제 평면에 대해 시도해 본 〈그림 89〉 이하의 해석도에 의해 보여주고 싶다.

〈그림 89〉는 중부 프랑스의 쿠렐 몽페랑에 있는 오베르니아파派의 로마네스크의 대표적인 사원인 노트르담 드 포르의 해석도이다.

평면은 중축中軸의 길고 전형적인 라틴십자형으로, 모제르 박사의 A형 기본 방식을 거의 그대로 적용할 수 있는 형이다.

우선, 배치에 대한 개략적인 사항을 다루어 보자. 십자형의 중축中軸의 전반부를 점하는 부분은 중앙부가 네이브Nave身廊라 불리우는 신도석이며 그 양측은 아일Aisle側廊이다. 네이브가 끝나는 곳에서 십자형의 중축中

軸은 양 축의 횡축과 교차한다. 양 축은 트란셉트라 불리우는 제의용祭儀用의 외진外陣이며, 그 안쪽이 교회의 심장부를 이루는 제단부, 즉 앱스Apse이다. 앱스는 반원형의 내진과 그 외측을 도는 성회랑聖回廊으로 이루어지며, 여기에 앱스디오르(앱스 모양의 실)라는 작은 반원형의 돌출부가 붙어 있다.

다음으로 그 분할에 대해 서술해 보자.

평면계획의 기본이 되는 것은 당연히 십자형의 중축中軸으로, 그림과 같이 원주를 10등분하고 상부의 두 점 ad와 하부의 두 점 bc를 직선으로 연결하면, 구형 abcd가 중축中軸의 윤곽이 된다.

이 구형 abcd의 대각선 ac 및 bd를 구하고 그것과 원주의 10등분점으로부터 도출되는 성형십자형星形十字形의 사선 de 및 af가 교차하는 교점 g, h를 통해 각각 세로로 직선을 그으면, 네이브(신도석)로부터 내진으로 통하는 중심부의 폭이 얻어진다.

다음, 양 축의 분할의 경우, 여기에는 약간 인위적인 방법이 사용되고 있다. 우선, 성형십자형의 사선 de 및 af가 교차하는 교점 i를 잡고, i로부터 원의 중심까지의 길이를 반경으로 하는 작은 원을 그 위에 그린다.

다음에 이 작은 원주를 10등분하고 $\frac{c}{10}$의 선분을 그 양 축의 폭, 즉 깊이로 결정한다. 양 축의 위치는 성형십자형의 사선 dl 및 jf의 교점 n과 am 및 ke의 교점 o를 연결하여 하단을 규정하고, 상단은 원주의 10등분점을 좌우로 연결하면 쉽게 규정되는 것이다.

원주의 10등분에 의해 도출되는 이 중축中軸의 평면은 기본이 되는 구형이 원에 외접하여 만들어질 경우, 앞서 서술한 바와 같이, $1+\sqrt{5}$, 즉 정방형과 $\sqrt{5}$구형을 세로로 연결한 형태가 되며, 장변에서 이등분하면, 각각은 φ구형이 된다.

노트르담 드 포르의 평면은 기본 구형이 원에 내접하여 만들어져 있으며, 정확히 $\varphi+\varphi$라고는 말할 수 없지만 거의 황금률에 가까운 수치로

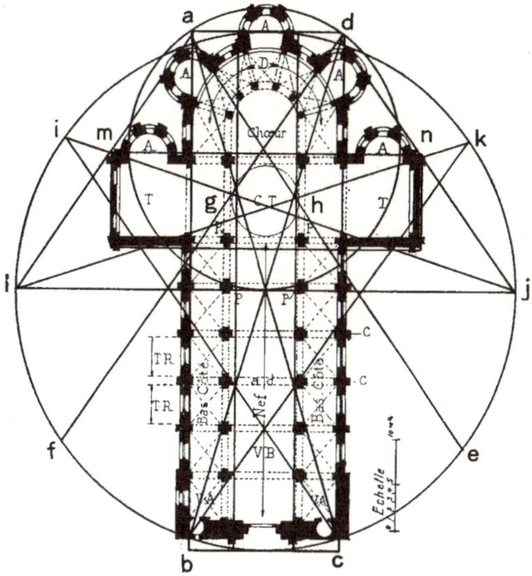

그림 90. 베네딕트파(派)의 프랑스 로마네스크 수도원 평면도(원에 외접하는 형(型)의 사례)

보아도 좋을 것이다. 원에 외접해서 만들어진 1+√5구형矩形의 사례는 앞 절에서 서술했으나, 이 사원은 입면의 단아한 아름다움으로 유명하며, 네이브 양측의 벽면은 폭과 높이의 비율이 정확히 황금구형을 그리고 있는 것 외에, 상부에 종루를 만들어 외진 교차점, 뒤쪽의 앱스 등 입면의 디테일에서 황금률을 확인할 수 있는 곳이 적지 않다.

〈그림 90〉은 베네딕트파派의 수도원에서 가장 많이 발견되는 십자형 평면의 예로 중축中軸의 분할은 상당히 동일하지만, 중축의 외곽을 이루는 구형은 원에 외접해서 만들어지며 1+√5(φ+φ) 구형의 보다 정확한 적용을 보여주고 있다.

이 건물은 앱스의 면적을 넓게 잡았기 때문에, 외진外陣의 위치가 원의 거의 중심부에 규정되어 있으며 그 분할에도 약간의 작은 차이가 확인된

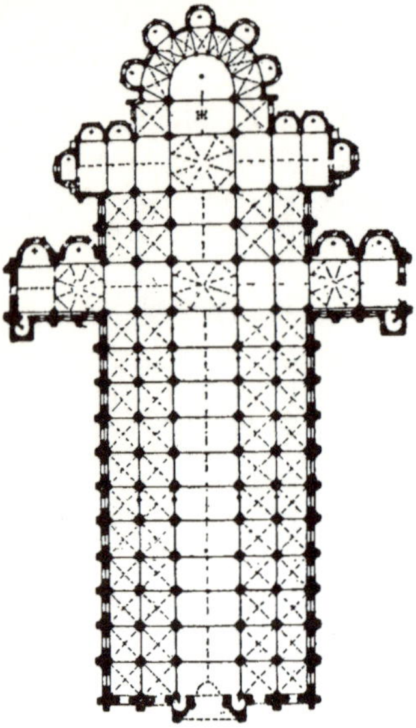

그림 91. 클뤼니 수도원 평면도. 프랑스, 로마네스크

그림 92. 클뤼니 수도원 내부 입면도

다.

외진外陣의 상단은 원주의 10등분의 $2(\frac{c}{10}\times 2)$를 각각 좌우로 연결한 두 개의 사선 ae, df의 교점mn을 연결하는 직선으로 규정되며, 하단은 사선 kl, ij 및 kb, ie의 두 개의 교점을 연결하는 직선으로 규정되어, 양 축은 작은 원의 10등분보다 약간 넓은 폭으로 되어 있다.

〈그림 91〉은 남프랑스의 톨루즈에 있는 장대하고 명성 높은 클뤼니 수도원의 평면도이다. 평면계획은 전술한 것 보다 훨씬 복잡하며 외진外陣을 구성하는 십자형의 양 날개가 2단에 걸쳐있어 복잡한 평면형을 보여주고 있다. 그러나, 전체 및 세부의 분할에 적용된 시스템은 앞의 두 가지의 예와 거의 동일하며, 원주의 10등분선에 의해 십자형 평면의 중축中軸을 결정하는 방법도 성형십각형의 사선을 사용하여 십자의 양 날개나 내부의 칸막이를 분할하고 있는 점도 모두 동일한 방식에 따르고 있다는 점

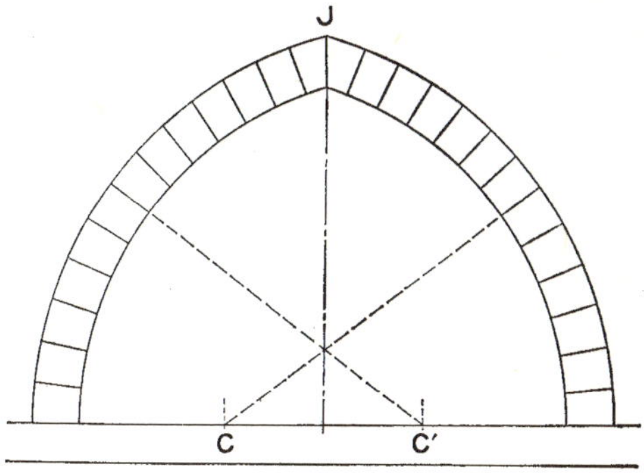

그림 93. 클뤼니 수도원의 첨두아치의 해석

은 일일이 자세한 설명을 요하지 않을 것이다.

이 교회에도 내부의 입면에 황금률의 광범위한 적용이 보인다. 특히 흥미로운 것은 네이브身廊의 입면이다. 이 건물의 네이브는 이중 측랑을 지니며, 상부가 첨두아치인 기둥간의 폭과 높이의 비가 1 : 1.618×2이고, 원주의 10등분선에 의한 구형($\varphi+\varphi$)과 동일비율을 나타내며, 평면의 십자형의 중축中軸의 형태와 완전히 합치하고 있다.

특히, 놀라운 것은 상부의 첨두아치의 형태 그것이다. 첨두아치는 동일 반경을 지닌 2개의 궁형弓形의 형태로 만들어지며 상이한 2개의 중심(cc′)를 지니고 있으나 이 원심圓心 상호간의 거리와 아치의 선단까지의 높이의 비는 1 : 1.618로서, 이 또한 완전히 황금률이 되며, 이와 같이 세부에 이르기까지 엄격한 비례의 통제가 미치고 있다는 사실에 새삼스레 경탄을 금할 수 없다. 〈그림 93〉

2절 펜타그램 작도법

앞에서, 우리들은 로마네스크의 여러 교회건물들에서 엄격한 비례법이 존재했다는 사실을 기억하고 있다. 그러나, 이 비례법은 이집트나 그리스의 그것과는 계통을 달리 하는 원주의 등분할等分割, 특히 10등분을 기본으로 한 독자적인 분할법에 따르고 있다는 사실을 확인했다.

로마네스크의 예술가들은 무엇을 통해 이런 방법을 배웠던 것일까. 그리고 어디에서 전승받았던 것일까. 그러나 이에 대한 문헌자료가 거의 없기 때문에 역사적인 경로는 명확히 알 수 없지만, 원주의 5등분에 의한 펜타그램五稜星의 견출見出방식은 상당히 오래 전부터 알려진 것으로서, 피타고라스는 이것을 '살스피타고라' 라고 부르고 중요하게 여겼으며, 중세시대에 이 도형은 특히 신비화되어 주술적인 다양한 용도로 사용되어 왔다는 것은 앞에서 이미 서술한 바 있다. 이미 원주의 5등분이 있었다고 한다면, 당연히 10등분도 있었다고 생각되며, 아마 양자는 같은 경로에서 나온 것이라고 생각된다.

다시 한 번 펜타그램에 대해 생각해 보자. 펜타그램의 유도체인 정오각형을 만드는 방법은 제6장의 '로마의 개선문' 에서 이미 서술했기 때문에 참조하기 바란다. 이외에도 다른 여러 가지 작도법이 있지만, 여기서는 중세 이래 일반에 널리 행해져 왔던 작도법에 따르기로 한다.

펜타그램은 정오각형의 각 점稜을 하나씩 연결하면 쉽게 얻어지며, 정오각형을 상하上下 반대로 조합시키면 성형오각형星型五角形이 된다.

다음에, 정오각형과 황금비의 관계로서, 하나씩 점稜을 연결한 펜타그램의 사선 AC, AD, BD, BE, CE, CA, DA, DB, EB, EC의 각각의 길이와 정오각형의 한 변 AB의 길이의 비는 φ이다. 또한 사선 AC와 BE가 교차하는 교점 m은 사선의 황금분할점이며, mB : mE, mA : mC는 모두 황금비이다.

현재, 〈그림 94의 2〉와 같이, 정오각형의 각 점稜에 콤파스의 다리를 세우고 한 변의 길이를 반경으로 하는 원호를 그릴 경우, 펜타그램의 사선 AF를 원호가 자르는 개소 E 및 B는 모두 황금분할점을 이루며, 사선 AF에 대해 AB는 φ가 된다. 또한, FE에 대해 EA, AB에 대해 BF, BE에 대해 EA는 언제나 황금률에 놓여진다.

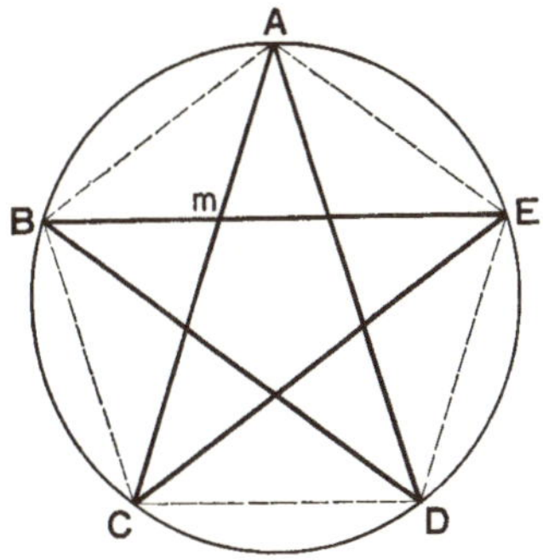

그림 94-1. 펜타그램과 황금비의 관계

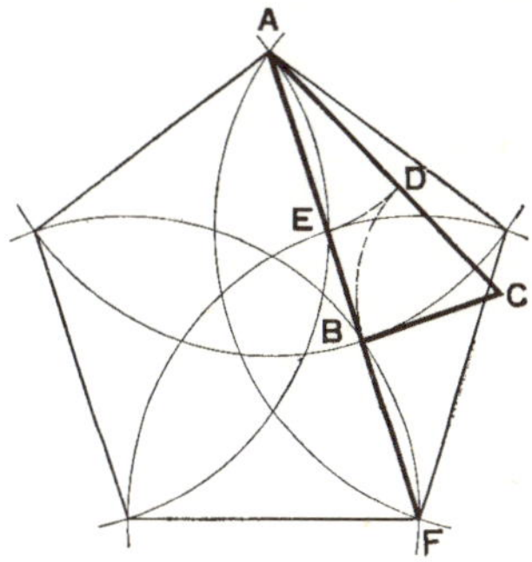

그림 94-2.

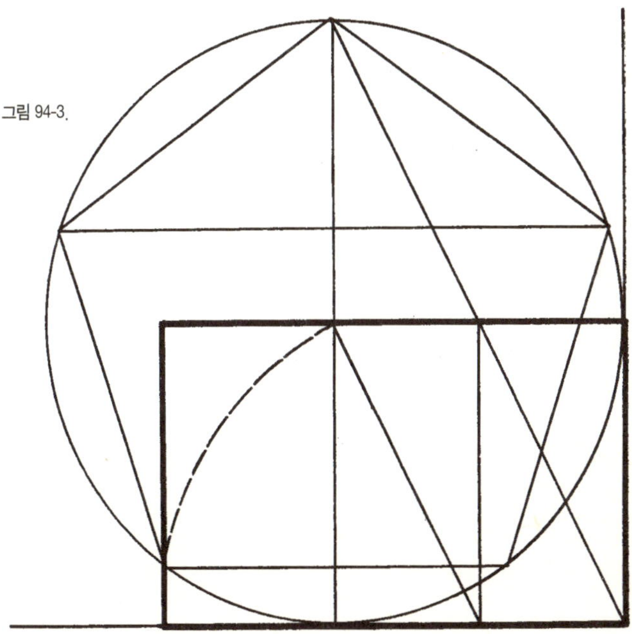

그림 94-3.

다음에, AB의 $\frac{1}{2}$의 길이를 B에서 직각으로 취하고, 삼각형 ABC를 만들고, BC의 길이를 AC 위에 잡으면 D점이 결정되며, AD의 길이를 반경으로 해서 A로부터 AB 위로 원호를 그리면 E점이 황금분할점이 되어, 최초의 분할점과 정확히 합치한다.

이와 같이, 정오각형과 황금률은 밀접히 불가분의 관계에 있으며, 그 수리적數理的 전개로서 정오각형이 황금률과 무관계할 수 없다는 점은 당연할 것이다.

로마네스크 교회건축의 평면계획을 유도한 원주의 10등분에 대해서 살펴보면, 10등분점을 직선으로 연결한 길이는 원의 반경에 대해 횡금비가 된다. 따라서, 비례 콤파스를 사용하여 작도할 경우, 장선을 반경의 길이로 잡으면, 단선은 10등분절점을 가리킨다.

원주의 등분할에 의해 다각형을 만드는 방법에는 여러 가지 방식이 있으나 소위 비전秘傳되어 내려오는 것으로서, 옛날부터 일본의 **규구술**規矩術 안에 전승되어 왔던 간단한 작도법을 공개하고자 한다. 원주를 10등분하는 데에는 반경을 10등분하고 그 중 6을 취하면 구하고자 하는 선분이 얻어진다. 결국 반경을 원하는 수로 등분할하고 그 중 6을 취하면 몇 각형이라도 간단히 구할 수 있다. 다만, 5각형만은 6보다 작은 수이기 때문에 반경을 5등분한 것에 1을 더해 6으로 한다.

3절 북유럽 성상화星像畵의 구도構圖

중세로부터 르네상스 초엽에 걸쳐 만들어진 회화의 구도에 성형십각형星型十角形을 이용한 사례가 상당히 많은 것은 흥미로운 사실이다.

「베리공公의 호화로운 그림 달력」이라는 이름으로 알려진 이 아름다운 카렌다도 그 중 하나로서, 정오각형의 작도법을 그대로 이용해서 화면의 구성에 사용하고 있는 점은 흥미로운 일이다.

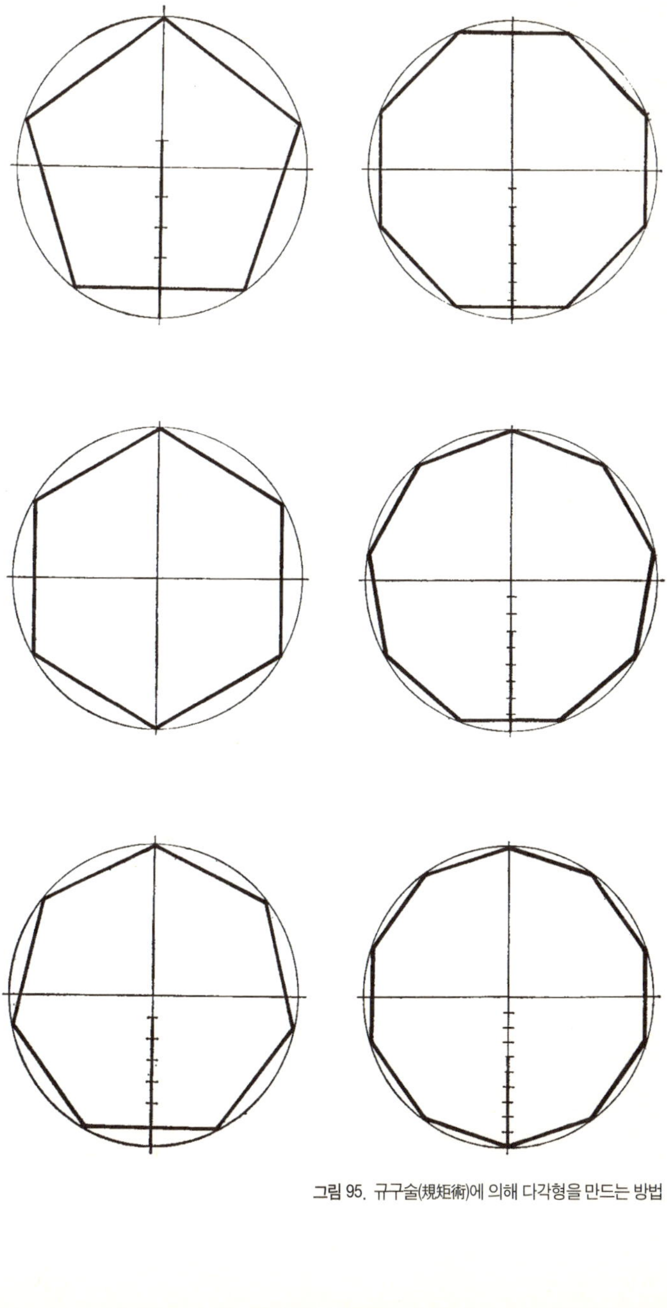

그림 95. 규구술(規矩術)에 의해 다각형을 만드는 방법

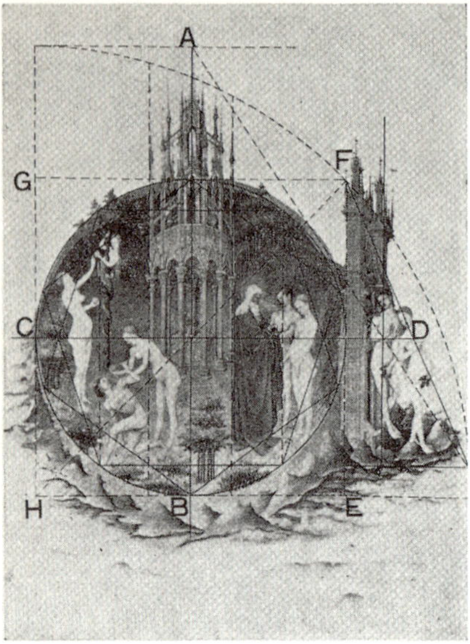

그림 96. 베리공(公)의 "호화로운 그림달력(繪曆)".링보르형제, 프랑스, 15세기. 샤를 블로에 의한 해석

베리공公 쟝은 프랑스 왕 샤를 5세의 동생이다. 그는 도서관을 설치하여 손으로 쓴 귀중한 사본을 모으기도 하고 자신의 성城을 장식하기 위해 유럽 남북으로부터 미술가들을 초빙하여 프랑스 미술의 육성에 공헌한 인물로서, 이 달력은 북유럽계系의 화가 링보르 형제Limbourg les freres의 손에 의해 그려진 '지상의 낙원' 을 나타낸 것이다. 이 그림은 지상의 낙원을 상징하여 원이 구도의 중심을 이루며, 원 안에는 생명의 샘을 나타내는 장대한 분수탑을 배치하여 인류의 조상의 이야기가 전개되는 등 원 밖으로 낙원의 문과 아담과 이브의 모습이 묘사되어 있다.

이 원과 이 원에 외접하는 정방형은 정오각형의 작도에 필요한 도형으로 그림의 내용과는 관계없지만 그대로 그것을 이용하여 사물의 위치 부여나 크기의 결정에 도움이 되고 있다.

원의 내부는 두 개의 정오각형을 상하로 서로 둘러싼 성형십각형을 근거로 하여 세부를 분할하고 있는데, 예를 들어 중앙의 분수탑은 두 개

그림 97. 성(聖) 양(羊)예배의 제단화(祭壇畵). 반 아이크 형제, 벨기에, 15세기

의 오각형의 정점과 밑변이 겹치는 선의 교점을 사용하여 그 폭을 결정하는 방식이다. 또한, 원의 외부는 정방형의 대각선을 그대로 상부로 돌려 탑의 정점을 결정하고, 다음에 오른쪽으로 돌아서 오른쪽의 폭을 규정하고 있다는 것을 해석도를 통해 알 수 있다.

아마도 이것은 당시의 구도법의 상식이 아니었을까 생각한다. 이 기술은 북유럽의 성상화聖像畵에서 많이 볼 수 있는 것으로, 네덜란드파派의 시조始祖 반 아이크 형제나 이들과 정상을 다투었던 로저 반 데르 웨이덴의 작품에서 그 전형적인 모습을 볼 수 있다.

반 아이크의 성聖 양예배도羊禮拜圖

〈그림 97〉은 벨기에의 간 시市에 있는 성 바봉 성당의 성상화인 「성聖 양

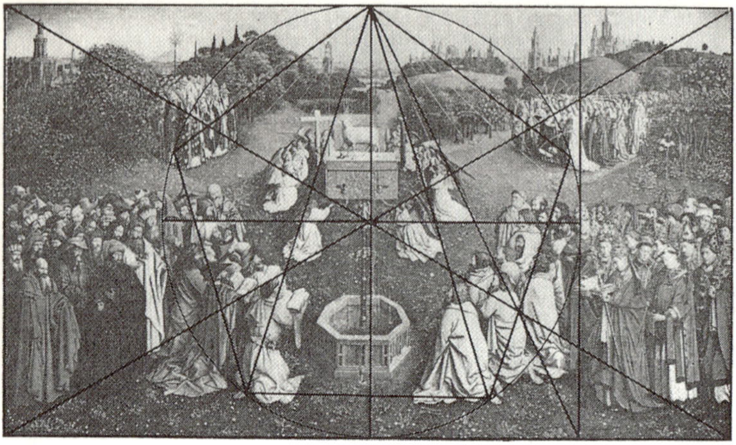

그림 98. 성(聖) 양예배(羊禮拜). 반 아이크

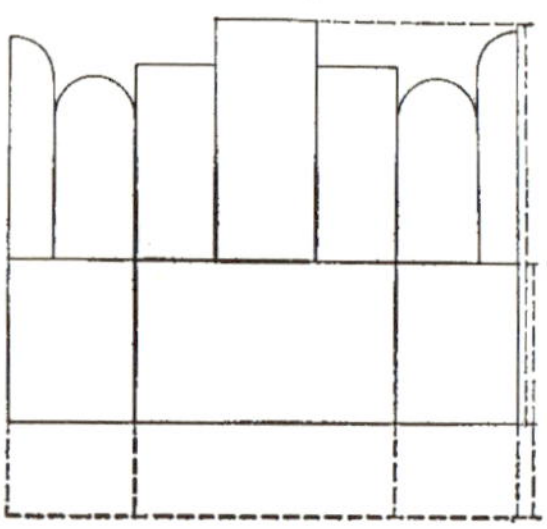

그림 99. 폴리프티크 도해(圖解)

예배도」로서, 반 아이크 형제Van Eyck les freres의 작품이며 옛날부터 종교화의 백미로 유명한 작품이다. 이 성상화는 묵시록에 근거하여 구상된 것으로 상하 2단으로 나뉘어 상단에 7도圖, 하단에 5도圖, 전체 12도圖로 이루어진 폴리프티크(다엽식제단화)이다.

「성聖 양예배도」는 하단의 중앙을 점하는 최대의 화면으로 세상의 죄를 속하려는 성스러운 양의 강림에 기뻐하는 대회중大會衆과 생명의 샘이 그려져 있다.

해석도는 필자가 시도한 것으로서, 화면의 중심부 위에 성聖 양羊의 제단을 위치시키고 그것을 둘러싸면서 방사상으로 군중과 풍경을 배치한 것으로, 그림의 성질상 이곳에 우선 구도의 기점이 위치하고 있다고 보는 것이 자연스럽다.

그곳에서, 화면의 중심 위, 아래 부분을 가득 채우는 하나의 원을 그리고 전술한 작도법에 따라 정오각형을 위, 아래에서 끌어내어 도형으로 그려보면, 중심부분은 오각형 안으로 보기 좋게 들어갈 뿐 아니라 작도에 사용된 여러 종류의 선이 기준선이 되어 도움이 되고 있다는 것이 명확히 확인되는 것이다. 특히, 성聖 양羊이 있는 제단과 주변의 천사, 전경前景인 군중의 배열 등은 정오각형의 성격에 따라 규정된 것임을 명시하고 있다.

더욱이, 전체의 화면형태는 중앙 원에 외접하는 정방형의 대각선을 각각 좌우로 연장하여 2개의 $\sqrt{2}$구형을 좌우에서 중첩시키는 모습이 됨으로써 현재의 화면형태에 가까운 형形이 나온다.

이 폴리프티크는 양 축軸에 각각 2개의 패널이 붙어 있는데, 바닥에 잘라 놓으면 그것이 덮개가 되어 중앙의 패널을 덮도록 만들어진 것이다. 배면에는 수태고지도受胎告知圖와 성聖 요한, 그리고 이 그림의 기증자인 바이트 부부의 상像 등이 그려져 있으며 상단의 좌우 각 2개의 패널은 그 2개를 합한 종횡의 비比가 황금비율을 이루고 있다.

반 데르 웨이덴의 「십자가에서 내리다」

〈그림 100〉은 마드리드의 프라도 미술관에 있는 로저 반 데르 웨이덴 Roger van der Wayden(1399-1464)의 「십자가에서 내리다」이다. 이 작품은 원래 루이 반의 노트르 담 성당의 제단화로 그려진 것으로 반 아이크의 그것과 나란히 북유럽 회화를 대표하는 명작의 하나로 평가되고 있으나, 반 데르 웨이덴의 화풍畵風은 반 아이크의 정밀하고 냉정한 사실주의와 대극對極을 이루는 것으로, 놀라울 정도의 종교적 정열을 보여주었던 매우 감동적인 드라마틱한 표현을 특색으로 하고 있다.

그림 100. 십자가에서 내리다. 로저 반 데르 웨이덴, 15세기

화면의 중앙을 점하면서 크게 굴곡되어 있는 그리스도의 나체를 중심으로, 실신해서 쓰러진 마리아, 그녀를 도와 일으키려 하는 사도 요한과 마리 살로메, 뒤에서 그리스도의 상체를 들고 있는 친구인 요셉 다리마치, 발을 들고 있는 니코데임, 제자로부터 손을 뻗어 어깨를 들고 있는 시몬 드 실레느, 유향乳香 단지를 들고 있는 노인, 오른쪽 끝에는 슬픔의 눈물을 흘리고 있는 마리 마드렌느 등 정경에 어울리는 각각의 동작이나 비통한 표정을 보여주는 10인의 인물들이 화면 가득히 크게 묘사되어 있다. 사용된 색채도 그러한 분위기에 모자람이 없는 적색, 황색 등 강렬한 원색을 대담하게 대조시켜, 배경인 장엄한 황금 땅의 빛과 서로 어우러져 한층 극적인 효과를 강조하고 있다.

화면에 넘쳐흐르는 강력한 박력, 그 놀라운 긴장감과 흘러 넘치는 듯

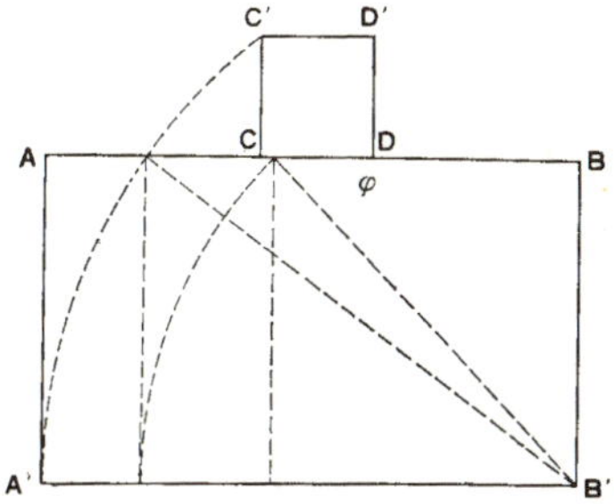

그림 101. 화면형의 도해

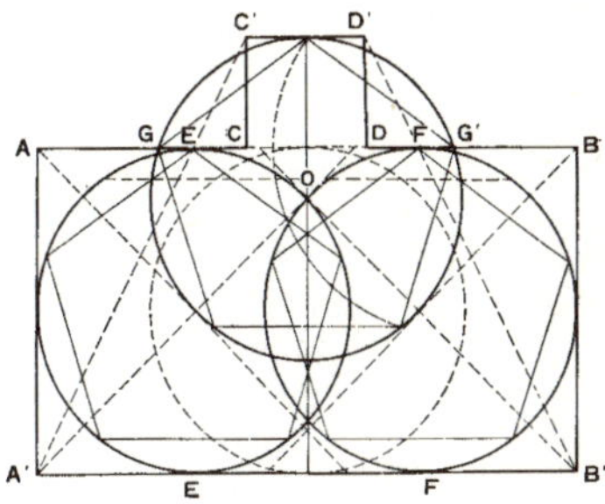

그림 102. 십자가에서 내리다. 해석 샤를 블로

한 표현의 강력한 힘 등은 실제로 전례가 없던 것이다. 그러나, 여기에는 하나의 비밀이 있다. 그것은 그 강력한 힘이 단지 표면적인 것만이 아니라 오히려 그것을 내부에서 단단히 지지하고 있는 견고한 구조, 즉 구도의 건축적인 골격, 바꾸어 말하면, 그곳에 내재시켜 표출한 합리적인 구조의 메카니즘에 의한 효과로서, 강인성强靭性이라고 말해도 과언이 아니기 때문이다.

이 제단화는 약간 특수한 모습을 지니고 있는데, 그림틀에 둘러싸인 전체의 공간은 철凸자형을 이루고 중앙부의 위쪽으로 돌출한 작은 구형矩形과 화면 전체를 이루는 큰 구형이 합성되어 있다. 이것은 옛날부터 제단화를 그릴 때 약속처럼 되어 왔던 3장의 소위 트리프티크 양식을 하나의 블록 안에서 정교하게 표현해 낸 새로운 시도이며, 중앙과 좌우의 대칭적인 배치를 통해 이루어진 구도의 성질에 그것이 시사되어 있어, 거기에서 발생된 화면형畵面型이라는 사실을 말하고 있다.

이 화면형의 주체를 이루는 구형은 〈그림 101〉과 같이 정확한 루트 3($\sqrt{3}$)구형을 그리고 있으며, 이 구형의 장변의 길이를 반경으로 해서 원호를 그려보면 중앙 상부에 돌출된 작은 구형 (C′CDD′)의 왼쪽 어깨부분에 C점을 두고 있는 것이다.

그림 103. 그리스도 최후의 심판. 로저 반 데르 웨이덴

다음에, 이 화가는 기본인 $\sqrt{3}$구형의 단변의 길이를 직경으로 하는 3개의 원의 조합과 원에 내접하는 동일한 3개의 정오각형에 의해 화면의 상하 및 좌우를 나누었으며 그것을 구도의 건축적인 골격으로 했던 것이다.

그림에서 볼 수 있는 바와 같이, 그리스도를 비롯해 각 인물에 주어진 모습의 선, 바꾸어 말하면, 무브망monement의 흐름의 방향이나 안면, 손발 등의 중요한 세부의 위치부여 모두 그 안에 내재하는 기준선, 대각선이나 그 교점, 혹은 절선에 근거해 규정되어 있다는 것은 해석도를 살펴보면 한 눈에 알 수 있다. 그리고 또한, 당연히 그것은 각부의 프로포션을 자동적으로 황금률로 유도하는 결과로도 이어지는 것이며, 긴장된 화면 전체의 완벽한 통일과 함께 황금률 특유의 다이나믹한 비례의 전개가 상세한 부분에 이르기까지 나타나게 되어, 다양한 흥미를 유도해 내고 있는 것이다.

(주) 작도에 있어, 중앙의 돌출부 C′D′는 화면 상변의 황금분할점, AC는 φ의 단선, CB는 φ의 장선이다. 오른쪽 단부로부터 측정하면 BD는 φ의 단선, DA는 φ의 장선이 된다.

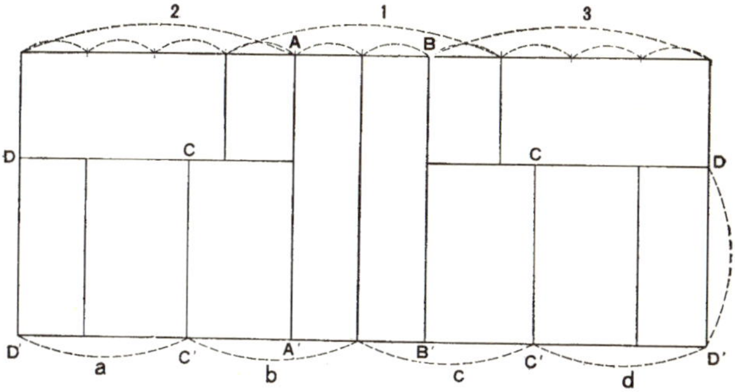

그림 104. 폴리프티크 도해

반 데르 웨이덴의 「그리스도 최후의 심판」

또 하나, 반 데르 웨이덴의 대표작을 빌어 당시의 제단화祭壇畵에 적용되었다고 믿어지는 면적面積의 기하학적 분할법의 예를 살펴보자.

〈그림 103〉은 벨기에의 본 시市에 있는 오테르 드 쥬우(중세사원에 부속된 시락원施樂院)의 예배당에 있는 제단화로 같은 화가에 의해 그려진 「그리스도의 최후의 심판」이라는 그림이다.

이 폴리프티크多葉式祭壇畵는 크고 작은 크기가 서로 다른 9장의 패널로 이루어진 것으로 중앙에 벽면의 중심이 되는 1개의 대형 패널을 두고, 좌우 양 날개에 각 3장의 중형 패널, 그리고 상부에 2장의 소형 패널을 배치한 대칭적인 배치로서, 총체적으로는 철凸자형의 벽면을 구성하고 있으나 이 철凸자형은 그림을 보면 명확한 것처럼, 전체의 높이 및 폭으로 나누어진 몇 개의 정방형을 기본으로 만들어졌으며 각각의 패널이 지닌 구형의 형태도 동일하게 그곳으로부터 도출된 엄격한 비례에 의해 통일되어 있다.

아마도 화가는 처음에 우선 중앙의 대형 패널을 1 : 2의 비율, 즉 $\sqrt{4}$구형으로 결정하고 다음에 이 패널의 높이를 한변으로 하는 정방형 (1)을 생각하면서 좌우 2개의 작은 패널을 포함한 화면 상부의 폭을 결정했을 것으로 생각한다.

다음으로, 중앙의 대형 패널에 접해서 그 양측에 동일 비례의 정방형 (2) 및 (3)을 잡고, 밑변의 전체 길이를 그 화면의 하부의 폭으로 했던 것이다.

그 다음, 이 화가는 하부의 폭을 4등분하고(도해 a, b, c, d), 그 하나의 길이를 잡아 중형 패널의 높이(하단의 높이)를 결정했다고 생각된다. 그 결과, 화면의 밑변에는 중형 패널의 높이를 한변으로 하는 4개의 작은 정방형이 옆으로 연속되는 형태가 되었다. 다만, 그 중의 2개는 중앙의 대형 패널과 겹쳐져, 명시되어 있지는 않지만, 이상과 같이 철凸자형의 외곽은 가능케 되는 것이다.

마지막으로 화가는 좌우의 외측에 있는 작은 정방형 DD′C′C 및 CC′D′D 안으로 양단을 구성하고 있는 세장한 패널을 위치시킴으로서, 건축적인 면의 분할을 종료하고 있지만, 이 양단의 세장한 패널의 폭은 밑변 전체 길이의 $\frac{1}{10}$ 의 폭을 잡아 결정되어 있으며, 그것은 중앙의 대형 패널의 $\frac{1}{2}$ 의 폭에 상당하고, 또한 상부의 작은 패널의 횡폭과도 정밀한 프로포션을 나타내고 있다.

뿐만 아니라, 좌우의 양 날개를 구성하는 각 3장의 패널은 3장에 하나씩 조를 이루어 각각 1개의 완전한 황금구형을 이루도록 분할되어 있다.

황금률은, 그 외에 상부의 작은 패널의 종횡縱橫의 비比에서도 볼 수 있으며, 이 작은 패널과 아래쪽의 중형 패널의 크기의 관계에도 이 비比가 보인다. 즉, 작은 패널의 장변(높이)의 길이는 중형 패널의 단변(폭)의 길이와 같다고 하는 미묘한 비례관계에 놓여져 있다.

이 제단화도 반 아이크의 「성聖 양羊」의 제단화와 같이, 폴리프티크의 정칙正則에 따라, 양 날개를 안쪽으로 잘라 덮개로 하는 마감방식으로 되어 있으며, 하단은 외측의 정방형을 각각 CC′의 선으로 반복적으로 자르면 중앙에서 합치되는 것으로 전체의 형形은 그러한 기능을 고려해서 고안된 것이라는 점을 알 수 있다.

4절 프랑스 고전

반 데르 웨이덴 뿐 아니라, 중세의 대부분의 화가들은 앞에서 상술한 바와 같이 황금률에 대한 깊이 있는 지식을 지니고 있었으며, 그것을 제작했다는 사례는 무수히 많다. 그러나, 당시 아직 회화는 건축으로부터 분리되어 있지 않았으며, 건축과 밀접히 불가분의 관계에서 다루어져 왔기 때문에 제단화祭壇畵에 특히 그것이 현저하게 확인되는 것은 당연한 일이었으며, 이미 보아왔듯이 중세 성당의 면적개념面積槪念을 대폭 지배했던 황금률이 회화의 세계로 들어와 화면의 구성을 규정하는 기본적인 기술이 되었다는 것은 이상한 일이 아니었다.

다만, 중세를 통해 유럽 각지에 경쟁적으로 건축되었던 성당의 조영은 특수한 기능조합(프리 메종)을 발달시켰으며, 시공은 한결같이 그들의 손에 의해 이루어지게 되었고, 그곳에 적용된 각종 기술은 조합이 독점하는 비밀사항으로서 비밀에 붙여졌으며, 기록되는 것을 꺼려하여 구전口傳에 의해 전승되었기 때문에 비례개념과 비교될만한 것도 차제에 그 진의를 상실하고 신수비례법神授比例法 등과 같은 신비적인 개념으로 변화되어, 기술 그 자체까지 상실하게 되는 결과를 맞이하게 되었다.

이러한 상태는 계속되어 르네상스를 경계로 성당의 건조는 간신히 명맥만을 유지했다. 반면 투시화법의 출현에 의해 회화적 공간의 처리방식이 크게 변하게 되어 고전적인 구도기법은 거의 생략되어 가게 되며, 간신히 최근에 이르러 중세 예술의 재검토가 규명되기 시작했던 것이다.

중세 말부터 르네상스 부흥기에 걸쳐 황금분할의 기술적 전통을 마지막까지 유지해 왔던 것은, 전술한 예에서도 알 수 있는 바와 같이, 북유럽의 화가들이다. 이는 고딕문화의 북방으로의 확장과 실제로 성당의 시공을 담당했던 석공조합의 북방이동과 무관하지 않을 것이다.

초기 르네상스 무렵, 남북 유럽의 화파畵派는 상호 깊은 교섭을 갖게 되었으며, 프랑스는 그 중계지가 되었다. 북구회화의 기술적 전통은 이렇게 해서 프랑스로도 이식되었고, 일시적으로 로마교황청이 프랑스로 옮

그림 105. 성모재관(聖母載冠)의 제단화(祭壇畵). 앙겔란 콰르통, 프랑스, 15세기. 샤를 블로 해석

겨지게 된 남南프랑스 비뇽이나 프랑스의 중세 군주가 근거지 성으로 삼은 로아르강 유역의 여러 지방도시에 퍼지게 되었으며, 메이토르 드 물랑Maitre de Moulins과 장 프케Jean Fouquet(1415경-1481)가 그린 회화의 구도에는 소박하게나마 성형십자형이나 황금률의 전승이 확인되고 있다.〈그림 106 참조〉

빌뇌브Villeneuve의 성모재관聖母載冠

〈그림 105〉는 빌뇌브 레 아비뇽에 있는 앙케란 콰르통Enguerrand Quarton의 「성모재관聖母載冠」이라는 그림으로 특히 최근에 문제시 되었던 작품이다. 이 그림은 보통 이야기되는 제단화祭壇畵라는 개념이라고는 생각할 수 없는 대화면의 중앙에 재관載冠하는 성모와 2명의 성자를 묘사하고 있으

그림 106. 성모재관(聖母載冠). 메이 토르 드 물랑, 프랑스, 15세기

며, 그 주변에 천사와 수도사 그리고 속세의 대군중을 배치하고, 그 밑으로 실경實景으로 보이는 풍경과 인물을 묘사한 대규모의 구성composition 이다.

화면의 중심부분은 의심의 여지없이 하나의 원 안에 들어가 있으며 그 형태나 볼륨의 관계는 모두 성형십자형에 근거하여 규정되어 있을 뿐만 아니라 필요에 따라 오각형의 능선을 원 밖으로 연장하여 그것에 의해 군상群像을 위치시키기도 하고 각부의 프로포션을 결정하고 있으나, 이 작품에서 특히 주의하고픈 점은 정오각형에 내재하는 황금률이 화면의 볼륨의 배분에 공헌하고 있다는 점이다.

현재, 성자의 머리위치를 규정한 정오각형의 두 개의 정점으로부터 컴파스를 돌려, 정오각형의 한변의 길이를 반경으로 하는 원호를 그려보면, 호선이 교차하는 곳에서 화면은 좌우로 이등분되며, 망토의 옷자락은 이 곡선을 따라 좌우로 완만하게 날개치고 있음을 알 수 있다.

이 호선이 교차하는 곳은 비례상 중요한 황금분할점이며, 그곳으로부터 상부의 능선까지의 길이와 원의 좌우로 직경과 성형십각형의 사선이 교차하는 지점, 결국 망토 옆의 확장을 규정하고 있는 좌우의 폭의 비는 정확히 황금률을 나타내며, 이 그림의 중심부를 대부분 점하는 홍색과 다갈색의 영역을 양적으로 결정하고 있는 것이다.

물랑의 「성모재관聖母載冠」

마지막으로 물랑의 같은 사원에 있는 메토르 드 물랑(물랑의 양친)의 「성모재관聖母載冠」을 끝으로 이 장을 마치기로 한다. 이 그림은 지금까지 볼 수 없던 특색있는 φ의 처리를 보여주고 있으며, 구도가 단순명료할 뿐 오히려 그 효과가 확실히 엿보인다고 생각된다.

기본은 똑같이 원과 성형십각형을 사용한 그림이지만 기본의 원 내에 원주의 5등분에 의한 구형矩形을 만들고 이 구형의 상단에 구형矩形의 단변, 즉 정오각형의 한 변의 길이를 직경으로 하는 작은 원을 그리고 그 안으로 성모와 그리스도의 주요부분을 집어넣고 있다. 이 작은 원은 원의 중심으로부터 기본이 되는 원(밖의 원)까지의 거리와 직경이 서로 같은 크기로 구성되어 있으며, 또한 작은 원의 직경을 옆으로 연장해서, 밖의 원의 원주를 자를 경우, 작은 원의 반경과 원 밖의 선분의 비比는 φ가 되어 좋은 비례관계에 놓인다.

5절 중세의 사본과 구텐베르크의 42행 시편詩篇

중세의 미술은 모든 의미에서 기독교의 미술이며, 교회의 미술이었다.

사원의 내벽에는 모자이크나 프레스코에 의한 화벽畵壁이 그려져 있으며, 외부는 조각이나 장식창으로 장식되었으나, 이들 장식적 요소는 모두 건축에 종속되어 건축의 한 부분으로서 존재했기 때문에 건축과 떨어져

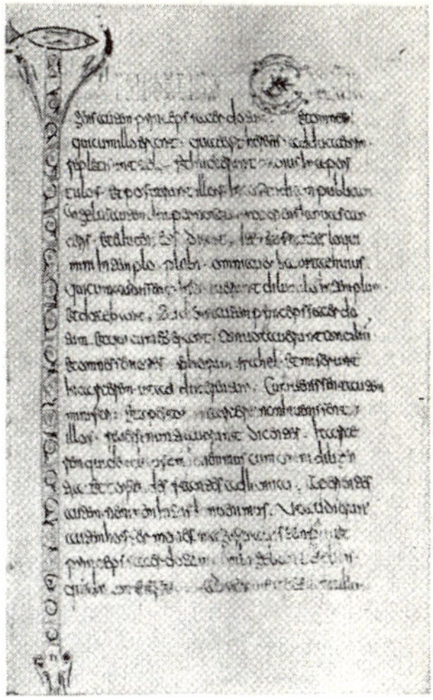

그림 107. 루크소이유 수도원 성독본(聖讀本). 파리 국립도서관, 7세기

그 자체로 프로포션을 문제로 할 필요가 없었다.

현재, 중세 미술 중 하나의 중요한 영역은 성서의 사본으로, 이는 교회의 의식에 사용된 것으로서 장엄한 장식이 이루어져 있으며, 여러 가지 문양을 새긴 문양이나 식문자飾文字로 페이지를 장식했기 때문에 「사본회화寫本繪飾」라는 이름으로 불리우는 독특한 미술을 만들어냈다.

성서Bible는 원래 그리스어로 쓰여진 것을 로마교회에서 라틴어로 번역하였고 사본을 만들어 각 교구로 배부하였으나, 성당의 조영이 융성하게 됨에 따라 수요가 급증하여 부족한 지경에 이른 결과, 북방의 대성당에서는 교회 내에 공방이 설치되어 엄청나게 많은 사자생寫字生이나 전문 화승畵僧이 제작에 종사하게 되었다.

당시는 아직 종이나 인쇄술이 없던 시대였기 때문에 동물 가죽을 종이와 같이 얇게 무두질한 양피지 등을 책자로 묶고, 갈대 펜을 사용해 손으로 모사模寫하여, 극채색의 회필繪筆을 가해 제작한 것으로서, 그것이 발전하여 이러한 사본들을 하나의 미술품으로 자리잡게 했던 것이다. 그 결

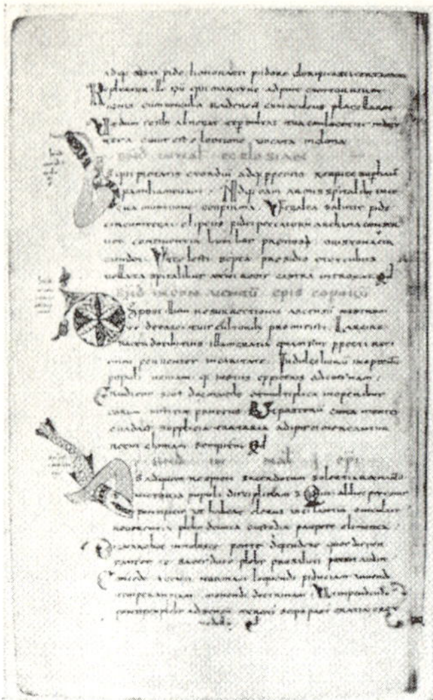

그림 108-1. 제론 복음서. 파리 국립도서관, 8세기

그림 108-2.

과, 각 시대나 공방에 따라 각각 개성을 반영하고 특색있는 사본회화의 의장이 만들어지게 되었다.

우선 〈그림 107〉을 보자. 이것은 파리의 국립도서관이 소장한 7세기 말의 사본으로, 책의 크기는 폴리오판版이지만, 보는 바와 같이 양피지의 종이형태는 가로, 세로의 비가 황금률을 나타내고 있을 뿐만 아니라 상하 20행으로 열을 이룬 문자면이 동일하게 φ를 이룬다.

이와 같은 예는 〈그림 108의 1〉 및 〈그림 108의 2〉에서도 볼 수 있다. 이것도 파리의 국립도서관이 소장한 8세기말의 사본이지만 책의 크기는 동일한 폴리오 판으로 문자면은 원래 황금구형이다.

〈그림 108의 2〉는 그 첫 페이지로, 그림장식 부분은 전체가 정확히 φ의 사각단위 안으로 들어올 뿐만 아니라 상하를 황금분할로 처리하여, 상단의 그림문자 부분을 정방형, 나머지부분의 하부를 가로형 φ구형으로 배분하고 있다. 그 뿐만 아니라 문자면의 왼쪽 하부에 꽃 문자로 크게 표

그림 109. 제라시아눔 복음서. 바티칸도서관, 8세기

그림 110. 생명의 샘. 샤를마뉴 복음서 그림, 파리 국립도서관, 8세기

시한 J라는 글자의 하부 사선은 문자면의 황금구형의 대각선에 의해 규정되며, 그것을 명시하려고 했는지 거의 직선으로 그려져 있다는 생각이 든다.

〈그림 109〉는 바티칸의 아포스트릭 도서관에 있는 사크라멘타리움의 문에 있는 그림과 그 첫 페이지로, 시대는 8세기 중엽, 제작된 것은 프랑스의 수도원이었으나, 이 또한 장식부분은 양면 모두 완전한 황금구형이다.

〈그림 110〉은 샤를마뉴의 팔라틴파派가 제작한 초호화판의 복음서로 생명의 샘을 나타낸 문의 그림과 그것에 이어진 첫 페이지로서, 그림윤곽으로 그려진 내부의 구형矩形이 동일하게도 완전한 황금구형을 그리고 있다.(파리 국립도서관 소장본)

이들 사실은 단순한 우연의 결과로 결코 볼 수 없다. 건축과는 별개로 존재하였으며, 반듯이 그 비례적 통제 하에서 만들어질 필요가 없었던 이런 종류에 이르기까지, 이렇게 황금률의 광범위한 적용이 나타난다는 것은 중세의 의장개념을 생각하면 상당히 시사하는 바가 크다고 할 수 있다.

성서의 형태의 경우, 피할 수 없는 흥미있는 사례가 또 하나 있다.

〈그림 111〉은 활자인쇄의 원조로 잘 알려진 구텐베르크Johannes Gutenberg(1394/99-1468)가 처음 시도하여 인쇄된 「시편詩篇」으로 「42행 시편」이라는 이름으로 일반에 회자되고 있는 성서의 가장 오래된 인쇄본이다.

이 성서가 「42행 시편」으로 불리우는 이유는 42행을 1열로 하여 1페이지에 2열씩 문자가 인쇄되어 있기 때문이지만, 이 문자면(판형)이 사실은 잘 고안된 것이기도 하기 때문이다.

각 열의 폭과 길이의 관계는 중세 성당의 십자형 평면의 중축中軸에 주어진 원주의 10등분에 의한 비례, 즉 $\varphi+\varphi$를 사용하여 분할되고 있다. 42행이라는 행수는 결국 그 필요로부터 산출된 것이었다.

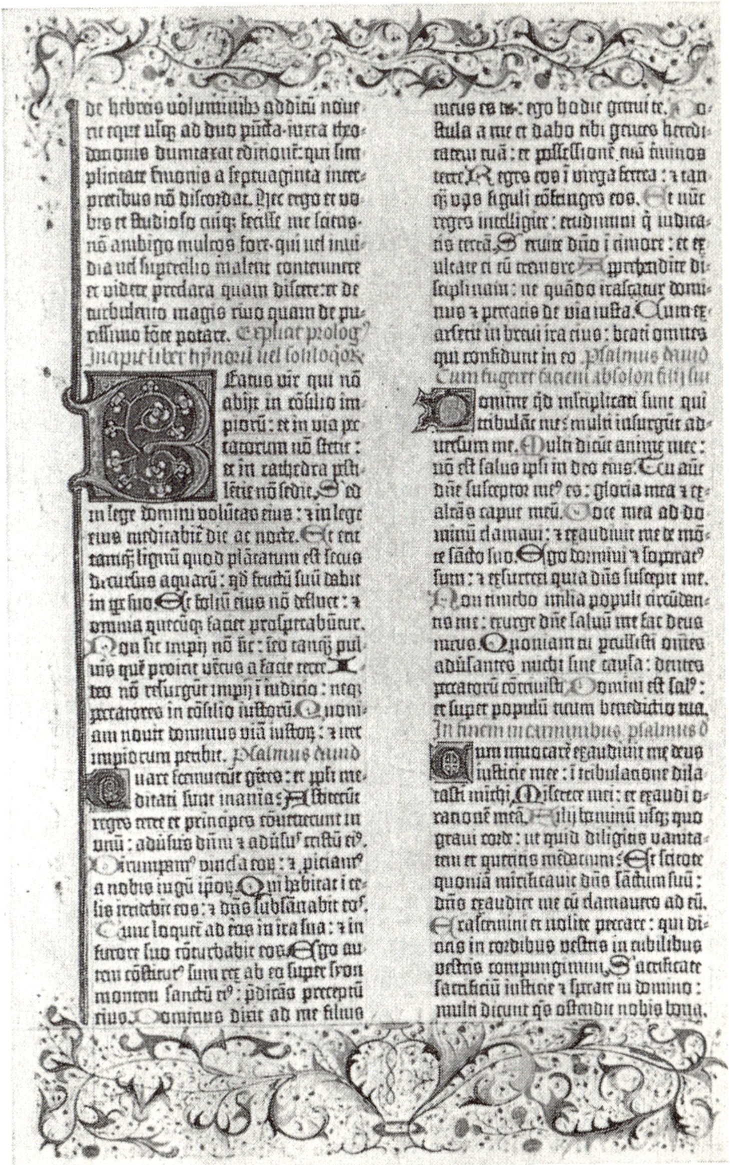
de hebreis voluminibus addidi nouit
ere reperit usque ad duo puncta · iuxta theo
dotionis dumtaxat editionem: qui sim
plicitate sermonis a septuaginta inter
pretibus non discordat. Hec ergo et vo
bis et studioso cuique fecisse me sciens
non ambigo multos fore · qui vel invi
dia vel supercilio malent contemnere
et videri preclara quam discere: et de
turbulento magis rivo quam de pu
rissimo fonte potare. Explicit prolog'
Incipit liber hymnorum vel soliloquiorum
Beatus vir qui non
abiit in consilio im
piorum: et in via pe
ccatorum non stetit:
et in cathedra pesti
lentie non sedit. Sed
in lege domini voluntas eius: et in lege
eius meditabitur die ac nocte. Et erit
tamquam lignum quod plantatum est secus
decursus aquarum: quod fructum suum dabit
in tempore suo. Et folium eius non defluet: et
omnia quecumque faciet prosperabuntur.
Non sic impii non sic: sed tamquam pul
vis quem proicit ventus a facie terre. Ide
o non resurgunt impii in iudicio: neque
peccatores in consilio iustorum. Quoni
am novit dominus viam iustorum: et iter
impiorum peribit. Psalmus david
Quare fremuerunt gentes: et populi me
ditati sunt inania? Astiterunt
reges terre et principes convenerunt in
unum: adversus dominum et adversus christum eius.
Dirumpamus vincula eorum: et proiciamus
a nobis iugum ipsorum. Qui habitat in ce
lis irridebit eos: et dominus subsannabit eos.
Tunc loquetur ad eos in ira sua: et in
furore suo conturbabit eos. Ego au
tem constitutus sum rex ab eo super syon
montem sanctum eius: predicans preceptum
eius. Dominus dixit ad me filius
meus es tu: ego hodie genui te. Po
stula a me et dabo tibi gentes heredi
tatem tuam: et possessionem tuam terminos
terre. Reges eos in virga ferrea: et tan
quam vas figuli confringes eos. Et nunc
reges intelligite: erudimini qui iudica
tis terram. Servite domino in timore: et ex
ultate ei cum tremore. Apprehendite di
sciplinam: ne quando irascatur domi
nus et pereatis de via iusta. Cum ex
arserit in brevi ira eius: beati omnes
qui confidunt in eo. Psalmus david
Cum fugeret faciem absalon filii sui
Domine quid multiplicati sunt qui
tribulant me: multi insurgunt ad
versum me. Multi dicunt anime mee:
non est salus ipsi in deo eius. Tu autem
domine susceptor meus es: gloria mea et ex
altans caput meum. Voce mea ad do
minum clamavi: et exaudivit me de mon
te sancto suo. Ego dormivi et soporatus
sum: et exsurrexi quia dominus suscepit me.
Non timebo milia populi circumdan
tis me: exsurge domine salvum me fac deus
meus. Quoniam tu percussisti omnes
adversantes michi sine causa: dentes
peccatorum contrivisti. Domini est salus:
et super populum tuum benedictio tua.
In finem in carminibus. psalmus david
Cum invocarem exaudivit me deus
iusticie mee: in tribulatione dila
tasti michi. Miserere mei: et exaudi o
rationem meam. Filii hominum usque quo
gravi corde: ut quid diligitis vanita
tem et queritis mendacium? Et scitote
quoniam mirificavit dominus sanctum suum:
dominus exaudiet me cum clamavero ad eum.
Irascimini et nolite peccare: qui di
citis in cordibus vestris in cubilibus
vestris compungimini. Sacrificate
sacrificium iusticie et sperate in domino:
multi dicunt quis ostendit nobis bona.

그림 111. 42행 시편. 쿠텐베르그, 15세기

이 형태는, 전술한 대로, 정방형에 $\sqrt{5}$를 더한 형태이며, 반으로 나누면 그 각각은 φ구형이 되는 형태로서, 그 조판을 보면 구형矩形이 이루는 이상과 같은 성격을 여러 가지 방법으로 명시하려고 노력한 결과가 엿보이는 것이다.

예를 들어, 1행의 길이는 $\frac{\text{상하의 길이}}{\text{13행분의 길이}}$와 같은 비율로 규정되어 있으며, 어디에서나 13행을 취하면, 정방형이 되는 구성을 이루고 있다. 1열은 42행이기 때문에 정방형을 연속적으로 3개 잡으면 3행이 남고, 남은 3행의 가로, 세로의 비比는 $\sqrt{5}\times 2$와 같은 비례관계를 나타낸다. 이 성서의 상단, 혹은 하단에 13행을 취하면 잔여부분, 즉 남은 29행은 $\sqrt{5}$구형을 그린다. 또한, 반으로 나누면 φ가 되는 성격에 근거해서 21행을 취하면 φ가 얻어지게 되며, 각 곳에 삽입된 대소의 채색된 첫 글자나 적색문자(사진으로는 명확하지 않지만)는 이러한 비례의 흥미로움을 명시하고 있으며, 전체적으로 극히 변화 무쌍한, 그러나 통일과 조화를 이루는 페이지 면을 만들고 있다.

판版의 크기는 원래 치수로, 세로 31cm, 가로 19.5cm, 황금률로는 31 : 19.2로 그 차이는 불과 3mm에 지나지 않는다. 판版의 상하에 손으로 그려 넣은 극채색의 당초문양은 하부가 42mm로 상부는 25mm, 황금률로는 42 : 26이다. 모행母行의 피치는 7mm로 문자의 크기는 4.5mm 등 어디를 잡아 보아도 주요 부분은 황금률 내지 그 근사치를 이루고 있다는 놀라울 만한 정밀한 비례관계를 나타내고 있다.

이 「42행 시편」은 1453년 경, 독일 마인츠에 있는 구텐베르크의 공방에서 인쇄된 것으로, 서체로는 당시 북방에서 일반적으로 행해지고 있던 정식 고딕체를 사용하고 있으며, 문자는 활자로 인쇄되어 여기에 금박이나 수채색을 더해, 일견 수手사본처럼 보이는 화려한 방식으로 만들어 세상에 내놓았던 것이다.

구텐베르크는 인쇄된 문자가 손으로 쓴 것처럼 보이게 했다는 점을 자랑스럽게 생각한다고 말했기 때문에, 이 시편에서도 근거로 해야 했던 뛰어난 원전이 있었음에 틀림은 없으나, 인쇄술을 알지 못했던 당시의 민중들은 오랜 시간, 오랜 세월 동안 만들어진 귀중한 사본이 단시일 안에 얼마든지 가능하다는 것을 이상히 여겨 마법사의 소행이 아닌가 의심하는 등 구텐베르크는 그 때문에 신도들로부터 박해를 받았다는 말이 전해지고 있다.

이렇게 해서 만들어진 인쇄술도 10년 정도 지난 1462년, 마인츠가 전란에 휩싸이게 되자 구텐베르크의 공방도 불타버리게 되어, 그는 실의에 빠지게 되고 그 지역에서 사망했지만, 그의 공방에서 기술을 전수받은 유능한 제자들은 남유럽으로 탈출하여 프랑스나 이탈리아의 수도원 공방에서 활판인쇄의 신세기를 열게 되었다.

이후 시대는 문예부흥기를 맞이하여 이윽고 유럽의 각지에서 휴머니스트 운동이 대두해 가는 시대가 되었다.

8장 르네상스 문예부흥기文藝復興期

1절 '십자가이야기'

로마와 피렌체의 중간에 있는 산간의 시골마을 알레치오에 피에로 델라 프란체스카Piero della Francesca(1416-1492)의 벽화로 유명한 성 프란체스코 성당이 있다. 이곳의 벽화는 피에로가 1452년부터 1466년까지, 14년간에 걸친 그의 필생의 대작으로 초기 르네상스의 이탈리아 회화를 대표하는 수작의 하나로서 알려져 있다. 건물은 순수한 고딕양식으로서, 내진內陣을 둘러싼 세 방향의 광대한 벽을 상하3단으로 칸막이하여 전체를 14도圖로 나누어 그린, 중세의 전설인 '십자가이야기' 가 그림 이야기 방식으로 묘사되어 있다.

'십자가이야기' 라는 것은 그리스도가 순교한 십자가에 붙여져 있던 기괴한 인연화因緣話로서 다음과 같은 사연을 담고 있다.

> 즉, 아담이 죽었을때 천사가 그 아들에게 주었던 생명의 나뭇가지가 성장하여 큰 나무가 되었고 솔로몬왕을 찾아온 시바의 여왕이 이 나무를 발견하여 화(禍)를 불러 일으킬 것이라는 것이 예언되었다. 그 예상대로 이 나무는 그리스도를 처형했을 때 십자가에 사용되었던 나무가 되었고, 그리스도의 죽음 이후, 흙 속에 깊이 묻혀 있었으나 그 후 300년이 지나 막센티우스의 대군이 로마로 쳐들어왔을 때, 콘스탄티누스 황제가 꿈의 계시에 의해 백색의 십자가를 진두(陣頭)에 세웠고 그 기이한 힘에

그림 112. 십자가이야기(부분). 피에로 델라 프란체스카, 이탈리아, 15세기

의해 적을 패퇴시키게 된다. 이렇게 해서, 황제는 기독교로 개종하게 되고 모후인 헬레나를 성지로 파견하여 예수가 순교했던 죽은 십자가를 찾도록 하였다.

십자가의 소재는 유다라는 이름의 한 유대인만이 알고 있었으나 유다는 신성함을 두려워하여 말하지 않는다. 그곳에서 유다를 매달고, 고문 끝에 겨우 입을 열게 했으나, 발굴된 십자가는 그리스도와 함께 처형된 2명의 도적의 그것과 합해 3개이며, 어느 것이 성(聖) 십자가인지는 알지 못한다. 그 당시, 젊은 사형수가 매장되었기 때문에 하나씩 관 뚜껑을 열어 보자, 3번째로 죽은 자가 되살아나 그 기적으로 그리스도의 십자가라고 알게 된다.

7세기 초엽, 이 성(聖) 십자가는 예루살렘을 공격한 페르시아군에게 빼앗겨 전리품으로서 페르시아 왕의 옥좌 부근에 장식되었으나, 곧 로마 황제 헤라클리우스가 페르시아군을 격파하여 십자가를 다시 빼앗고 성도(聖都)인 로마로 봉헌한다는 것이 이 이야기의 대강의 줄거리이다.

그림 113. 유다의 고문. 십자가 이야기 (부분), 피에로 델라 프란체스카

그림 114. 십자가이야기 전도(全圖)

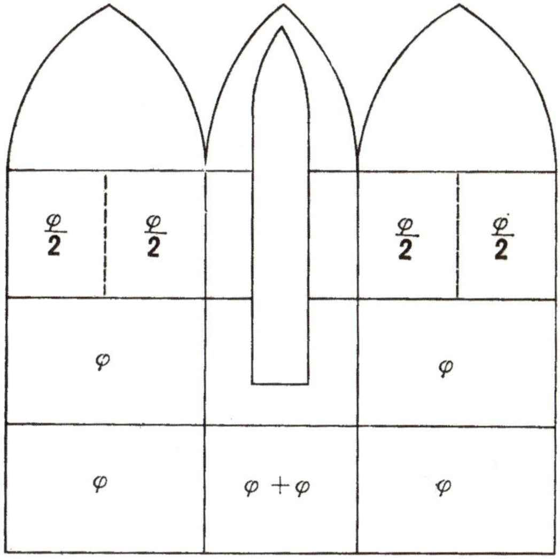

그림 115. 십자가이야기 벽면 배치도

이야기에 파란波瀾과 굴곡이 풍부하고 그 골격도 재미있으나, 이 긴 이야기를 제약이 많은 건축적 조건 안에서 완전히 회화화했던 화가의 비범한 역량에 누구라도 놀라게 될 것이다. 웅장한 구상, 다단多端한 풍경의 전개, 그 정교한 구성 등 어느 것 하나도 깊은 감명을 주지 못하는 것은 없으나, 특히 강하게 우리들의 관심을 끄는 것은 면적面積에 기초하여 만들어 낸 벽면의 분할법이다.

우리들은 앞장에서, 거의 동시대의 북유럽 화파로 전승된 구도양식이나 비례방식을 개관해 왔으나, 지금부터는 남유럽 화파畵派의 비례방식에 있어 가장 규범적인 용법을 여기에 소개하고자 한다.

〈그림 115〉는 벽화가 있는 건물 내부의 입면도이다. 정면은 첨두 아치의 창이 있는 장대한 벽으로 그것과 직각을 이루며 같은 높이의 측벽이 붙어 좌우를 둘러싸고 있다. 벽은 어쨌든 상하 4단으로 칸막이되어 있으며, 아래 1단을 요벽腰壁으로 해서 위쪽 3단에 벽화가 그려져 있다.

창이 있는 중앙의 벽은 아치의 선단까지의 높이와 폭의 비가 $\sqrt{3}\times 2$, 즉 루트3구형矩形을 단변으로 연결한 형태로 만들어졌으며, 4단에 칸막이 된 벽의 하나의 사각형은 창을 고려하지 않을 경우, F형의 구형($\varphi + \varphi = \frac{\varphi}{2}$)이 된다.

이에 대해, 좌우의 측벽쪽은 가로형 φ구형을 각각 3개 겹쳐 놓고, 그 위로 아치형 벽을 둔 형태로 이루어져 전체는 정연한 황금률의 통제에 따르고 있다.

벽면은 좌우의 가운데 단을 충분히 잡아 이야기의 중심인 2대 전쟁의 장면을 나타내며, 군상群像이나 기인旗印을 생략 없이 묘사하여 상단의 구도를 밑에서 지지하는 역할을 하고 있다.

상단은 벽의 경계 하나에 두 개씩 다른 주제가 조합되며, 우측의 벽에는 솔로몬과 시바의 여왕의 만남을 그린 그림, 좌측의 벽에는 십자가의 발견과 성 십자가의 상스러운 징조의 그림이 각각 하나의 조를 이루어 묘사되어, 각 그림은 $\frac{\varphi}{2}$ = F형 구형矩形 안에 위치하게 된다.

이곳의 벽은 중앙으로부터 좌우로 이분하면, 각각의 구도는 F형의 구형矩形 안으로 들어오며, 중앙 벽면의 하나의 (층을 나누는) 경계와 동일한 비를 이루어, 하부의 전쟁을 그린 대화면과 동일비율로 수이적數宣的으로 조화를 이루게되는 기묘한 배치가 고려되어 있는 것이다.

여기서 유의해야 하는 것은 종전에 보아왔던 중세 회화가 대부분 제단화祭壇畵이며, 성질상 좌우 대칭의 소위 심메트릭한 취급을 필요로 했기 때문에 북유럽 화파畵派에 전승된 정오각형을 기본으로 하는 펜타그램 구도법이 유력했다는 점을 언급했으나, 이 '십자가이야기'는 전해 내려오는 이야기의 서술과 전개를 목적으로 해서 묘사된 것으로 중세적인 제약에 속박되지 않는 상당히 자유로운 표현을 사용하고 있다.

이 그림의 화가인 피에로는 동시대의 우첼로와 함께 근세 투시화법을 가장 초기에 통달했던 사람으로서, 이 그림에서도 그의 실력을 종횡무진 보여주고 있을 뿐 아니라 공간의 통일을 이러한 새로운 방식으로 구하려

했다는 점을 찾아볼 수 있다. 그러한 이유 때문에 그가 중세로부터 전래된 펜타그램에 특별한 관심을 나타내고 있지 않은 이유도 충분히 이해할 수 있으며, 황금비의 적용이 주로 건축에의 동조同調 내지 협력을 위주로 했던 것이었다는 점도 충분히 상상할 수 있는 것이다. 건축이 요청하는 입면의 엄격한 비례와 새로이 발견된 회화적 공간통일의 새로운 방식을 어떻게 맞추어낼 것인가가 여기에서는 중요한 과제가 되고 있으며, 거기에서 중세로부터 르네상스로 넘어가는 역사의 전환점이 매우 미묘하게 간파되고 있다.

피에로가 그 이전인 1450년 경, 보르고의 산 세포르크로 성당으로부터 의뢰 받아 그린 초기의 유명한 대표작 「연민憐憫의 마돈나」는 충실히 중세양식을 고수하고 있다. 이 그림은 피에로가 성당으로부터 주문받아 처음 손을 댄 다엽식多葉式 제단화로 중앙에 마돈나, 좌우의 밑에 각 2명의 성자, 중앙 상단에 십자가의 그리스도, 좌우의 상단에 수태고지受胎告知와 성자聖者 등이 나타나고 있다.

중앙부中尊의 판넬의 경우, 외부 프레임 전체의 모습은 $\sqrt{5}$구형이나, 이 구형은 φ구형의 단변에 소형의 상사구형相似矩形을 연결한 형태이기 때문에, 그 성질에 따라서 상하로 이분할되고, 하부의 세로형 φ를 화면형畵面形으로 하고 있으며, 잔여의 가로형 φ를 아치의 프레임 면에 대해 그 위로 상단의 $\sqrt{4}$구형의 그리스도의 판넬을 두어 중앙부분을 처리하고 있다.(도판 참조)

마돈나의 그림은 정식 펜타그램 구도법에 의한 그림으로, 아치의 횡폭橫幅 전체를 직경으로 잡고, 아치의 상단에 접해 원과 성형오각형을 그리며, 이 원의 하단을 원심圓心으로 하는 같은 크기의 원과 성형오각형을 그 밑에 그려 화면 전체의 스트럭춰(골격구조)로 삼고 있다. 해석도를 보면 명확히 알 수 있는 바와 같이, 마돈나의 상반신은 상부의 원 가운데로 들어가며 중앙의 약간 위에 머리부분을 위치시키고 찬란한 황금지의 배경 안에 자애로움과 권위를 지닌 얼굴을 떠오르게 하고 있다. 망토의 날

그림 116. 연민의 마돈나. 피에로 델라 프란체스카

개를 펼쳐 신자를 비호하는 성모의 팔은 겹쳐진 하부 원의 원주에 따라 규정되며, 강력하고 웅휘한 선을 그려내어 주제에 적절한 역동적인 훌륭한 효과를 만들어내고 있다. 그 외에, 스커트 넓이의 가감, 발 밑의 신자들의 모습과 머리부분의 위치잡기 등 모두 펜타그램의 성질에 근거하여 규정됨으로서, 이 구도법이 지닌 위력을 100% 활용하고 있다.

이후, 레오나르도 다 빈치가 이 방식을 답습하여 밀라노의 산 프란체스코 사원의 제단화祭壇畵를 그렸다. 파리의 루브르 박물관 및 런던의 내셔널 갤러리에 소장되어 있는 「엄숙한 마돈나」가 그것으로, 그림을 그리

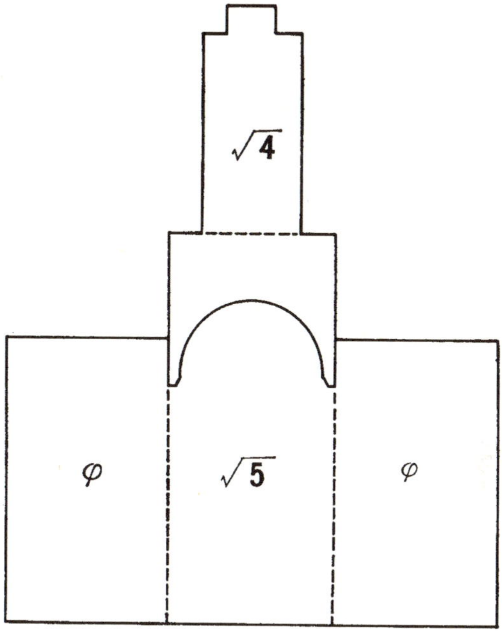

그림 117. 연민의 마돈나. 폴리프티크 도해(圖解)

는 방법은 매우 동일하다.(해당 페이지 참조)

2절 신수비례법神授比例法과 레오나르도 다 빈치

프란체스코 교단의 수도사 루카 파찌올리Fra Luca Pacioli de Borgo San sepolcro가 『신수비례법神授比例法 De Divine Proportion』을 출판했던 것이 1498년으로, 현재 손으로 쓴 사본이 2개 남아 있으며, 밀라노의 암브로지오 수도원 문고와 쥬네브의 시립도서관에 각 1부가 소장되어 있다.

이 책은 레오나르도 다 빈치의 후원자로서 알려진 밀라노의 통치자 스포르차 가문家門의 루드비코 루이 모로에게 헌정된 것으로, 당시 스포르

차의 궁정에서는 유명한 학자나 예술가가 초빙되어 일종의 문화 살롱을 형성하고 있었으며, 그 중에서도 레오나르도 다 빈치는 뛰어난 존재로서 산타 마리아 델 그라체 사원의 식당에 「최후의 만찬」을 그려낸 곳이기도 했다.

책의 내용은 3부 71장으로 이루어져 있는데, 모두冒頭의 3장은 과학을 좋아했던 루드비코에 대한 헌사로 채워져 있으며, 그 가운데 수학자로서의 자신의 입장과 과학이나 예술의 근저를 이루는 수학의 덕德이 왜 위대한가를 논하였고, 제4장에서는 유클리드와의 관계를 다루고 있어, 이 비례법神授比例法이 그의 "철학"의 귀결이라고 설명하고 있다. 제5, 6장은 본서의 제목의 유래, 제7장에서 제24장 이하는 정오각형을 만드는 방법, 제3부56장 이하는 그 외의 다각형의 작도법으로 이루어져 있다.

파찌올리가 제8장에서 신수비례법의 제1작용으로서 서술하고 있는 것은 다음과 같은 3개의 항으로 이루어진 비比이다. 최대의 수를 10으로 하면, 중간의 수는 $\sqrt{125}-5$가 되며, 최소는 $15-\sqrt{125}$가 되는 것으로, 바꾸어 말하면, 이것은 근대수학에서 말하는 황금지수(φ)에 다름 아니다. 정확하게는 $\frac{1+\sqrt{5}}{2}$, 근사치로는 1.618....($\varphi a = b$, $\varphi b = a+b$)이다. 따라서 최소의 항 $15-\sqrt{125}$를 φ승하면, 중항中項의 $\sqrt{125}-5$가 되며, 다음에 그것을 φ승하면 2개의 집합, 즉 10이 된다.

이것을 신수神授라 부르는 이유는, 이 비比가 수리적으로 나누는 것이 불가능한 비比이며 말로서는 한정하기 어려운 그 자체로서 존재하고 있고 신의 특별하고 유일하며 신의 뜻에 의해 하늘로부터 받은 것에 다름 아니기 때문이라고 파찌올리는 말하고 있다.

"신수神授"라는 이름은 물론 그가 만들어낸 것은 아니라 고래의 전승을 그대로 받아들인 것으로, 전승 그것은 이미 13세기 이전부터 학문에 충실했던 수도승 사이에 존재하고 있었던 것이 명확하나, 그때까지는 단지 구전口傳에 의해 입에서 입으로 전해져 왔던 것을 처음 명문화했다는 것에 이 책의 가치가 있게 된 이유이며, 외부 사람들에게 있어서는 분명히 놀라울 만한 사실로서 받아들여졌다.

필자인 루카 파찌올리는 앞절에서 다루었던 피에로 델라 프란체스카의 사제師弟로 피에로와는 같은 고향인 보르고 출신이다. 이 책을 썼던 것은 피에로의 사후 수년이 경과한 이후이며 그 점에서도 당연히 추측할 수 있는 것은 피에로와의 연속적인 관계이다. 이 시기에 파찌올리는 수학자로서 활약하고 있었으며, 이 책도 그런 입장에서 쓰여진 것으로 황금비례의 미학적 효용 등에 대해서는 많이 다루고 있지 않았다.

오히려, 레오나르도 다 빈치가 같은 책의 삽도를 그렸던 것은 제1장 및 제23장으로, 저자가 간결한 감사의 글과 함께 이를 반복적으로 서술하고 있어 의문의 여지는 없을 것이다. 다만 레오나르도 자신이 이 비례법에 어느 정도 적극적인 열정을 느끼고 있었는지는 문제가 되지만, 그것을 밝히기 위해서는 레오나르도의 작품을 전체적으로 살펴볼 필요가 있다.

주지하는 바와 같이, 레오나르도의 작품은 그 뛰어난 이름에 비해 결코 많은 수는 아니니다. 명확히 그의 진품眞品이라고 단정할 수 있는 것은 가장 초기인 도제徒弟시기의 작품까지 포함해도 근근히 열 손가락을 꼽을 정도이다. 그의 대표작으로 보여지는 것으로는 초기의 「동방현자의 예배」(미완성), 「엄숙한 마돈나」, 「안나와 성모자聖母子」의 3점이 있다.

이 중 처음 2점은 1481년부터 1483년까지의 작품으로 신수비례법에 앞서는 20년 가까운 이전의 작품으로서, 물론 그때까지 레오나르도는 파찌올리와의 교섭은 갖지 않았을 것이다. 이상의 3점이 어쨌든 제단화祭壇畵로서 그려진 것이라는 점을 생각하면, 레오나르도는 그림의 용도와 성격을 고려하여 여기에서 그 전통을 충실히 지키면서 그림을 그렸다고 생각할 수 있다.

파찌올리가 『신수비례법』을 저술한 1498년에 레오나르도는 전술한 대로 「최후의 만찬」을 그리고 있었으나 여기에는 화면 형태의 $\sqrt{4}$를 기조로 해서 상하 3등분, 좌우 12등분에 의한 심메트릭한 등분할구도법을 사용하고 있으며, 황금비례의 의식적인 도입은 확인되지 않는다. 이 그림은 제단화祭壇畵와는 달리, 식당의 벽화로서 그 자체만으로도 자유로운 취급이 허용되었을 것이지만, 이 작품은 레오나르도가 고래의 성찬화聖餐畵의 전통을 역전시켜 독자적인 구상으로 독특한 구도를 시도한 야심작으로서, φ의 요소는 인물의 구성에 사용된 이집트 삼각형 안에 내재시키는 정도에 머물고 있어, 중세적 수법의 적용은 고의로 피했다고도 해석될 수 있다.

그러나 이것 하나만으로 레오나르도가 황금률에 관심이 적었다고 판단하는 것은 물론 불가능하다. 이후 곧 그는 후원자인 루드비코의 실각에 의해 밀라노를 떠나 일시 피렌체로 돌아가게 되나, 1502년 체자레 보르지아의 군사기사장軍事技師長으로서 종사하기까지의 기간 안에 산 티시마 마느차타 성당의 제단화祭壇畵를 그렸다. 이 그림이 황금률이 명백한 제3의 작품인 「안나와 성모자聖母子」이다.

이에 대한 해석은 다음 절에서 소개하겠지만, 그로부터 수년이 지나 그려진 것이 유명한 〈모나 · 리자〉이다. 이 그림은 레오나르도의 자유제작에 의한 것이며 더욱이 초상화로서 전통적인 비례법을 사용하지 않고 화면의 3등분할을 기조로 하여 상하 $\frac{1}{3}$의 길이를 모듈(기본척, 그리스편 참조)로 해서 세부를 결정하고 있다. 다만, 안면 이외에 인체비례의 각 부분에는 φ의 도입이 명확히 확인되고 있다.

레오나르도는 밀라노로부터 피렌체로 향하는 도중 만토바에 잠시 들려 그곳에서 왕비 이사벨라 디스테의 초상肖像의 밑그림을 만들었으나 여기에도 인체비례의 분할에는 황금률을 사용하고 있다.

이러한 측면을 종합해 보면, 레오나르도의 시대까지는 황금비 그 자체는 화가나 건축가가 가지고 있는 당연한 상식이었으나, 기술자의 입장에서는 특히 새로운 문제가 아닌 전통을 존중하는 사원의 제단화와 같은 제작에는 당연히 그것에 따르는 것이 상식이기도 했었을 것이다. 파찌올리가 수학상의 견지에서 이를 다시 고쳐 이 비례법이 지닌 특수한 성질을 재인식하고 저술로서 편찬했던 것에 반해 레오나르도 다빈치는 가볍게 삽화 정도로 받아들였다고 이해하면 충분한 설명이 될 것으로 생각한다.

3절 레오나르도의 제단화祭壇畵

동방현자의 예배

그림 118. 동방현자의 예배. 레오나르도 다빈치, 피렌체, 우피치 미술관, 16세기

레오나르도 다 빈치Leonardo da Vinci(1452-1519)가 「동방현자의 예배」를 그린 것은 베로키오의 문하門下를 나와 밀라노로 가기 직전, 1481년에 스코페토의 산 도나토 수도원의 제단화로서 착수되었다는 것이 정설이다. 파찌올리와의 교섭은 물론 아직 없을 무렵으로, 황금비례에 대한 레오나르도의 지식은 스승인 베로키오로부터 받은 가르침이었다는 것이 타당할 것이다.

그림에서 볼 수 있는 바와 같이, 이 그림의 화면형型은 거의 정방형에 가까운 형으로 약간 세로로 넓게 되어 있다. 이 그림에서, 우선 화포畵布의 좌변 AB를 장변으로 하고, 그 위로 황금구형 ABcd를 만들어 보면, 구형矩形의 한쪽 장변 dc의 선이 정확히 마리아의 배후에 그려진 수목의 중심을 관통한다. 그래서 이 위치로 황금비의 분할선이 계획되었다는 것을 읽어낼 수 있는 것이다.

다음에, 화포畵布의 우변 DC를 장변으로 하고, 그 위에 동일하게 황금구형 abCD를 만들어보면, 배경의 계단 중앙, 박사의 머리 부분 등을 관통하는 위치로 장변 ab가 만들어지며 이상으로 마리아의 양측이 규정된다.

다음에, 황금구형의 단변의 길이 Ad를 취해 높이로 삼아, 화포畵布의 장변 위에 두고 a′, b′를 그으면, 그 뒤로 아래쪽 방향 a′BCb′는 화면의 어두운 부분(흑색면)이 되고 동시에 주상主像의 위치를 결정하는 구형 ebcf가 얻어지며, 그것에 의해 군상群像이나 배후의 풍경을 배치하는 기본틀 구성이 가능케 된다.

이 근사정방형近似正方形을 비상칭적非相稱的으로 황금률로 분할하는 배치도법은 문예부흥기에는 상당히 널리 행해졌고 대부분 상식화되어 있는 듯 하며 제니스파派나 그레코파派 등에서도 이것과 거의 동일한 작품의 예를 볼 수 있지만, 그레코파派에 대해서는 뒤에서 다시 서술하기로 하고 레오나르도의 작품을 좀더 살펴보기로 하자.

엄숙한 마돈나

〈그림 119〉는 루브르 미술관에 있는 유명한 「엄숙한 마돈나」의 해석도이다. 이 그림은 레오나르도가 피렌체에서 밀라노로 이주했을 때인 1483년에 같은 지역의 산 프란시스코 수도원의 의뢰를 받아 그린 제단화로서, 이것과 거의 동일한 구성의 작품이 또 1점 런던의 내셔널 갤러리에 소장되어 있다.

그림 119. 엄숙한 마돈나. 레오나르도 다빈치

그림 120. 십자가의 그리스도. 라파엘로, 런던 내셔널 갤러리, 16세기. 해석 마치아 기카

그림 121. 안나와 성모자(聖母子). 레오나르도 다빈치, 파리, 루브르 미술관

그림에 나타난 바와 같이, 화면형型은 상부가 반원의 아치형型을 이루고 있으나 폭과 높이의 관계는 정확한 황금률에 의해 규정되어 있다. 상부의 아치는 완전한 반달 모양으로, 화면의 횡폭橫幅 전체를 직경으로 잡고 있다.

이를 통해 헤아려 보면, 화면은 동일직경을 갖는 2개의 원을 상하로부터 중첩시켜, 당시의 구도기법의 정칙에 따라 각각 성형십각형으로 나누어지며 그것을 기초로 해서 인물이나 그 외의 상세부를 위치시켰다고 생각된다.

즉, 배경의 암굴은 위쪽의 원 안으로, 마돈나를 포함한 4인의 인물은 아래쪽의 원 안으로 특히 그 가운데의 정오각형 안으로 들어와 있으며, 상하의 원이 잘려 중첩된 부분을 마돈나의 상반신에 할당하는 방식이라고 보아도 좋다.

레오나르도가 이 그림을 그렸던 것은 그의 나이 31세 무렵으로, 독립된 화가로서 이름을 날리고 있었기 때문에 어느 정도 알려져 있었을 무렵의 작품이며, 당시의 제단화의 전통을 충실히 지키면서 구도를 결정했었을 것이라는 점은 쉽게 알 수 있다.

안나와 성모자聖母子

이 화면畵面은 현재까지도 그다지 예가 없었던 $\sqrt{\varphi}$이다.(중세편 로마네스크 성당의 분할구성을 참조할 것) 황금구형 abcd의 장변 dc를 반경으로 하여, 구형矩形 안에 원호를 그리면, 호의 밑 부분이 장변을 가르는 지점 e가 절점이 되며, 이 형形, 즉 $\sqrt{\varphi}$가 얻어진다.

화가는 이 구형 ebcf의 안으로 정방형 gbch를 취하고, $\sqrt{\varphi}$구형의 대각선 ec, fb 및 정방형의 대각선 gc, hb를 기준으로 하여 세부를 분할하고 그 선의 향방에 따라 인물의 모습이나 운동이 규정되어 있다는 점은 일견 명료하다.

이 그림은 그리스도에게 인도되는 신도들로서의 양羊, 그 그리스도를 팔로 껴안고 있으려 하는 성모 마리아, 그 마리아를 무릎에 올려놓은 조모祖母인 안나 등 4인격의 단계적인 관계를 상징적으로 묘사한 것으로, 전체의 구성은 조모인 안나를 정점으로 하는 피라미드형型의 하나의 삼각형으로 정리될 수 있다. 이 구도양식을 근대에 이르러 쟈크 비용과 그레이즈, 그리고 한스 아르프 등의 큐비스트들이 연구하여 입체파 양식의 창안에 유용하게 사용했다는 것은 뒤에 서술할 것이다.

4절 듀러의 『묵시록默示錄』

알프레히트 듀러Albrecht Durer(1471-1528)의 목판화집인 『묵시록』이 독일에서 간행된 것은 1498년으로, 파찌올리의 『신수비례법』과 때마침 같은 시기라는 점은 흥미로운 일이다.

『묵시록』은 듀러가 그 목판화를 처음 세상에 내놓은 처녀화집으로서, 그의 위대한 천재적인 재질은 이미 남김없이 그곳에 표현되었으며, 강력한 스케치(데생)의 분출과 함께 묵시록의 기괴한 환상을 종횡으로 전개시키고 있다.

묵시록은 사도 요한이 박해를 받아 에게해海의 파토모스섬에 유폐되어 있을 무렵, 하나님의 묵시를 받아 기록했다고 전해지는 일종의 성서외전聖書外傳으로, 전편 기괴한 환상으로 가득차 있으며, 특히 듀러와 같은 기질의 화가에게는 안성맞춤의 소재였을 것이다. 이 작품에 대해 우리들이 오히려 주목하는 것은 거의 모든 화면에 엄격한 황금비가 사용됨으로서 구도가 결정되어 있다는 점이다.

〈그림 122〉는 낯 익은 4기사騎士의 장면으로 7개의 봉인이 하나씩 풀어지고, 최초의 4개의 봉인이 풀어졌을 때 4개의 살아있는 생물의 음성에 따라 백, 적, 흑 그리고 청마가 각각의 기사를 태우고 나타나는 장면이 그려져 있다.

이 판형은 루트2($\sqrt{2}$)이기 때문에, 화면의 모양型으로부터는 직접 황

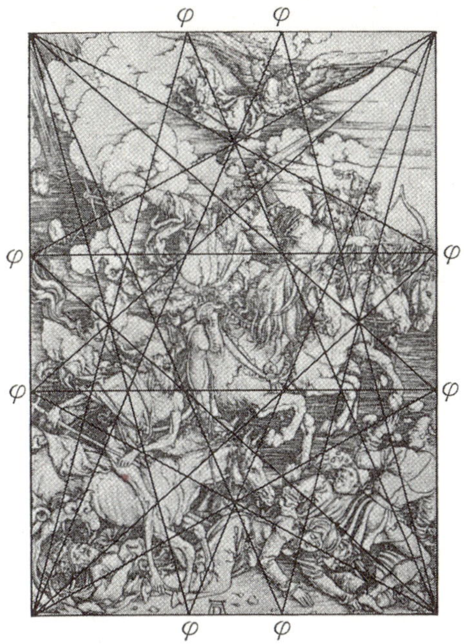

그림 122. 묵시록의 4기사. 목판화, 듀러, 독일, 16세기

금비를 얻을 수 없다. 여기에서, 처음에 우선 구형矩形의 각 변을 황금분할하고 좌우의 장변 위에 각 2개, 상하의 단변 위에 동일한 각 2개의 황금분할점(φ)을 만들어, 도합 8개의 φ와 구형矩形의 4모서리를 직접 연결하여 기준선으로 삼았다.

〈그림 123, 125〉는 그 변형이다. 〈그림 123〉은 묵시록의 '6번째 봉인의 장면'으로, 봉인이 떨어지면 인간들에게 천재지변의 일어나게 되며, 태양은 흑색으로 변하고 달은 피색을 띠며 하늘의 별은 소리를 내며 떨어지는 그 순간의 광경을 표현하고 있다.

황금분할에 의한 기준선의 분할은 전과 동일하지만 화면의 중심부에 φ의 대각선을 사용하여 능형菱形의 공간을 만들고, 그 안에서 별이 낙하하는 위치를 다룬 방법이 다르다.

〈그림 127〉은 마드리드의 프라도 미술관에 있는 유명한 그의 자화상

그림 123. 묵시록. 제6의 봉인, 목판화, 뒤러

그림 124. 해석 새를 블로

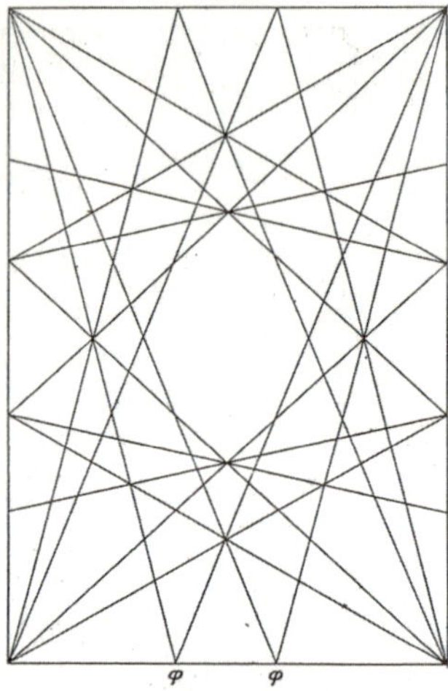

그림 125. 묵시록. 성모재관(聖母載冠), 목판화, 뒤러 ▶

그림 126. 도해(圖解) 샤를 블로 ▶

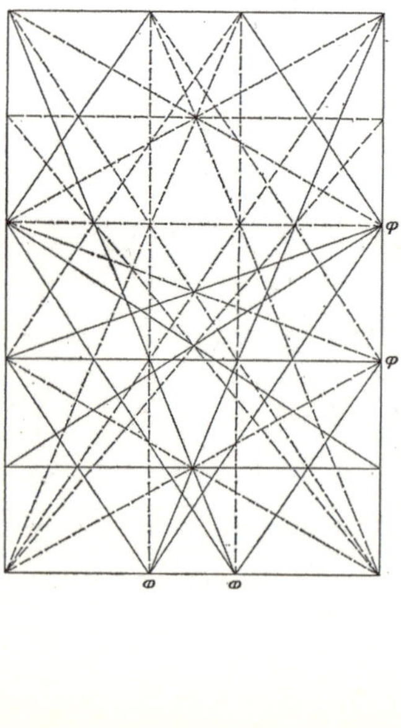

그림 127. 자화상. 듀러, 마드리드, 프라도 미술관

이며 묵시록과 같은 해에 그려진 유화로서, 기본적인 배치방식은 거의 동일하고 구형矩形의 각 변에 만들어진 황금분할점을 여기에서는 화면의 가로, 세로의 분할에 사용함으로서 정연한 효과를 나타내고 있다.

중세 이래의 정오각형을 근간으로 하는 펜타그램 구도법은 제단화와 같은 좌우의 균형에 중점을 두고 중심으로부터 방사상으로 확장해가는 심메트릭한 구도에서 그 기능을 발휘하고 있으나 이야기의 서술을 목적으로 하는 구도에는 그 만큼 효과적이지 못하다. 그 점에서, 듀러의 이 구도법은 필요에 따라 비대칭적으로도 다루어지며 도안의 조밀함에 의해 자유로이 분할을 가감하는 것도 가능하다. 뿐만 아니라, 임의의 화면형型에도 적용할 수 있다는 점이 이 수법이 지닌 큰 장점이라고 할 수 있다.

듀러의 청년기, 특히 1506년 이전의 작품은 판화, 회화를 통해 모두 이 분할법에 따르고 있다. 듀러는 이 해에 다시 베니스를 방문하여 베니스화파의 눈부신 등장과 그 근대적인 새로운 경향으로부터 영향을 받고 독일로 돌아갔다. 그 이후, 그의 작풍作風은 보다 채색적으로 변하였으며, 구도는 보다 시각적인 여유로움으로 변하였다.

당시 베니스는 1 : 2, 2 : 3, 3 : 4, 3 : 9, 4 : 9 등의 정수비를 사용하여 화면을 등분할하는 비교적 단순한 구도법이 일반적이었으며, 이를 알베르티즘이라 부르고 있었다. 알베르티즘의 유행은 이 무렵 겨우 자리를 잡기에 이르렀던 투시화법의 유포와 보조를 맞추고 있는 것으로 투시적인 공간으로 구도를 정리하기에는 중세적인 기하급수적 비례가 다루기 쉽다고 생각했던 결과였다. 이 징후는 원근법을 공식화했던 프란체스카나 레오나르도 다빈치의 작품에서는 이미 확인할 수 있었던 것으로, 그들은 용도에 따라 그것을 사용했으나 문예부흥기 이후 회화의 자연주의적인 경향이 강해짐에 따라 전통적인 구도기법은 점차 알베르티즘에 의해 대체되게 되었던 것이다.

1510년에 만들어진 듀러의 목판화 「침례자 요한」에는 알베르티즘에 의한 배치법이 사용되고 있으나 이러한 듀러의 전향은 당시로서는 진보적인 시도였음에 틀림없다. 그러나 현재의 눈으로 보면, 결코 그에게 있어 플러스가 되었다고는 말할 수 없는 것이 전기前期의 「묵시록」과 비교해 보면 명백하며, 구도 역시 아무런 재미없이 서술적이 되어 버려 묘미가 결여되어버렸다는 점은 부정하기 어렵다고 생각한다.

5절 베니스파派의 거장들

이탈리아에서 반 아이크가 창시한 유화의 기법을 일찍이 받아들인 곳은 베니스파였다. 베니스파는 초기에 북유럽 회화의 영향을 강하게 받았으며 이는 구도기법의 측면에서도 역력히 나타난다.

조르존네, 치치아노, 친트레트, 베로네이제 등과 같은 화가들에게서 앞절에서 서술한 듀러의 황금분할도黃金分割圖 방식과 매우 동일한 방식을

그림 128. 제독 저택의 식사. 베로네제, 베니스, 아카데미, 16세기. 해석 샤를 블로

답습한 작품이 적지 않게 발견된다.

〈그림 128〉은 베니스의 아카데미에 있던 파올로 베로네이제Paolo Veronese(1928-1588)의 「제독저택의 식사」라는 그림으로 화려한 제독의 궁전건축물을 장식적인 틀로 잡고, 동시에 그것을 구도의 기준으로서 세부를 분할하고 있으며, 황금분할도 방식을 가장 체계적으로 묘사하고 있는 점에서 흥미롭다.

화면형型은 $\sqrt{5}$구형의 가로로 긴 형태이지만, 구형의 각 변 위에 각각 2개의 황금분할점($\varphi\varphi$, $\varphi\varphi'$, $\varphi''\varphi''$, $\varphi'''\varphi'''$)을 만들고 그것과 화면의 4 모서리를 대각선으로 연결하고, 그 절점과 대각교점을 사용하여 원주의 위치나 높이, 나아가서는 공간 각부의 볼륨을 결정하고 있는 것은 그림에 잘 나타나 있으며, 특히 화면의 대각선에 따라 구획된 계단 난간의 균배 등에서 그것을 잘 명시하고 있다.

베니스파의 화가들은 전술한 바와 같이, 알베르티즘과 황금비례 양쪽을 대체로 겸용하고 있었으나 그 중에서도 죠르지오네와 치치아노와 같이 일찍부터 중세사상에서 벗어나서 이교도적인 주제를 다루는 화가들도 있었다. 베니스와 기타의 관능적인 나부裸婦의 표현에서 베니스파의 신시대를 구축한 화가들의 작품을 보면, 황금률의 적용에 있어서도 단지 중세

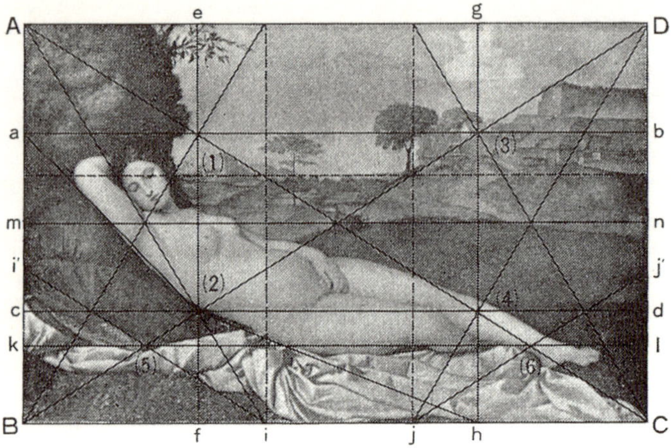

그림 129. 잠자는 비너스. 죠르죤네, 드레스덴 미술관, 16세기

적인 분할법을 답습했을 뿐만 아니라 오히려 그리스계系의 고전적인 비례법이나 면적 개념을 부활시키려 했었다는 점을 발견할 수 있다.

〈그림 129〉는 죠르지오네Giorgione(1478-?)의 명작으로서 유명한 「잠자는 비너스」(드레스덴 미술관)의 해석도이다. 이 그림의 화면형型은 거의 완전에 가까운 φ구형矩形으로, 여기에는 햄비지 교수가 다이나믹 심메트리론論 안에서 그리스의 정칙적 비례로서 특필하고 있는 구형矩形의 수렴점極에 의한 분할법이 사용되고 있다.

그림의 배치의 순서를 서술하면, 우선 화포畵布의 구형 ABCD를 결정하고 그 4모서리를 대각선으로 연결한다. 다음에, 대각선과 직각으로 교차하는 수선垂線의 밑이 구형의 4모서리로 내리는 위치에 각각 수선을 그리고 대각선과 교차시키면, 교점 (1), (2), (3), (4)가 구형의 끝점이 된다. 다음에, 끝점을 통해 구형의 각 변에 평행하게 수평선 ab 및 cd, 수직선 ef 및 gh를 그리면, 화면의 대체적인 틀을 얻을 수 있다. 다음에, 수선의 밑이 화포의 밑변 BC를 자르는 개소 i, j로부터 제2의 수선 ii′ 및 jj′를 연장

그림 130. 비너스와 오르간연주. 치치아노, 마드리드, 프라도 미술관, 16세기

하고 이것과 원구형原矩形의 대각선을 교차하는 교점 (5), (6)을 통해 수평선kl을 그리면 전경前景의 분할에 필요한 기준선은 전부 정리된다.

구도構圖의 주체를 이루는 비너스는 대각선 AC 및 상하의 수평선에 둘러싸인 삼각형의 공간 안으로 완만한 원호를 그리면서 정확히 정리되며, 화면은 하부의 수평선 kl을 경계로 하여 하단의 공간을 전체적으로 점하게 된다. 또한, 비너스의 배후에 있는 풍경은 대각선 AC상의 공간 안으로 전개되며, 세부는 화면상부의 3개의 수평선 ab, (점선), (mn), 그리고 평행하게 끝점을 통해 구획된 수직선 (1), (2) 및 (3), (4)에 의해 정확히 위치된다.

기타, 비너스의 구부러져 있는 팔꿈치나 등으로부터 허리로 흐르는 등선 등 세부의 미묘한 부분에 이르기까지 그 형태나 위치는 모두 기준선에 따라 규정되어 있다는 점을 그림에서 알 수 있다.

〈그림 130〉의 치치아노Tiziano(1487-1576)의 「비너스와 오르간 연주」(프라도 미술관)도 해석도에서 명확히 알 수 있는 바와 같이, 죠르지오네의 「비너스」와 매우 동일한 방식으로 이루어졌으며, 처음부터 화면형型을

황금구형으로 잡고 수렴점에 의한 분할법을 사용하여 세부를 분할하고 있다. 이 양자는 원래 밀접한 관계로 죠르지오네는 치치아노와는 동문의 선배였을 뿐만 아니라 죠르지오네 혹은 치치아노의 작품으로 되어 있는 것도 있는데, 실은 이 둘의 합작으로 이루어진 것도 적지 않다는 이야기도 있지만, 그 만큼 기술상 공통되는 점이 많다는 것은 당연하다. 특히 비례법과 같은 메카니즘을 양자가 공유하고 있었다는 것은 극히 자연스러운 일이라고 말 할 수 있을 것이다.

그런데, 구형矩形의 수렴점에 의한 분할법을 회화의 구도로 사용한 실례로는 이것이 처음인데, 그 이유는 그리스, 로마에서는 회화의 유품이 거의 없고 실례로서도 그것을 명확히 할 수도 없으며, 중세의 비례법도 그리스의 그것과 같다고 해도 결과적으로 방법이 다르고, 다이나믹 심메트리보다도 오히려 크라이스지오메트리에 보다 잘 합치하는 성질을 지니고 있었기 때문이다.

그리스의 비례법이 1,000년의 세월을 지나 베니스에서 다시 부활되었다는 것은 매우 흥미있는 사실이지만, 전승의 경로가 비잔틴에서 직접 베니스로 가져온 것이 아닐까 생각한다. 주지하는 바대로, 베니스는 오랜 기간 십자군의 원정기지였으며, 동방무역에 의해 거부巨富들을 배출한 지역으로서, 비잔틴 문화의 유럽으로의 유입창구이기도 했다. 베니스파가 채색성에 의해 다른 지역을 압도했던 것도 비잔틴의 다채로운 장식미술에서 배운 결과이며, 동일한 비잔틴을 통해 동방으로 전승되었던 비례법을 흡수했다고 생각되는 것은 그렇게 비약적인 추정은 아닐 것이다. 시기는 오히려 문예부흥기에 들어왔기 때문에, 특히 인본주의 운동이 베니스에서 융성케 되었을 것이라고 상상할 수 있다.

9장 근세近世

1절 그레코의 제단화祭壇畵

북유럽 회화와 비쟌틴의 장식미술을 번갈아 흡수하면서 후기르네상스를 주도했던 베니스파派는 16세기 중엽을 정점으로 해서 17세기에는 스페인파에게 그 바톤을 넘기게 되었다. 이탈리아 베니스파의 화풍畵風을 받아들여 스페인 근세회화의 원조가 되었던 사람은 그레코Greco(1548-1614)이다. 그는 베니스에서 치치아노에게 화법畵法을 배운 화가로 상당한 정력가답게 많은 작품을 남기고 있으나 그 중 특히 황금률이 명확히 나타나고 있는 작품을 열거하면 「오르가백작의 매장埋葬」, 「성전에서 상인들을 쫓아내는 그리스도」, 「성의박탈聖依剝脫」, 「수태고지受胎告知」, 「그리스도의 세례洗禮」, 「장님을 고친 그리스도」 등의 군상群像을 그린 대규모의 그림에서 황금비를 사용했음이 상당수 확인되고 있다. 그레코는 동일한 구도의 그림을, 많을 때에는 10점 가깝게 그려내고 있으며 전체적으로 본다면 상당한 수에 이른다.

〈그림 131〉은 마드리드의 성 지네스 성당에 있는 「성전에서 상인들을 쫓아내는 그리스도」의 해석도이다. 이 그림도 동일 주제의 작품이 6점 정도 있으며, 모두에서 φ의 도입이 확인되고 있으나, 이 작품은 그 중 만년의 작품으로 정방형에 가까운 화면형型으로서 레오나르도의 제단화인 「동방박사의 예배」와 거의 같은 수법에 의한 한층 더욱 완벽한 배치가 이루어져 있어 여기 소개해 보았다.

화가는 우선 화폭의 밑변 위에 정방형 ABCD를 만들고 다음에 정방형

그림 131. 성전에서 상인을 쫓아내는 그리스도. 그레코, 마드리드, 성(聖)기네스 사원, 16세기

의 한 변을 장변으로 하는 φ구형矩形을 그 위에 그리고, 이 구형 안에 군상을 배치하는 것을 의도했다고 볼 수 있다.

다음에, 정방형의 대각선 AC와 φ구형의 상변 EF와의 각 교점을 통해 수직선 IJ 및 KL을 그리면, 정방형의 좌변 상에는 구형 ABLK가 나오며, 우변 위에는 구형 IJCD가 나오고, 좌우로부터 φ구형을 중첩시킨 형形을 이루고 있다. 마지막으로, φ구형 EBCF의 대각선 FB를 그리고 정방형의 대각선 (AC)와 교차시켜, 그 교차점을 통해 평행선 GH를 그리면, GH로부터 그 위에도 동일한 φ구형이 나오며, 상하 및 좌우로부터 구형矩形이 중첩되게 되어 중앙부에 작은 정방형, 그 상하좌우는 φ구형, 전체적으로는 정십자형을 그리게 되고 나머지는 중형의 정방형이 되어 남는다.

그림 132. 오르가 백작의 매장. 그레코, 토레도, 성(聖) 도메 사원

이상의 기준선에 근거하여 화가는 배후의 건축물의 비례를 분할하였으며, 동시에 군상의 위치잡기 그리고 운동의 방향을 결정했던 것으로서, 그 각각에 대각선을 그어보면, 주요 인물 거의 대부분의 모습까지 검출되어진다.

다음에, 「오르가백작의 매장埋葬」을 살펴보자. 이 그림은 토레도의 상트 토메 성당의 제단화祭壇畵로, 상부를 아치형으로 그리고 있으나, 폭과 높이의 관계는 2개의 φ구형을 장변으로 연결한 모습, 즉 F형型이며, 상하 2등분하면 각각은 φ구형이 된다.

이 그림은 천상과 지하의 두 가지 장면으로 이루어져 있는데, 천상의 풍경은 상부의 φ구형 안에, 지하의 풍경은 하부의 φ구형 안에 정리되어 그림의 내용에 따라 상하를 구분하는 구도로 이루어졌다. 따라서, 구형의 분할도 각각 이루어졌으며, 각각 수렴점極에 의한 분할법에 의해 분절되었으나 위와 아래에서는 대각선이나 교점을 구하는 방식에 약간의 차이가 있다.

이 그림의 구도적 의도에서 특히 주목되는 것은 아래에서 위로, 즉 폭(높이)을 넓혀 가는 5개의 단계로서 볼륨의 변화가 고려되었다는 점인데, 이것은 대각교점을 얻는 것과 같은 거의 자동적으로 얻어지는 효과로서, 저자는 그것에 의해 화면의 전체적인 정리를 비례적으로 도출하려고 생각했던 것이다.

2절 조르쥬 드 라트루의 「수인囚人」

앞서 그레코의 회화의 구도적 의도를 보완하는 의미에서 조르쥬 드 라트루George de La Tour(1600-1652)의 「수인囚人」을 살펴보기로 하자. 드 라투르는 그레코보다 1세대 정도 이후의 프랑스 화가이다.

이 그림은 화면형型이 φ로, 자체 독립된 그림이기 때문에 설명 역시 용이하다. 수렴점極을 사용하는 분할법이 동시에 병용되고 있으며, 정경 좋은 효과를 올리고 있다. 분할법은 화포畵布의 상하 단변상에 각각 정방형을 취하고 정방형의 상하의 절선(상변 및 하변)과 φ구형의 대각선이 교차하는 상하의 대각선을 그려 점 o를 구하고, 상하 2개의 수렴점을 통해 좌측의 수직선을 그으면 이런 모양이 얻어진다. 이를 통해, 화면은 상하 및 좌우로 각 3단으로 나누어지며, 크고 작은 서로 다른 9개의 구형矩形으로 분할되지만, 왼쪽 가운데로, 가운데에서 우측으로 조금씩 그 폭을 넓혀 가는 볼륨의 미묘한 변화에 비례의 흥미로움이 있다.

이 그림은 세로형이지만, 전술한 「오르가백작의 매장埋葬」은 이것을

그림 133. 수인(囚人). 죠르죠 드 라트루, 프랑스, 17세기

가로로 해서 아래서부터 위로 볼륨을 넓혀 가는 점진적인 비례의 효과를 고려하였고, 그것을 하단의 구도에도 적용시키고 있어 상하를 비례적으로 통제했던 것이라고 생각하면, 그 의도는 충분히 이해될 수 있다고 생각한다.

드 라투르의 작품에서는 이상과 같은 볼륨의 관계에 근거하여 명암이나 형태의 양量이 분할되고 있다. 예를 들어, 촉광에 비추어진 남자의 몸은 중단 오른쪽의 작은 정방형 안에 거의 들어오며, 무릎 아래는 그림자가 져서 하단 중앙의 구형矩形 안으로 들어오고 있다. 또한 빛이 비추어진 여자의 상반신은 밑변으로부터 왼쪽 4개의 구형(φ의 상사구형相似矩形)을 가득 채우면서 그려져 있는 상태이다. 이 분할법은 현대의 화가 마티스가 답습하여 그의 세련되고 산뜻한 색감과 함께 매력적인 효과를 나타내고 있다.(현대편 참조)

3절 네덜란드파派의 거장들 : 램브란트Rembrandt, 훼르메르Vermeer

황금분할의 전통이 최후까지 유지되었던 것은 북유럽 회화, 특히 네덜란드파派에 의해서였다. 17세기에 들어오면, 독일화파는 국력과 함께 쇠퇴하고, 독일을 대신해 새로이 네덜란드가 부강해짐에 따라, 북유럽 회화의 유력한 리더가 되었다.

일찍이 반 아이크와 반 데르 웨이덴을 배출한 고딕예술의 융성한 꽃을 피웠던 프란도르 지역(현재의 벨기에)에서는 그 당시 루벤스가 있어 한 시대를 풍미했으나, 단 한사람 루벤스의 이름만 알려져 있을 뿐, 그가 이탈리아에서 가져온 바로크식 궁정예술에 압도되어 프라만파派의 전통은 소멸되어 버렸다.

그런 점에서, 네덜란드는 사정을 달리 하고 있었다. 정치 및 종교상의 이유로 바로크의 유행에는 관심을 두지 않고 있었으며, 르네상스 부흥기 이후, 이탈리아를 풍미했던 회화의 새로운 경향이나 기호의 변화도 이 나라의 오랜 전통을 흔들 정도의 영향은 가져다 주지 못했다.

중세 이래의 길드조직은 사회의 모든 분야에서 아직 견고히 유지되고 있었으며, 특히 미술 세계에서는 고래로부터의 도제제도가 상당히 오랜 기간까지 보존되었다. 고래의 비례법이 강하게 계승되어 왔던 것이 그 하나의 이유이며 그 때문이었을 것이다.

네덜란드파派의 거장 가운데, 황금분할비례에 적극적인 관심을 나타내고 있던 사람은 특히 렘브란트Rembrandt(1606-1669)와 훼르메르Vermeer(1632-1675)였지만, 렘브란트의 작품에서는 암스테르담 미술관에 있는 「야경夜警」, 「직물상조합간사羅紗商組合幹事」, 그리고 헤이그 미술관에 있는 「성전의 그리스도」, 드레스덴 미술관에 있는 「예배를 드리는 마노에」, 프랑크푸르트 미술관의 「삼손」 등이 황금률을 적용하여 그린 것이 명백한 작품이다.

훼르메르의 작품으로는 런던의 「크레바상 앞에 앉은 여자」, 버킹검궁

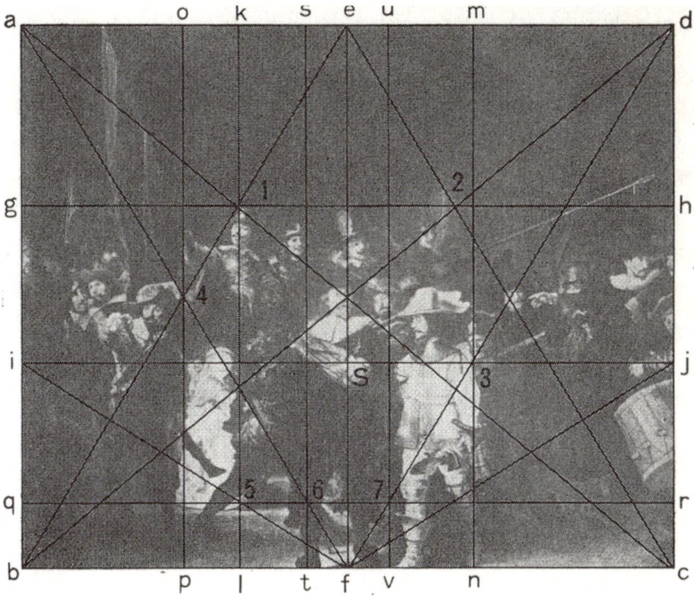

그림 134. 야경(夜警). 렘브란트, 암스테르담 미술관, 17세기

宮에 있는 「젊은 남녀」, 뉴욕에 있는 「글을 쓰는 부인」, 암스테르담에 있는 「연애편지」, 빈 미술관에 있는 「아뜰리에의 화가」 등을 대표적인 예로 들 수 있다.

분할의 조작은 듀러나 베로네이제가 활동했던 무렵에 서술되었던 것과 기본적으로는 같으며 구형(矩形)의 각 변 위에 황금분할점 φ를 각각 2개씩 만들고, φ점과 구형의 4모서리를 대각선으로 연결하는 방법에 근거하고 있다. 하나 하나 자세한 설명은 생략하겠지만, 이상과 같은 작품 중에 렘브란트의 「야경夜警」과 훼르메르의 「아뜰리에의 화가」만은 화면형(型)이 F형이 되며, 분할방법도 다르고 상당히 세부에 걸쳐 분할되어 있기 때문에 이에 대한 해설이 필요하게 된다.

〈그림 134〉는 렘브란트의 유명한 작품인 「야경夜警」이다. 화면형

abcd는 F형이기 때문에 좌우로 이등분해서 2개의 φ구형으로 분할하는 것이 상식이지만, 작가는 여기서 약간 변화된 수법을 사용하고 있다. 하부의 군상群像을 배치하기 위해, 화가는 우선 좌우의 φ구형의 대각선을 그리고, 그것과 원原구형의 대각선이 교차하는 2개의 교점 (1), (2)를 통해 수평선 gh를 그린 다음, 이 gh선을 상한上限으로 해서 구형 gbch 안에 전경前景을 집어 넣는 방법을 생각한 것이다. 다음에, 좌우의 φ구형의 각 상변으로부터 정방형 aiSe 및 eSjd를 취하고 정방형의 절점 ij를 연결하면, 화면은 상하 3단으로 분할되며 이로서 큰 양量의 분배가 이루어진다. 다음에, 세로분할은 (1), (3), (4)의 순으로 각각 교점을 통해 수직선 kl, mn op를 그리고, 수직선 kl과 하단의 역수구형 ibfS의 대각선 if가 교차하는 교점 (5)를 통해 하부의 수평선 qr을 그리고 이것과 φ구형의 대각선 df 및 af가 교차하는 교점 (6), (7)을 통해 수직선 st, uv를 그으면 각 인물의 횡폭을 결정하고 있는 거의 모든 기준선이 얻어지는 것이다.

훼르메르의 「아뜰리에의 화가」도 그의 대표작으로서 알려진 명작 중 하나로서, 화면형 abcd는 같은 F형이기 때문에 중심선 ef에서 상하 이등분하여 두 개의 φ구형으로 분할되며, 각각의 대각선을 그림으로서 시작한다. 다음에 φ구형의 각 단변 상에 정방형을 취해 좌우로부터 겹치게 하고 각각의 절점을 연결하여 수직선 ij 및 kl을 그리면 화면은 좌우 3단으로 분할되며, 대략적인 세로 분할이 가능하다. 세로 분할을 끝낸 다음, 그것과 각 대각선과의 교점을 구하고 (1), (2), (3), (4), (5)의 순서로 순차적인 수평선을 그려 가면 쉽게 상하의 상세한 분할이 이루어지며, 실내의 주요선은 세로, 가로 모두 검출된다. 천정과 벽을 경계로 하는 수평선 qr은 대각선 gb, ie에 따라 구획된 것이라는 점은 한 눈에 보아도 명확하다.

네덜란드파派를 끝으로, 황금률의 의식적인 도입은 19세기까지 거의 나타나지 않지만, 현대에 이르러 몬드리안과 같이 비례법의 화신이라고도 할 수 있는 화가가 네덜란드에서 탄생한 것도 결코 우연은 아니라는 생각이 든다.

그림 135. 아틀리에의 화가. 훼르메르, 빈 미술관, 17세기

4절 19세기의 복고사상復古思想의 대두

파리의 루브르 박술관의 전정前庭 카르세르 광장의 일각에 옛날 풍의 화려하고 아름다운 개선문 하나가 세워져 있다. 〈그림 136〉 원래 이것은 츄일리 궁전의 중정으로 통하는 입구를 구성하는 건물로, 에뚜와르 광장의 개선문과 같이 장대한 건물은 아니지만, 상부에 로마 풍의 4두이륜전차를 설치해 놓았으며, 보기 좋은 크고 작은 3개의 아치와 복숭아 색 대리석으로 만들어진 8개의 코린트식 원주圓柱를 주변에 설치한 모습은 언뜻 보기에도 품격있고 아름다운 풍취이다.

이 문은 나폴레옹이 제위帝位한지 얼마 안된 1806년에 그의 복고정책의 일환으로서 세워진 것으로, 이것과 서로 전후해서 반돔 광장에 세워진 오스테리루츠의 전승기념 대원주大圓柱와 함께, 로마제국의 시저의 시대를 파리에 재현하기 위해 꿈에서 본 나폴레옹의 이상을 구현한 것이다. 새삼스레 서술할 필요도 없이, 로마편編에서 보았던 바와 같이, 반돔 광장의 오스테리루츠의 전승기념 대원주는 로마에 있는 트라얀의 기념 대원주을 모사한 것이었으며, 개선문도 똑같이 로마의 그것을 모사한 것으로, 카르세르 개선문은 특히 세베라스의 개선문을 모델로 따른 것이었다고 인정되고 있다.

더욱이, 정상부의 4두이륜전차는 나폴레옹이 이탈리아원정 때, 베니스의 산 마르코 광장에 있던 것을 전리품으로 탈취해 왔다는 설명이 붙은 것인데 나폴레옹의 실각 후, 원작은 원래의 장소로 반환시키고 현재 설치되어 있는 것은 그 복사품으로서, 원작은 정확히 로마시대의 작품이 분명하다.

나폴레옹은 이외에도, 에뚜와르 광장의 개선문과 마드렌느 성당의 건축을 명하였으며 이 또한 거의 동시에 기공되었으나, 이 두 가지 작품은 그의 제위 중에는 완성을 보지 못했다.

카르세르의 개선문은 당시 황제의 전성기 때에 공사가 끝나, 제정시대의 건축적 뛰어남을 후세에 남기는 것이 가능했던 작품으로, 건축가로는 나폴레옹 궁정의 수석기사였던 피에르 프랑소아 퐁테누Pierre-Francois Fontaine(1762-1853)와 그의 명콤비인 샤를르 페르시에Charles Percier (1764-1838)의 공동작품이다.

이 두 사람은 학생 때부터 친한 친구 사이로 페르시에가 로마 대상大賞을 획득했을 때, 퐁테누는 2등이었다. 두 사람은 그때 얻은 상금을 나누어 함께 이탈리아로 유학했으며, 르네상스 문예부흥기의 건축과 고대의 모뉴멘트에 깊은 관심을 갖고 고전예술의 정수를 배운 다음 돌아왔다.

이후, 두 사람은 일을 할 때도 항상 콤비로서 같이 행동했으며, 퐁테

그림 136. 카르세르의 개선문. 퐁테누+페르시에 공동작, 파리, 18세기

누가 나폴레옹의 궁정으로 초빙되었을 때에도 이들 관계는 끝까지 변함 없었다. 제정시대의 주요 건축의 대부분은 이 두 사람의 공동작품이었으며 주변에 미친 영향도 적지 않았다.

카르세르의 개선문은 특히 그 완벽한 외벽에 의해 명작으로 평가받고 있지만, 그것은 단지 이 개선문이 로마의 그것과 유사하며, 형태나 양식을 충실히 답습하고 있기 때문이 아니라, 오히려 고전건축이 지닌 미의 본질, 즉 전체의 뛰어난 균제와 세부의 프로포션에 이르기까지 그대로 답습하고 있을 뿐 아니라 더 나아가 완전히 그것을 재현하고 있다는 점 때문이다.

이 건물에 우아한 고전풍의 모습을 부여하고 있는 것은 무엇보다도 그 각고의 노력으로 훌륭하게 정리된 형태이다. 이 형태로 완벽한 통제에 놓여진 볼륨의 균제, 전체와 부분의 빈틈없는 융합 등 이들 제요소가 서로 어울리면서 만들어낸 조형적 효과를 특징으로 하며, 그 기초에 있는 것은 해석도에 나타나 있는 바와 같이 황금비례의 정교하고 정밀한 적용이다.

개선문의 화사드(정면)는 그림과 같이, 높이와 폭이 1 : 1.273의 비를 지니며, 레오나르도 다빈치의 〈안나〉의 설명부분에서 서술한 $\sqrt{\varphi}$구형 안으로 정확히 들어가는 형태로 만들어져 있다. 작가는 건물 전체의 형태적 틀로서, 최초에 우선 이 구형을 생각했고 다음에 세부를 분할했다고 생각되어지지만 세부의 결정은 정확히 황금률에 따르고 있다.

개선문은 로마편編에서 기술한 바와 같이, 상부에 비문이나 조각을 붙인 에틱Attic이라 불리우는 넓은 벽을 지니며, 그 밑에 아치를 설치하는 것이 정칙定則으로, 상하 두 개의 벽면으로 이루어졌으나 여기에서는 에틱에서 밑 부분이 전체적으로 정확한 φ구형을 이루고 있는 것을 비롯해 중앙 및 좌우의 아치들간의 대소의 관계는 높이나 폭 모두 완전한 황금비이다. 특히, 중앙 아치의 분할에는 매우 합리적이며 흥미있는 수법을 사용하였으며, 기본인 φ구형(에틱에서 밑의 구형)의 성질을 완벽히 유효하게 이용하고 있는 것이 놀라울 정도로 정교하다.

해석도의 대각선 S는 정방형이 내재한다는 사실을 나타내는 기호로서, φ구형의 좌우의 단변상에 각각 단변의 길이를 한변으로 하는 정방형을 잡으면, 두 개의 정방형은 그 일부가 원原구형의 중앙부에서 서로 겹치고, 이 서로 겹친 부분이 중앙부 아치의 폭을 결정하고 있다는 것이 그림에 의해 명확해진다.

이 정방형이 서로 중첩되어 나타난 중앙부의 세장한 구형矩形은 φ+S, 혹은 S+φ+S의 관계로 분할되는 예의 0.382구형이며, 이 구형을 정방형의 한변 위에 잡으면 나머지 부분은 φ가 되어 남는다(혹은 그 역으로 했을 때 정방형의 한 변 위에 φ구형을 잡으면, 나머지 부분은 이 구형이 되어 남는다)는 점은 그 부분에서 서술한 바와 같다.

0.382구형矩形은 φ+S이기 때문에 그림과 같이 이 구형의 상부에 S(정방형)을 잡으면 나머지부분은 φ구형이 되며, 이것이 중앙 아치의 기본 면적을 결정하는 요소가 되고 있다. 동시에 중앙 아치의 상단은 S의 대각교점—이 교점은 좌우 정방형의 대각선이 0.382구형의 상부에서 교차하는 교점이기도 하다—위에 놓이며, 그것이 아치의 높이를 결정하고 있음을 알 수 있다.

다음에, 양측의 작은 아치는 기본 구형의 좌우 양변 위에 잡힌 2개의 정방형의 대각교점을 옆으로 연결한 선을 각각 상단의 높이로 해서, 폭은 높이에 대한 황금비례에 의해 규정되었다고 볼 수 있다.

이에 의해, 건물 중앙부 및 양 끝부분의 벽의 비중比重은 중앙부의 1에 대해 양 끝이 φ가 되며, 아치 부분은 역으로 양 끝부분의 1에 대해 중앙부가 φ의 관계로 재미있게 균형을 이루게 된다. 전체와 부분의 관계는 통일을 이루는 가운데 무한한 변화를 담고 있으며, 조화와 함께 율동적인 정동靜動을 겸비한 뛰어난 효과를 만들어냈다.

이상은 이 건물이 지닌 비례개념의 극히 개략적인 사항으로서, 그 이외의 세부, 예를 들어 중심부의 2개의 원주는 전술한 2개의 정방형의 대각교점에 의해 위치가 결정되었다는 것 외에 원주를 올려 놓은 대좌의 높이라든가 조각의 4변을 둘러싼 틀의 비례 등 거의 모든 부분에 황금률이 적용되어 있으며, 그러나 그것이 상술한 바와 같은 분할 시스템에 따라, 극히 기계적으로 큰 것에서 작은 것으로 순서에 따라 세부에까지 이르고 있다는 점은 건축 이외의 일반적인 의장개념에서 보아도 기술적으로 시사하는 바가 크다고 생각된다.

(주) 에뚜와르 개선문도 그 프로포션은 기본적으로 황금률에 근거하여 분할되었으나 이 건물은 기공에서 준공에 이르기까지 30년이라는 기간이 걸렸다. 그 사이에 몇 번 공사가 중단되어 시공에 관여한 건축가의 면면도 바뀌었는데, 3대(代)에 걸쳐 3명의 건축가의 손을 거치게 됨에 따라, 자연히 초기의 일관된 아이디어를 상실하고, 카르세르의 개선문과 같은 전체와 부분이 불가분적으로 연결된 완전한 통일에 근거한 뛰어난 프로포션은 여기서는 확인되지 않는다.

현대편

10장 황금분할 구도법의 근대적 소생

10장 황금분할구도법의 근대적 소생蘇生

1절 쇠라와 그의 시대

조르쥬 쇠라Georges Seurat(1859-1891)가 그의 필생의 역작인 「그랑쟈트의 일요일」이라는 작품을 발표하고 일약 명성을 날렸던 것은 1886년, 인상파의 제8회 전람회 때였다. 이 전람회는 인상파 후기를 장식했던 최후의 전시회로서, 인상파의 그룹활동은 이 해를 기해 끝을 고하게 되었는데 급진적이라 할 수 있던 이 화파의 활동에 있어 쇠라는 그 최종 전람회에 초대되어 처음 자신의 이름을 알리게 되었다.

이 작품은 두 가지의 의미에서 현대회화를 예고하는 회화사상의 획기적인 문제를 제기하고 있었다. 그 하나는 이 작품이 지닌 독특한 초자연적, 몽환적 비젼이었고, 또 하나는 이 작품에서 나타난 구도構圖에 대한 적극적인 태도였다.

르네상스이래, 회화는 단지 한가지의 흐름인 자연주의적 합리주의의 길을 걸어 왔다. 그리고 화면의 통일을 오로지 투시화법에서만 찾고 시각적인 공간관계만을 구도의 문제로 삼아 왔다. 그 결과, 회화구도 본래의 의미를 상실하고, 콤포지션의 개념은 단지 주제를 화면상에 위치시킬 뿐인 배열disposition의 기술이 되어버렸던 것이다.

중세 이래, 건축과 불가분의 관계에 있다고 생각되어 왔던 화면분할의 방식이나 비례개념 등도 후에는 거의 생략되어 없어지게 되며, 17, 18세기 무렵까지는 실내장식이나 벽화 등의 대화면의 분할에 전승되어 왔던 알베르티즘 구도법(르네상스 문예부흥기편 참조)이나 바로크 구도법

등도 액자화면의 보급과 함께 점차 상실되었으며, 약간의 액자의 규정(캔바스형, 주1 참조)에 프로포션의 흔적만을 남길 뿐이었다. 그리고 그것에 대신하는 안이한 화면등분할법畵面等分割法만이 구도법의 이름으로서 일반적인 방식으로 행해져 왔던 것이다.

구도에 대한 근세 회화의 이러한 소극적 태도는 19세기 후반, 특히 인상파의 발흥기에는 거꾸로 가속화되었으며, 르느와르가 후년 그것에 대해 술회하고 있는 것처럼, "구도에 머리를 쓰지 않는 것이 오히려 현대적이라고 믿어졌다" 고 할 정도로 명확히 구도경시의 풍조를 만들어냈다.

인상파는 외광外光에 대한 각성에 의해 회화의 색채화에 공헌하였으며, 근대로의 길을 확장시켰다고 말할 수 있으나, 시각vision의 성질은 여전히 과거 그대로 자연주의의 성과를 파괴하는 데에는 이르지 않았다. 특히, 그 극단적인 구도경시의 태도는 불가피하게 회화의 단편화를 가져 왔으며, 그들 사이에서 가벼운 즉석요리를 범람시킴으로써, 스스로 자신의 무덤을 파는 결과를 초래하였다.

그런 점에서 가장 일찍 반성과 인식을 지녔던 사람은 세잔느, 르느와르, 고흐, 고갱, 쇠라 등 소위 후기 인상파에 속하는 거장들로 초기에 인상파에서 떨어져 나와 각각 독자적인 예술을 성립시켰다는 것은 주지하는 바와 같다.

그 중, 구도의 중요성을 새삼스럽게 재인식하고 구도構圖우선주의를 누구보다도 적극적으로 추진했던 사람이 쇠라였다. 쇠라가 현재에 이르기까지 현대회화의 가장 정통파적 선구자의 한사람으로서 평가되는 것도 그런 의미에서 결코 이유가 없는 것은 아니다. 후기 인상파를 이어받은 큐비즘, 그 뒤를 이은 초현실주의, 그리고 추상주의 등 시대의 흐름에 따라 흥했다 사라진 인상파 이후의 회화운동은 결국 과거의 자연주의적 시각에 대한 안티 테제의 역할을 했던 것이었다. 그것들은, 말하자면, 투시화법의 기술적 완성에 의해 르네상스 이래 상실되어 온 콤포지션의 실지회복失地回復을 목표로 해서 일어났던 십자군이었다고 해도 과언은 아니

그림 137. 그랑자트의 일요일. 조르쥬 쇠라, 시카고, 아트 인스티튜트

다. 따라서, 쇠라에 대한 인식이 현재 한층 깊어져 온 것은 시사하는 바가 큰 현상이라고 말할 수 있을 것이다.

특히, 여기서 서술할 「그랑자트의 일요일」은 그가 다년간에 걸쳐 고민하고, 오로지 기술적인 발전을 지속적으로 추구해 왔던 그의 예술적 신조, 이른바 금자탑이라고 말해야 할 시도였다.

쇠라는 여기에 이르기까지 세 가지 연구과정을 상당히 체계적으로 거쳐왔다. 첫 번째 단계에서는 상태의 대비contrast를 흑백의 데상으로 표현하였는데 초기의 어떤 시기는 오로지 데상의 표현에만 소비했다. 두 번째 단계에서는 색의 대비contrast를 목표로 처음 유화에 손을 대고 흑백의 데상에서 얻은 사항을 색채의 할당기술에 덧붙여 설명했다. 그는 이 과정에서 보색의 원리를 추구했고, 그것에 근거하여 독특한 점묘법과 눈에 의한 혼색(주2)의 수법을 만들어냈다.

세 번째는, 선의 대비contrast로서, 쇠라는 그것을 "수평에 대한 여러 가지 방법"이라는 말로 표명하고 있지만 그는 회화에 있어서 선의 의미를, 표면에 나타난 가시적인 선조線條 내지 윤곽선으로서가 아니라 방향이나 운동을 규정하는 추상적인 내재적 요소로서 촉발되는 것이며, 선의 대비contrast라 할 경우 화면의 건축적 구축을 직접적으로 받아들여 구도의 선적 관계 그것을 의미하고 있었던 것이었다.

이와 같이, 쇠라는 대비contrast를 다른 무엇보다도 중시하고, 그것을 조형활동의 주요점으로 삼고 있었다. 그리고 구도의 근간을 이루는 것은 대비contrast이며, 어떻게 그것을 효과 있게 나타내는가가 구도에 부여된 임무라는 신념을 굳게 지니고 있었던 것이다.

쇠라가 그것에 이르렀던 동기는 미술학교에 재학 중, 학교 문고에서 1827년에 간행된 슈부르의 "동시발영同時發映 대비contrast의 법칙"이라는 르네상스시대의 고전회화를 해석한 진귀한 기법서를 발견하고 고대의 기술技術에 사용된 수리적 법칙을 알게 된 다음 마음이 움직임으로서 시작되었다고 언급하고 있다.

쇠라는 「그랑자트의 일요일」에 착수하기 2년 전에 그 전초전이라고도 보여지는 「숼레느의 목욕」(런던 테이트 갤러리 소장)이라 명명된 작품을 시도했다. 이 작품에는 그의 체계적인 연구의 제3단계가 나타나고 있으며, 선의 대비가 상당히 의식적으로 도입되어 있는 점을 볼 수 있다. 그러나, 여기서는 아직 화면 전체를 하나의 법칙과 함께 통제하는 명확한 구도적 조치는 취해져 있지 않다.

쇠라의 예술성이 성숙했던 것은 이로부터 2년 뒤로, 「그랑자트의 일요일」을 그려내기까지의 단계에 들어와 그는 또 하나 제외가 불가능한 문제로서, 볼륨의 대비가 있다는 것. 즉, 볼륨의 대비는 결국 프로포션에 있어서의 힘의 상관관계이며, 그것을 수리적으로 처리하는 얼마의 시스템이 필요하다는 자각에 이르렀던 것이다. 이렇게 해서, 그가 고전기법 안에서 찾아냈던 것은 무엇보다도 황금분할구도법 바로 그것이었다.

그렇다면, 쇠라는 황금비의 지식을 직접적으로 어디서 얻었을까. 또한 황금비 그것은 당시 어떠한 상태에서 그 명맥을 유지해 가고 있었을까. 여기서 간단히 그에 대해 이야기해 두고자 한다. 전술한 바대로, 17세기 말부터 19세기 초두에 이르기까지는 역사적으로 황금분할의 공백기간이었다. 프랑스에서는 코르베르가 왕립아카데미를 창설한 이래, 그리고 북유럽에서는 사회의 길드조직의 붕괴와 함께, 도제제도 안에 받아들여졌던 전통적인 직능기술은 결국 "진보"의 이름에 의해 점차 한쪽 구석으로 사라졌으며, 미술기법으로서의 황금분할 역시 또한 예외가 아니었다.

그러나, 황금비가 전부 망각되었던 것은 아니다. 18세기 말부터 19세기에 걸쳐 당시의 상고사상尙古思想을 반영하여 유적의 발굴이나 학술적 연구는 크게 진보하였으며, 고대 그리스인이나 이집트인이 사용한 구조의 비밀을 탐구하려 한 학자들, 특히 오베르벡Overbeck이나 코르넬리우스Cornelius 등을 개척자로 하는 독일 신고전주의의 미학자들이 황금률의 존재에 주목하기 시작했던 것을 시점으로, 이 연구는 후에 나자레의 카톨릭 교단 안으로도 들어가게 되었으며, "신성측량술神聖測量術"이라 명명되어 19세기 말까지 온존되었다.

그러나, 구도기술의 문제로서 황금분할법을 추구하고, 나아가 그것을 기술로 받아들이려 했던 화가는 거의 없었으며, 일반적으로 황금비의 미학적인 의미는 완전하게는 이해되지 않았다고 보아야 할 것이다.

쇠라가 황금비의 지식을 획득했던 경로는 추정하기 어렵지 않지만, 그의 사후 화실에서 그가 참고로 했던 그리스 조각의 비례에 관한 슈터의 연구논문을 찢어버린 것이 발견되었다는 것은 하나의 실마리를 제공한다. 이 논문(「Les phenomens de la vision par M. D. Sutter」)은 1880년 2, 3월호에 걸쳐 잡지 「예술」에 게재되었던 것으로, 쇠라가 황금비례에 관심을 두었던 시기는 모두 관찰할 수 있다.

쇠라와 깊은 친교를 나누었던 화가 시냐크는 그 무렵 그리스 도자기의 연구에 전념하고 있었던 고전미학자 샤를르 앙리의 허락 하에 조수로 근무했던 일이 있었으며, 앙리의 지시에 의해 시냐크가 포럼Forum의 해석도를 만드는 것을 쇠라가 언제나 호기심어린 눈으로 보고 있었다는 말이 전해지고 있다. 만일, 황금비에 대해 두 사람 사이에서 서로 이야기를 나눌 기회가 있었다면 쇠라는 간접적으로 앙리로부터 그의 지식을 받아들인 것이 되지만, 결국 무엇보다도 이러한 사실은 단지 연구의 기회 정도를 부여했던 것이며, 실질적인 것은 쇠라 자신의 실천을 통해 직접 화판 위에서 시도되었다고 생각해도 좋을 것이다.

「그랑쟈트의 일요일」은 그러한 집적된 연구 전체를 말해주는 것에 다름 아니다. 이 작품에 나타난 황금비에 대한 그의 이해는 놀라울 만큼 완벽하며 정교함이 극에 달해 있을 정도로, 햄비지 교수가 말하는 다이나믹 심메트리의 원리를 완전히 구현하고 있을 뿐만 아니라, 햄비지 교수에 의해 처음 해명되었던 나선방형구형Whirling Square Rectangle의 의식적인 도입에 이르기까지 언급되고 있다.

전술한 바와 같이, 쇠라는 대비contrast를 무엇보다도 중시하고 그것을 구도의 기본으로 삼고있다. 황금비의 이해에 있어서, 특히 그것이 유익했을 것이라는 점은 충분히 상상되는 점이며, 선회방형구형旋回方形矩形으로의 착안 등이 특히 그것을 입증하고 있다고 생각한다. 이에 대한 상세한 부분은 뒷장에서 논하기로 한다.

(주1) 현재의 겐바스형은 P형(風景型) = $\sqrt{2}$ 구형. M형(海景型) = φ구형. F형(人物型) = 2개의 φ구형을 장변으로 연결한 형태. 이상의 3개의 종류가 일반적으로 행해지고 있다.

(주2) 시각의 작용을 빌려 혼색(混色)의 효과를 인상적으로 만들어 내는 기법. 회화도구를 파레트 위에 올려두는 대신에 붓이 닿는 작은 점들을 일정한 간격으로 병치하면, 인간의 눈이 파레트의 역할을 하고 혼색(混色)과 같은 효과를 느끼게 한다.

이 방법에 의하면 파레트로 행하는 혼색보다도 선명도가 높은 순결한 효과를 얻을 수 있다.

2절 쇠라, 「그랑자트의 일요일」

2년이라는 시간 동안 엄청난 습작과 에스키스의 준비과정을 거친 다음, 드디어 「그랑자트의 일요일」의 완성에 이르기까지 심혈을 기울였던 쇠라는 전술한 바와 같이, 원했던 대로 이 작품을 인상파 제8회 전시회에 출품했다.

예상대로, 사람들의 주목은 이 작품에 집중되었으며, 특히 로제 마르쿠스, 펠릭스 페네온 등 이름 있는 비평가들로부터 놀라움과 파격적인 찬사를 받았다.

페네온은 「1886년 인상파의 회고서」에서 다음과 같이 서술하고 있다.

> "한 여름날, 오후 4시쯤일까. 작은 섬의 연안에는 배가 떠다니고 있었으며 나무 사이로 바깥 풍취를 즐기려는 많은 사람들이 나와 있어 일요일의 오후는 활기에 가득 차 있다. 40명이 넘는 그림 안의 인물들은 전방, 후방, 옆 그리고 정면을 향해 앉아 있기도 하며, 수평으로 누워 있기도 하고, 수직으로 서 있기도 하면서, 배경의 엄밀하게 계산된 구도 안에 밝고도 간략한 소묘를 그려내고 있다."〈그림 137〉

「그랑자트의 일요일」의 회화적 특질은 페네온의 이 짧은 서술 안에 훌륭하게 요약되어 있다. 눈앞에 펼쳐진 커다란 회화의 구도를 방불케 하고 있지만, 그러나 이 그림의 구체적인 기술내용을 살펴보면 그렇게 간단하게 서술될 수 없다. 독자들은 잠시 내가 말하는 점에 귀를 기울여 주길 바란다.

그림 138. 그랑쟈트의 일요일. 해석예비조작

주어진 캔버스의 구형矩形은 거의 황금비에 가까운 비례를 지니고 있으나, 단변으로 어느 정도 확장되어 있기 때문에 예비적 조작으로서 캔버스의 안쪽 가득히 정확한 φ구형을 이루며 잔여 부분은 회화구도의 틀 밖에 놓인다.

〈그림 138〉은 이 회화의 작도법이다. 우선 캔버스의 좌측 단변상에 정방형을 그리고 그것을 상하로 이등분해서 나온 $\sqrt{4}$구형의 대각선 $\sqrt{5}$를 구하고, 그 대각선상에 정방형의 $\frac{1}{2}$의 길이($\sqrt{4}$의 단변의 길이)를 취하면, 잔여부분은 φ구형의 단변의 길이가 되며, 정방형의 한변을 그대로 장변의 길이로 하는 황금구형이 얻어지는 것은 지금까지 서술한 바와 같다.

이렇게 해서 나온 φ구형을 기본으로 해서, 구형矩形의 좌측 위에서 대각선을 내려 그리고 그 대각선의 연장이 캔버스의 우변을 가르는 점을 절점으로 하여 하부(점선 이하)를 잘라보면, 화폭의 장변을 그대로 장변으

그림 139. 제1조작. 해석-1

로 하는 정확한 φ구형이 얻어진다.

이렇게 해서, 우선 예비적 조치로서 구도를 위치시키기 위한 기본 φ 구형을 만들어 두고 이하의 제1조작의 분할에 대한 설명에 주의를 기울여 보자. 제1조작은 기본구형의 좌측 단변상에 앞에서와 동일하게 φ구형의 단변의 길이를 한 변으로 하는 정방형을 그리는 것으로부터 시작된다. 이 구형의 특성으로서 단변상에 정방형을 취하면, 잔여부분은 항상 역수구형逆數矩形이 되는 이러한 배치의 묘미는 φ구형이 지닌 이 특성을 구도적으로 잡았을 뿐인데도 나타나고 있다.

어쨌든, 이상의 제1조작(그림 139)에 의해 구도의 큰 틀이 나온다. 이 형태는 정방형에 φ의 역수구형을 연결한 형태, 혹은 원原구형을 정방형과 φ구형으로 분할된 형태이며, 그것은 이를테면 면적面積의 프로포션에 있어서 대비contrast임과 동시에 두 개의 면적형태面積形態의 성격의 대비contrast이기도 하다는 사실에 주의할 필요가 있다.

쇠라는 이 대비contrast를 구도의 기본적인 틀로 삼아 서서히 세부를 분할하고 있었던 것이며 면적의 분할에 있어서 그가 최초로 그린 기준선

그림 140. 제2조작. 해석-2

은, 의심의 여지없이 이 정방형과 φ의 역수구형을 동시에 결정하는 절선 ab일 것이라고 예상된다.

화면은 이 절선 ab를 경계로 해서 크게 좌우로 이분되지만 이렇게 해서 화면의 좌우에 만들어진 φ의 역수구형 안에, 거의 캔버스의 위, 아래를 가득 점하며 전경에 서있는 2명의 인물을 그렸던 것이다.

한편, 좌측의 정방형의 공간 안으로는 크고 작은 잡다한 모티브가 각각 대각의 관계의 위치에 배치되며, 정방형의 내재를 시사함과 동시에 오른쪽의 수직선의 성격에 대해 방사상의 성격을 나타내면서 자연스러운 형태의 대응관계를 만들어내고 있다.

다음, 제2조작(그림 140)으로 주의를 기울여 보자. 제2조작은 기본구형의 오른쪽 단변상에 좌변과 같은 단변의 크기를 한 변으로 하는 정방형 cdCD를 만드는 것이 가장 먼저 있었던 일이다.

이를 그려보면, 구형矩形의 좌우에서 취한 2개의 정방형은 중심부에서 양 프레임의 끝이 서로 겹쳐 화면을 좌우로 3분할하는 형形이 된다. 이 형은 양측은 φ의 역수구형으로, 두 개의 정방형의 양 프레임의 끝이 겹쳐져 나온 중앙의 세장한 구형 cdba는 2개의 정방형과 1개의 φ구형을 내재시킨 형(0.382구형)이다.

다음에 기본이 되는 φ구형의 대각선을 구하고, 그것과 좌우의 정방형의 절선 cd 및 ab가 교차하는 교점 1, 2를 통해 옆으로 수평선 ef를 그리면 ef로부터 밑으로는 중앙에 정방형 1db2를 끼워 넣고, 그 양측에 2개의 φ구형 eBd1 및 2bCf를 옆으로 병렬시킨 형이 나오며, 근경의 어두운 부분(그림자 부분)은 대개 그 안으로 들어온다.

또한, 수평선 ef로부터 위로는 중앙에 세로형의 φ구형 c12a를 끼워 넣고, 양측에 정방형 Ae1c 및 a2fD를 배치한 형태가 된다. 다음에 원原구형의 좌우의 정방형의 대각선 cC, aB를 구하고, 2개의 대각선이 중앙 상부에서 교차하는 교점 3을 통해 옆으로 수평선 gh를 그리면, 그것이 원경의 상단과 나무 잎이 무성한 부분의 색면色面을 결정하고 gh선으로부터 ef선까지가 태양을 향한 부분이 되며, 하부의 어두운 부분에 대해 한난寒暖의 색조의 대비를 만들어낸다.

이 한난寒暖의 색면을 경계짓는 ef선과 정방형의 절선 ab에 의해 캔버스의 왼쪽 상부에 둘러싸인 ef선상의 가로형의 역수구형 Ae2a가 이 그림의 가장 활동적인 부분으로 색조는 밝고 다양한 점경인물點景人物을 둘러싼 채 형의 변화가 풍부하며 우측의 통일적인 성격에 대해, 명백히 변형을 나타내면서 통일에 대한 변화의 관계에서 대비를 나타내고 있는 것이다. 〈그림 140〉

여기까지는 황금분할구도법의 이른바 상식적인 방법으로서, 앞장에서 서술한 카르세르의 개선문의 분할과 구형의 처리방식이 매우 동일하지만, 세부로 나아감에 따라 쇠라의 비범한 재능이 발휘되고 있는 것이다.

이어서, 제3의 조작의 경우, 이 조작법에서 쇠라의 독자적인 해석과 운용의 묘미가 나타나고 있다. 지금까지의 조작으로 구도의 골격을 이루는 기본 구조(골격)는 결정을 보았기 때문에 이하로는 세부의 분할에 대

그림 141. 제3조작. 해석-3

해 설명하고자 한다. 세부의 분할도 순서에 따라 제4, 제5, 제6으로 조작이 진행되어 가지만, 쇠라는 제3조작에서, 상술한 제2역수구형(가로형의 φ구형) Ae2a를 햄비지 교수가 말하는 이른바 선회방형구형旋廻方形矩形의 방식에 따라 분할하였으며 이 구형의 특성을 적극적으로 이용하여 우선 구도의 중심점을 결정했던 것이다.

선회방형구형旋廻方形矩形이라는 것은 이 구형의 역수구형의 결정이 동시에 정방형을 결정한다는 점 때문에 이것을 연속적으로 행하면 점차 수렴점極을 향해 작아져 가는 정방형의 선회旋廻를 얻게 된다는 성질을 지적한 것으로, 이 특성에 따라 제2역수구형의 좌변 Ae로부터 시작해서, 순차적으로 그 단변상에 정방형을 구하면서 제3, 제4, 제5, 제6과 역수구형을 결정해 가면 각각의 역수구형은 기하급수적으로 그 볼륨을 감소시켜가서 결국 수렴점極 부근에 도달한다.

이렇게 해서, 최소의 역수구형—수리적으로는 무한소에 이르기까지 진행해 가지만—에 도달했던 점이 벡터의 수렴점極으로서, 즉 이 그림의 중심점으로서 결정된 곳이다. 완성도에 있어서는 거의 화면의 중앙부에

그림 142. 제4조작. 해석-4

모친을 따라 바로 앞 전방을 향해 걷고 있는 흰옷을 입은 어린 아이의 머리가 정확히 그곳에 위치되어 있으며, 그것이 선회방형구형의 수렴점極을 이루고 있다. 〈그림 141, 142, 143〉

이 아이는 우의적인 모티브로서, 특별히 주요 인물로서 처리되어 있지 않으나, 그러나 조형상의 가장 중요한 부분을 이루며 구도의 메카니즘은 그곳을 기점으로 외부로 확장되어 가는 모습을 이루고 있다.

이 모자母子는 화면상의 위치에서 말하면, 화면의 거의 중앙에 서 있으나 기본 구형矩形의 대각교점이 모친의 스커트의 약간 가운데 정도의 위치를 점하고 있다. 취하고 있는 포즈는 이 모자母子만이 마치 성상聖像과 같이, 특히 프론타리아正面畵로 처리되었으며, 모든 형태의 출발점이 그곳에 있다는 점을 시사하고 있다. 다음에, 색의 배합은 아이의 머리가 흰색, 모친의 스커트가 핑크색으로 순백의 색면은 이 한곳에만 한정되어 있다.

인물의 형태가 이미 그런 의식을 말하고 있는 바와 같이, 색의 배합에서도 그것을 나타내고 있으며 모든 색의 기점인 흰색을 그곳으로 배치한 이유, 그 의도는 말할 필요도 없이 명확하다. 즉, 그것에 의해 전체의 색면 배치를 이 한 점으로 압축함과 동시에 모습상으로는 그곳만을 유난히 강하게 부각시켜 전방으로 진행해 가는 느낌을 강조하는데 도움을 주고 있다고 생각된다.

이와 같이, 이 그림이 지닌 회화적 요소는 특히 이 어린이를 중심으로 유기적으로 결합되어 있는 것이며, 필자는 그 합리적인 깊은 구도적 의도에 접했을 때, 분명히 이것은 쉽지 않은 계획을 기초로 하여 의도된 일이라는 것을 통감했다. 그러나 쇠라의 구상은 여기에 머물지 않고 오히려 놀라울 정도로 발전을 나타내고 있다.

전술한 바와 같이, 선회방형구형旋廻方形矩形의 특질을 이용해서 구도의 중심을 결정했던 쇠라는 다음에 그곳으로부터 어린이의 얼굴을 수렴점極으로 하는 2개의 등비나선等比螺旋을 도출하고 그것을 卍자형으로 조합시킴으로서, 전체의 구도를 중심에서 외연으로, 외연에서 중심으로 발전하고 수렴하는 다이나믹한 운동체계로 만들어 내었던 것이다.〈그림 143〉

등비나선等比螺旋의 벡터 중 하나는 어린이의 얼굴을 기점으로 왼쪽으로 말아 올라가며, 배후의 나뭇가지의 형태를 결정하면서, 점차 강의 연안 근처의 군집에 따라 하강하고, 화면의 왼쪽 밑으로 흘러가고 있다. 이에 대해, 또 하나의 벡터는 동일하게 어린이의 얼굴을 기점으로 해서 왼쪽으로 말아 올라가 하강하며 중앙 풍경 및 전경의 인물의 위치나 잔디의 어두운 부분의 곡선을 결정한 다음, 화면의 오른쪽 위로 벗어나고 있다.

전자는 선회방형구형旋廻方形矩形 안에 내재하는 정방형의 각 대각선을 연결해서 나온 직각나선을 기초로 해서 도출된 정규 벡터로, 토대가 되는 직각나선은 전술한 대로 제2역수구형의 좌변상에 정방형을 취함으로서 출발하며, 수렴점極을 향해 동일한 과정을 반복하면서 점차 정방형을 만들어내는데 그런 각 대각선을 연결해 가면 용이하게 얻어지게 되며, 그것에 근거해서 등비나선을 만드는 것은 어려운 일은 아니다.(옆의 작도 도면 참조)

다만, 이 직각 나선은 수평으로 안정된 정방형의 대각선의 연속이기 때문에 대각선의 경사각은 항상 45°로 고정되어 있어, 이것만으로는 지나치게 안정되어 있어 구도의 묘미가 떨어진다. 후자의 벡터는 그것을 고려해서 도입된 것으로 보이며, 전자에 대해서는 특히 불균형을 이루는 각도로 유도되고 있다. 또한, 그 토대가 되는 직각나선은 전자와는 반대의 순으로 처음에는 수렴점極에서 시작하여 외부를 향해 점차 벡터의 폭을 넓혀 가는 방식을 따르고 있다. 정방형의 수평에 대한 경사도는 이 쪽이 약 20°로, 이는 정방형 안으로 φ구형을 구획할 경우, 잔여 면적으로서 남는 형形, 즉 0.382구형의 대각선이 지닌 경사도로, 아마 여기서 기준을 구했을 것으로 생각된다. 〈그림 143〉

펠릭스 페네온은 이 다이나믹한 운동체계가 만들어내는 효과를 "일요일 오후는 활기에 넘친다"고 단적이면서도 문학적으로 표현하고 있으나, 일견 조작 없이 산만하게 흩어져 있는 듯 보이는 인물군群은 이렇게 내재하는 2개의 등비나선을 궤도로 해서 자연스럽게 벡터의 수렴점極(어린이의 얼굴)을 향해 수렴되어 가며, 또한 그곳으로부터 방출되어 지치지 않는 영원한 운동을 반복하고 있는 것이다.

마지막으로, 이 구도법의 가장 중요한 것이라고 해야 할 볼륨의 대비contrast, 즉 균제symmetry의 문제에 대해 약간의 말을 첨부해 두고자 한다. 황금비례는 새삼스레 말할 필요도 없이 1, 2, 3, 5, 8, 13, 21, 34, 55.....의 근사정수비近似正數比에 의해 나타내고 있는 바와 같이 3 이하의 수는 그것에 선행하는 2항의 합과 같고, 연속하는 2항의 비는 항상 1 : 1.618에 가까우며, 항項이 내려감에 따라 그 수치가 근접해 간다는 성질은 이미 알고 있는 사실이다. 쇠라는 이것에 의해 화면 각 부의 양量을 결정하고 있으며, 근경近景에서부터 원경遠景까지의 대소의 인물의 크기는 모두 이상과 같은 비례에 기초하여 정확히 분할되고 있다는 것을 알 수 있다.

예를 들어 가정하면, 지금 화면의 가장 큰 인물에 55라는 수치를 부여할 경우, 근경近景의 왼쪽 밑에 조합된 3인의 인물은 55 · 34 · 21의 비율로 결정되며, 중경中景의 인물은 13, 강 연안으로부터 먼 쪽을 향해서는 8 ·

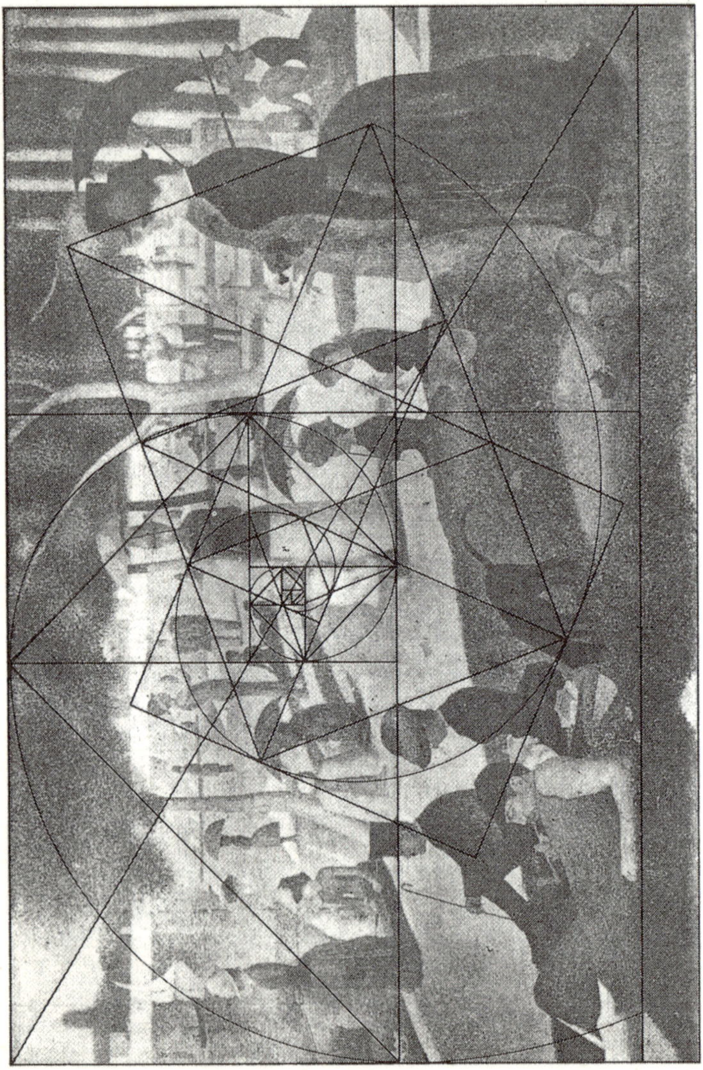

그림 143. 제5조작. 해석-5

5 · 3의 비례로 점차 축소되어 간다고 생각할 수 있다.

이것에 의하면, 화면의 각 부를 결정하고 있는 크기의 단위는 전체 7개, 혹은 그 이상에 이르며, 그것이 다단한 볼륨의 변형을 만들어내면서 상호의 프로포션에서 정연하고 질서 바른 균제미를 부여하고 있는 것이라고 할 수 있다. 이 합리적이고 리듬적인 비례는 모두 역수구형逆數矩形의 크기를 척도로 해서 분할해 낸 것으로, 그 때문에 〈그림 140, 141〉에 나타난 방법으로 화면을 세부에 이르기까지 분할하고, 그 도상에 그려진 수평선, 수직선, 대각선 및 그것들이 교차하는 교점이나 각 부의 면적을 기초로 형태, 위치, 방향, 크기 등을 결정했을 것이라는 점은 쉽게 상상할 수 있다.

또한, 전체의 색면 구성에 대해서도 각 부의 양量의 배분은 이 분할법에 따르고 있으며, 기조색基調色은 거의 같은 분량으로, 주조색主調色은 3 · 5 · 8 · 13의 비례에 의해 할당되고 있다.

뿐만 아니라, 그 배열의 순서에도 사람들이 알지 못하는 고심이 배어 있으며, 구도의 중심점을 이루는 어린이 옷의 "백색"으로부터 시작하여, 모친의 스커트의 "담홍색淡紅色"이 되고, 파라솔의 "주홍색朱紅色"이 되며, 다음에 낚시하는 부인 옷의 "적갈색赤褐色"이 되고, 그리고 전경의 인물의 "적자색赤紫色", "청자색靑紫色"으로부터 마지막으로는 개의 털색인 "흑색"에 이르고 있는 구성으로, 내재하는 등비나선의 발전에 맞추어 색합色合의 스펙트럼적인 서열을 순차적으로 진행시켜 가고 있으며, 전체의 색조를 동일하게 나선상의 하나의 색환色環으로서 통일하고 있는 점 등 실로 얄미울 정도의 세심함이 의도되어 있는 것이다.

「그랑자트의 일요일」 이후의 쇠라의 작품에는 거의 예외 없이 황금비가 적용되었으며, 각각 흥미있는 취급상의 변형을 나타내고 있으나, 그 적용의 정밀함으로 따지면 「그랑자트」가 최고이다. 후년의 작품에는 M형보다도 F형의 화면형이 많이 사용되고 있으며, 「포즈를 취하는 여자들」, 「온프롤의 등대」, 「마록용馬鹿踊」, 「화장하는 여인」 등에서 그 예를 볼

그림 144. 기석(寄席)의 입구

수 있다.

M형을 사용한 예로는 「寄席의 지붕없는 출입구」가 있다.〈그림 144〉 원칙적인 방법은 「그랑자트」와 거의 같으며 구형矩形의 양변 위에 정방형을 취하고, 화면의 좌측은 정방형의 성격으로, 우측은 역수구형의 성격으로 비중을 배분했으며, 양자를 대비시키면서 좌우의 정방형이 중앙부에서 겹쳐 나오는 0.382구형 안에 중심인물을 배치한 형形으로 이루어졌다. 마치 작가다운 해학적인 테크닉이 사용되었다는 것이 기법상 하나의 특색을 이루고 있다.

이 그림도 캔버스의 형은 거의 φ구형으로서, 그림의 상하가 약간 길게 되어 있기 때문에, 「그랑자트」의 경우와 같이 예비적 조작으로서 캔버스의 장변상에 정확한 φ구형이 만들어져 있다. 그 때, 배치의 프레임 밖으로 비어져 나온 공간을 구도에서 제외하는 대신에 그것에도 하나의 역할을 맡기어 장식적으로 이용하기로 쇠라는 생각했던 것이다.

이 그림은 파리의 변두리 광장이나 공지에 작은 집을 짓고, 잠시 동안 새로운 사업을 이어가는 시골초가집의 지붕 없는 출입구를 묘사한 그림으로 19세기 말의 서민 풍속을 재미있게 그리고 있으나, 특히 청백색靑白色의 불꽃을 드리운 머리 위에 설치된 일련의 가스등의 조명이 유머러스한 풍정을 보여주고 있으며, 이 그림의 서민적인 내용을 한층 미소짓게 하고 있다. 그 조명은 구도構圖의 틀 밖에 그려져 있는데, 그 스스로는 액자로서의 역할을 하면서 부차적으로 그림의 분위기를 돕고 있는 것으로, 쇠라는 이를 메카니즘의 한 점으로서가 아니라 여유 있는 마음 상태 하에서 법칙이나 질서의 문제를 다루고 있음을 알 수 있다. 그렇지 않다면, 여기에 적용된 황금분할도 실제로는 가치를 발휘하지 않을 것이기 때문이다.

3절 세잔느의 구도構圖

쇠라의 「그랑쟈트의 일요일」의 출현은 근대에 있어서의 구도개념의 부활을 알려주는 상징적인 사건이었으나, 쇠라가 이것에 심혈을 기울이고 있었던 정확히 같은 시기에 엑스의 농가에 칩거하며 홀로 고전의 교훈에 귀기울이고 있던 사람은 세잔느Paul Cezanne(1839-1906)였다.

그는 자국의 선배로서는 프상을 높게 사고 있었으나, 그 이상으로 스페인파派의 거장 그레코에 심취하여 침실의 벽에 죽기까지 그의 복제작품이 붙어 있었다고 전해진다.

세잔느가 깊히 심취해 있던 이들 두 명의 고전화가는 모두 비례구도법의 대가로서, 당시 중앙과의 교류를 그만 두고 향리에 은거하며 고전을 벗삼아 독자적인 길을 걷고 있던 세잔느가 오히려 고전의 구도에 깊은 관심을 보였으며, 사람들이 알지 못하는 그런 연구를 진행했던 것은 그들의 계시에 빚진 바 크다고 할 수 있다.

세잔느의 구도기술은 폭 넓게 극히 광범위하게 걸쳐 있으며, 비례법도 $\sqrt{2}$, $\sqrt{5}$, 황금비 등을 목적에 따라 자유로이 사용하고 있었다. 학식의 깊음 역시 세잔느의 구도만으로도 충분히 한 권의 책을 만들 수 있을 정도이나, 여기서는 특히 황금비에 대한 것을 중심으로 비교적 명확성 있는

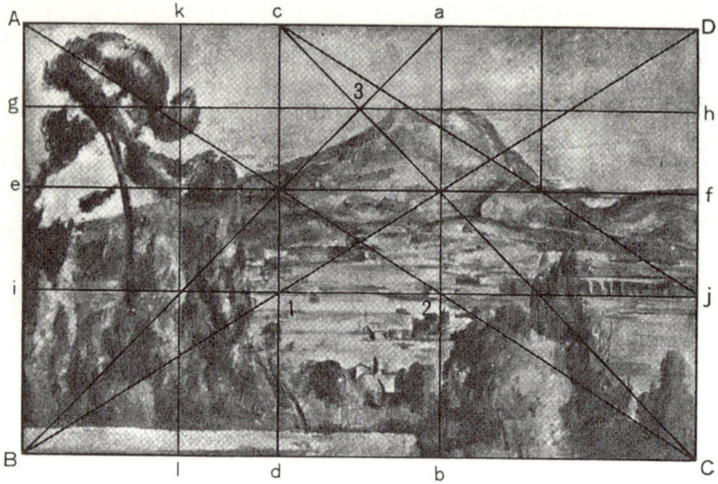

그림 145. 아치의 계곡. 세잔느

대표적인 작품사례를 몇 가지 선택하여 소개하기로 한다. 황금분할에 따른 구도構圖에는 화면형에 의해 M형과 F형의 두 가지 종류로 분류되지만, 앞장에서 다루었던 같은 계열의 기술로서 우선 M형부터 파악하기로 한다.

「아치의 계곡」

이 그림은 1890년경의 작품으로 상트 빅토와르산山의 연작 중 하나이다. 캔버스는 정확한 M형(φ구형)이며, 화면의 분할은 정규 분할법에 따르고 있고 모티브가 간결할 뿐, 작가의 구도적 의도를 명료하게 전달하고 있다.

그림에 나타낸 것처럼, 캔버스의 오른쪽 단변 위에 정방형 cdCD를 잡고, 잔여의 역수구형 ABdc 안에 소나무와 수목을 배치하여 근경近景의 왼쪽을 결정하며, 다음에 우변 위의 정방형은 상하 4단으로 분할하고 제1단에 하늘, 제2단에 산 정상, 제3단에 중경中景의 광야, 제4단에 근경近景의 배치로서, 각각 그 볼륨이 할당되어 있다.

상트 빅토와르산의 상단을 기점으로 하단에 이르름에 따라 점차 그 폭을 넓혀 가는 볼륨의 미묘한 프로포션이 원근 관계로서 자연히 균형을 이루며 광대한 광야의 넓이를 느끼게 한다. 상트 빅토와르의 상단은 캔버스의 단변 위에 잡은 좌우의 정방형의 대각선이 중앙 상부에서 교차하는 교점 3을 통해 옆으로 그려진 수평선 gh에 의해 정확히 규정되며, 구도의 중핵을 이루는 산령山嶺, 하늘, 중경인 아케이드(로마의 수도水道)를 포함한 광야 등은 하부의 수평선 ij와 정방형의 절선 cd가 직각으로 교차하여 정방형의 위쪽으로 형태를 만드는 역수구형 c1jD 안에 정확히 위치되어 공간의 웅대한 전개를 보여주고 있다.

또한 근경은 이 역수구형逆數矩形의 하부에서 자동적으로 나오는 0.382 구형 1dCj 안에 들어오며, 더욱이 그것은 1개의 작은 정방형과 φ구형으로 분할되어 이 φ구형 안에 근경의 우측을 이루는 수림樹林의 매스가 배치되고 좌우의 양측에 의해 중앙에 정방형의 공간을 품으면서 어떠한 생략도 없이 교묘하게 근경近景을 처리하고 있다.

「가르단느의 풍경」

세잔느는 「아치의 계곡」을 그리기 수년 전에 이것과 매우 동일한 아이디어와 동일한 수법을 사용한 「가르단느의 풍경」을 그렸다. 화면형은 약간 단변이 연장된 φ구형으로, 앞의 그림과 같이 오른쪽 단변 위에 정방형을 잡고 왼쪽에 역수구형을 만드는 분할법에 따르고 있으며, 전자의 소나무와 수림樹林이 묘사된 곳에는 2채 정도의 흰 벽의 민가가 배치되어 근경을 이루고 있고, 상트 빅토와르 산에 해당하는 곳은 가옥군群이 겹쳐진 작고 높은 언덕으로 묘사되어 있는 등 모티브는 다르지만 세부의 분할, 예를 들어 역수구형을 상하로 분할하고 그것에 의해 나온 하부의 정방형 안에 전경을 집어넣는 등 상부의 φ구형을 하늘로 잡은 방법에 이르기까지 그 방식은 거의 동일하다. 〈그림 146〉

그림 146. 가르단느의 풍경, 세잔느

이상의 사례 이외에, 캔버스의 장변 위에 φ구형을 잡고 그것을 구도의 큰 틀로서 세부를 분할한 사례로는 「에스타크의 풍경」〈그림 147〉, 「눈 덮힌 퐁텐블로우」〈그림 148〉, 「자 드 브우팡의 마로니에 숲」〈그림 149〉 등이 있다. 하나 하나에 대한 해석은 생략하겠지만, 해석도에 대해 독자 스스로, 적용된 수법을 판독하기 바란다.

세잔느가 인상파 그룹과 결별하고, 시골 고향으로 은거했을 때가 1870년대 중반으로, 이 때를 전후하여 구도에 대한 그의 관심은 현저하게 나타나게 된다. 세잔느는 구도構圖를 익히는 쉬운 방법으로서, 모티브를 자유로이 배치하는 것이 가능한 정물을 선택하고 그것에 의해 배치 연습을 했다. 이 시대에 세잔느만큼 정물화를 많이 그린 화가도 많지 않으며, 또한 종래의 전통적인 탁상풍경적 정물화와는 본질적으로 다른, 이른바 구성構成을 위한 정물화라고도 해야 할, 누구도 시도하지 않은 독자적인

그림 147. 니스타트의 풍경. 세잔느

새로운 경지를 개척했던 것도 이상과 같은 이유에서였다. 1870년대부터 1880년대에 걸쳐 그가 그렸던 정물화에는 특히 그의 의지가 여러 가지 시도를 통해 확실히 나타나고 있다. 그런 사실로부터 보면, 연대적으로 세잔느가 쇠라보다 일찍 실천하고 있었다는 이야기이지만 세잔느의 작품이 세인의 눈에 처음 선보였던 것은 쇠라가 죽은 후, 1895년에 화상畵商 볼라르가 개최한 개인전이 최초였으며, 그 때의 평가는 그다지 좋지 않았는데, 쇠라가 「그랑쟈트」라는 한 작품으로 일약 명성을 날린 것과 같은 성공은 전혀 없었다. 그러나, 세잔느가 고독하게 홀로 묵묵히 시도하면서 쌓아 올렸던 "구도構圖의 메카니즘"은 그의 사후, 수년이 지나 큐비즘의 선풍적인 유행을 불러 일으켰으며, 이윽고 현대미술의 신세기를 열게 했던 단서가 되었다.

그림 148. 눈 덮힌 퐁텐블로. 세잔느

그림 149. 쟈 드 브우판의 마로니에 숲

4절 세잔느 이후

20세기에 들어와 이윽고 구성composition의 시대가 부활한다. 그 가장 상징적인 현상은 큐비즘의 출현이었다. 1912년에 큐비스트의 대 연합이 이루어지고 유력한 입체파 집단이 결성되었으나, 이 집단에 주어진 이름이 "섹션 도르section d' or", 즉 "황금분할의 살롱"이었다는 사실은 무엇보다도 단적으로 그것을 말해주고 있다.

"섹션 도르section d' or"의 운동에 대해서는 뒷 부분에서 상술하겠지만, 그 전에 세잔느 이후의 근대회화 안에서 간단한 작품 사례를 다루어 봄으로서 M형 분할법의 변형에 대해 조금 더 분석해 보고자 한다.

마티스, 「청한淸閑, 사치奢侈, 일락逸樂」

이 작품은 앙리 마티스Henri Matisse(1869-1954)의 유명한 대표작으로 여기에는 도안이나 크기, 제작 연대(1905년) 모두 동일한 작품이 2점 있으며, 1점은 파리의 근대미술관에 다른 1점은 코펜하겐의 왕실미술관에 소장되어 있다. 본서에 게재한 작품은 후자의 것이다.

화면형은 M형의 변형으로, 단변으로 약간 확장된 것이기 때문에 캔버스의 왼쪽 장변을 기준으로 그림과 같이 정확한 φ구형으로 고쳐지고, 구형矩形의 상변으로부터 정방형을 잡아 정방형의 하변 ab와 구형의 대각선의 교점을 통해 수직선 cd를 그으면, 이 그림의 구도적 의도는 그것만으로도 쉽게 파악될 수 있다.

"청한淸閑"을 나타내는 왼쪽의 입상立像은 수직선 cd에서 왼쪽의 공간을 가득 점하면서 서 있으며, 그 발 밑에 구부린 "일락逸樂"은 ab선으로부터 밑의 역수구형 안에, 또한 원경을 구성하는 "사치奢侈"와 구름은 상단의 역수구형 안에 각각 적절한 양의 배분을 보이면서 합리적으로 배치되어 있다.

황금분할의 작품 사례로서는 구조의 큰 틀만으로도 절반의 목적을 이룬 듯한 대략적인 방식을 보여주지만 청한淸閑, 사치奢侈, 일락逸樂을 상징

그림 150. 청한(淸閑), 사치(奢侈), 일락(逸樂).
마티스, 코펜하겐 왕립미술관

한 3인의 인물의 위치, 프로포션, 각각의 성격을 나타내는 운동방향 등 필요한 것은 모두 구비하고 있으며 간략한 방식으로 중요한 것을 얻어내는 구도構圖의 정리를 보여주고 있다. 이러한 사실은 기본이 되는 최초의 틀이 그것만으로도 어떻게 중요한 의미를 지니는가를 새삼스럽게 상기시켜 주고 있다.

「창가의 여인」

마티스에 의한 화면 분할의 간단명료한 수법을 또 하나 설명해 보자. 이 그림은 마티스의 만년의 작품으로 제작연대는 내려가지만 황금분할 구도법에 대한 그의 변함 없는 애착과 마티스 다운 특징이 고려되어 있는 것이 흥미롭다.

캔버스의 형形은 정확한 M형(φ구형)으로, 하부의 단변 위에 정방형 aBCb를 잡고 그 상변과 구형의 수렴점極을 병용한 분할법을 사용하여 교

그림 151. 창가의 여인. 마티스

묘한 색면 구성을 시도하고 있다. 느긋하게 발걸이 의자에 앉아 편한 자세로 다리를 편 여자의 포즈는 한 눈에 관찰될 수 있는 바와 같이, 정방형의 왼쪽 상부로부터 오른쪽 밑으로 내려간 대각선 aC에 따라 흐르고 있다. 다음에 정방형의 상변 ab와 캔버스의 대각선 DB의 교점을 통해 상하로 그어진 수직선 cd가 창 밖의 하늘색면과 벽과의 경계를 획정하고 캔버스의 대각선 AC와 역수구형의 대각선 Da가 교차하는 교점을 통해 상하로 연장된 수직선 ef가 벽과 흑색 문의 색면色面을 잘라 분할하고 있다.

인물의 배경 부분은 이상과 같이 세로로 3분할되고, 왼쪽에서 오른쪽을 향해 미묘하게 그 폭을 바꾸어 가는 띠 모양의 3개의 색면色面에 의해 흥미롭게 구성되어 있다. 이러한 마감은 17세기의 죠르쥬 드 라틀의 분석에서 서술한 수법과 매우 동일하다. 단, 드 라틀의 「수인囚人」에서 이들 분할선은 내재적 요소로서 다루어지며, 노출된 표면에 나타나 있지 않지만, 마티스는 오히려 대담하게 그것을 과시하고 있으며, 그곳에서 그의 근대적인 의식이 파악되고 있다.

모딜리아니, 「잠자는 나부裸婦」

〈그림 152〉의 아메데오 모딜리아니Amedeo Modigliani(1884-1920)의 「잠자는 나부裸婦」는 베니스파派의 설명에서 서술한 조르쥬네의 「잠자는 비너스」의 근대적 번안이라고도 볼 수 있는 작품으로, 모티브나 구도構圖에도 원작을 동경하는 작가의 지향이 솔직하게 표현되어 있다. 특히, 흥미롭게 생각되는 것은 화면분할방식으로, 화면형도 조르쥬네의 그것을 모사하여 M형을 사용하였으며 동일한 수법을 답습하면서도 독자적인 해석을 펼치면서 원리적인 동일한 효과에 이르기 위해 연구하고 있다.

분할의 순서는 캔버스의 양 단변상에 정방형(점선)을 잡고, 정방형의 절선 ab 및 cd와 캔버스의 대각선이 교차하는 교점 (1), (2)를 통해 수평선 ef를 그리고, 나부裸婦의 상체의 하한下限을 결정한다. 다음에 캔버스의 왼쪽 상부에서 구형의 수렴점 (4)를 구하고, 그 수렴점을 통해 수직선 gh

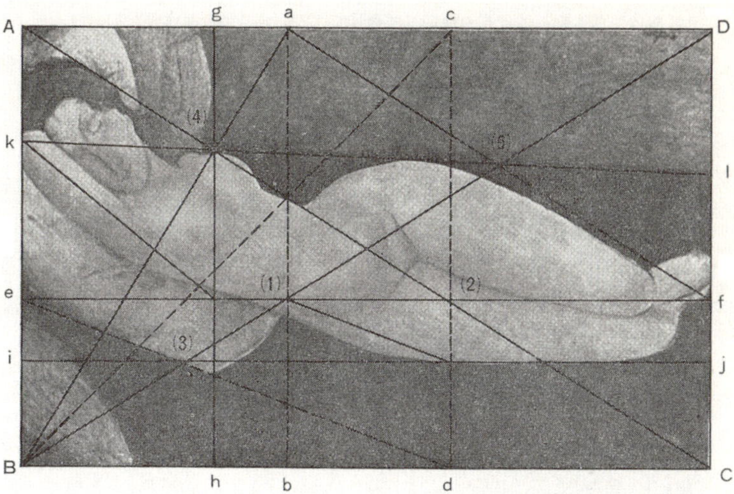

그림 152. 잠자는 나부(裸婦). 모딜리아니

를 그린 다음에 그 점을 통한 수선의 밑이 캔버스의 상변 AD를 자르는 개소 a—이 점은 정방형의 절선의 상단의 위치에도 존재한다—로부터 수평선 ef의 우단 f로 대각선 af를 내려 그것과 캔버스의 대각선 DB의 교점 (5)를 구하고, 수렴점 (4)와 교점 (5)를 통해 옆으로 직선 kl을 그리면 나부裸婦의 상한이 규정된다. 이 직선은 통과하는 교점의 위치 관계에서, 약간 오른쪽 밑으로 그려져 있으나 캔버스 폭의 오른쪽에서는 일부러 수렴점을 사용하지 않고 역수구형의 대각선을 이용한 점 등 작가의 독특한 수법을 엿볼 수 있다. 다음에, 수평선 ef의 왼편 e로부터 정방형의 절점 d로 대각선 ed를 내려 그것과 캔버스의 대각선 DB의 교점 (3)을 통해 수평선 ij을 그으면 나부裸婦의 하한이 검출된다.

이상으로, 모티브의 주요부분은 모두 결정되었는데, 배후의 베개는 수렴점을 통한 수직선 gh를 경계로 해서 그 왼쪽에 위치하며, 쿠션은 정방형의 절선 ab를 오른쪽 단부의 경계선으로 해서, 하한은 대각선 ed의

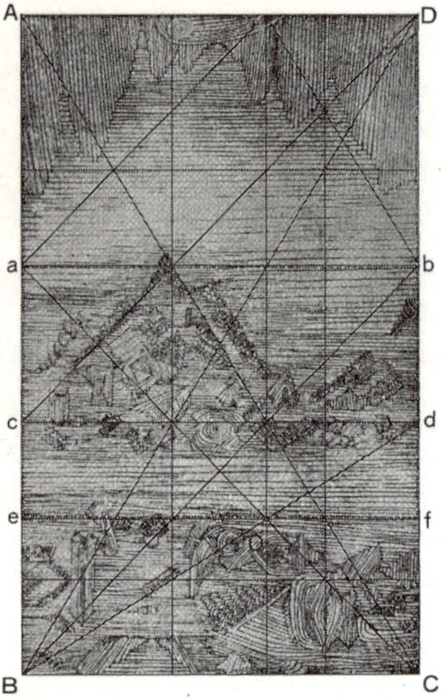

그림 153. 산 위의 성당. 밑그림, 파울 클레

사선에 따라 규정되었다는 것을 알 수 있다.

파울 클레, 「산 위의 성당」의 밑그림下繪

파울 클레Paul Klee(1879-1940)의 이 그림은 소묘로 담채淡彩를 행한 소품小品으로서, 즉흥적인 작품이 아니라 대작大作을 위해 시도된 에스키스이며 모티브의 배치나 각부의 프로포션 등 엄밀하게 계측하고 확대하면 그대로 사용할 수 있도록 배치된 본격적인 밑그림이다. 클레의 기술적인 작품 과정을 살펴보기 위해서도 흥미 깊은 작품사례라 생각되어 여기에 제시했다.

화면형으로는 정확한 φ구형이 예정되었으며 구형矩形의 상하 양변상으로 정방형을 취한 정규분할법에 의해 배치되었으나, 특징은 화면을 상하 3단으로 구분한 방식으로, 상부의 역수구형 AabD를 하늘공간으로 잡고 하부의 정방형 aBCb를 지상영역으로 해서 공간을 하늘과 땅으로 우선 크게 양분하고, 지상을 더욱 세분하여 중경中景과 전경前景으로 나누었다. 전경은 구형의 수렴점을 통해 옆으로 그려진 수평선 ef 이하로 구획하였으며 상부의 중경中景과 대응하고 있으나, ef선으로부터 위의 중경을 이루는 부분 aefb는 자동적으로 역수구형이 되며, 그 위의 하늘 부분과 양적量的으로 균형을 이루고 있다. 즉, 하늘과 중경中景은 모두 φ의 역수구형으로 2개의 가로형의 φ구형을 상하로 겹친 모습이 된다. 이 구형 AefD는 결국 캔버스의 F형의 모습이 된다. 따라서, 전체적으로 말하면 φ구형 ABCD 안으로 F형 AefD를 취한 것과 같으며, 잔여의 전경前景에 주어진 부분은 φ구형에 정방형을 연결한 0.382구형矩形이 되어 남는 것이다.

이 아이디어는 지금까지의 작품 사례 중에서는 일찍이 나오지 않았던 클레의 해석에 근거한 φ의 적용의 새로운 수법으로, 주제의 내용 모두 잘 일치되어 있으며 작가의 구도적構圖的 의도에 조금의 의심도 없다는 사실을 말해주고 있다. 뿐만 아니라, 기준선의 정교한 이용에 의한 형태의 방식이나 볼륨의 배분 등, 세부에 이르기까지 이런 의식이 잘 반영되어 있으며 황금분할 구도법에 대한 클레의 깊은 소양이 느껴진다.

달리, 「유리색의 미립자적 승천」

이 그림은 종교적 감정을 기조로 한 전후戰後의 살바도르 달리Salvador Dali(1904-1989)의 연작 중 하나로 1952년의 작품이다. 이 그림은 중세의 제단화祭壇畵에 숨겨져 있는 듯한 초자연적인 도안으로 구도構圖 역시 그것에 적합하며 화면형에는 정확한 M형을 사용하고 정규적 질서에 따라 도출된 기준선을 근거로 해서 세부를 정확히 분할하고 있으나, 달리의 지혜는 그 틀을 이용하여 재치있는 변화 풍부한 모티브의 적용의 묘미에 의해 상당 부분 발휘되고 있다고 할 수 있을 것이다.

예를 들어, 캔버스의 대각선을 중앙에서 X상으로 교차시켜 자연히 형태구성상 상부의 역삼각형을 눈에 예민하게 촉발시키고, 그 형태를 이용

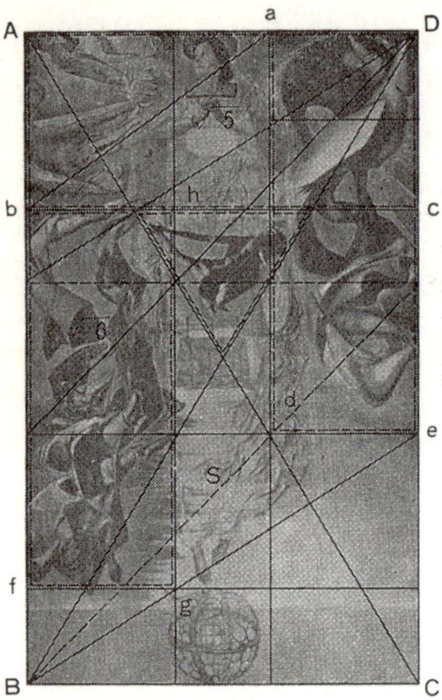

그림 154. 유리색의 미립자적 승천, 살바도르 달리

해서 십자가의 그리스도를 여러 가지 궁리를 통해 그곳에 배치시켰다는 것이다. 이 그리스도는 머리 위-하늘- 정면에서 내려다 본 형태로 역삼각형의 실루엣을 만들고 있으나 대각선의 교차를 계산에 넣은 의식적인 형태라는 것은 틀림없다.

전체의 구도는 화면의 상단 중앙에 성녀聖女를 그리고, 좌우에서 그것을 둘러싸면서 포布 모양의 물체가 위로 말아 올라가고 있으며 화면의 대각교점에 제단, 중앙의 최하단에 1개의 구체球體를 둔 구성으로서, 양量의 배분을 보면 성녀가 있는 상단의 공간 AbcD는 캔버스의 단변(φ의 구형)을 장변의 길이로 하는 $\sqrt{5}$구형, 오른쪽으로 말아 올라간 포布 모양의 물체를 점하는 공간 adeD는 동일하게 캔버스의 단변을 장변의 길이로 하는 0.382구형(φ+S), 그것과 상하로 둘러 다른 왼쪽의 포布 모양 물체를 점하는 공간 bfgh는 $\sqrt{6}$구형 등의 분할을 이루고 있어, 소위 수이적數宣的인 관계로 통제된 프로포션을 나타내며 모티브의 동적 표현에 관계없이 종교화다운 구도적인 효과에 이르고 있다.

5절 F형 구형($\varphi+\varphi$)

캔버스의 인물형figure, 즉 F형은 장단비長短比가 1 : 1.236의 수치를 갖는 구형矩形으로, M형과 같이 그 자체 황금률을 나타내고 있으나 이 구형이 지닌 특수한 성질로부터 용이하게 φ를 찾아낼 수 있다는 것, 활용의 여하에 따라서는 종종 흥미있는 비례의 용도에 도움이 된다는 점에서 과거부터 그리스 도자기의 비례나 로마시대에는 건축물의 평면, 혹은 대지분할 기술에 사용되어 비례학자의 주목을 끌어왔던 것은 이미 서술한 바 있다(로마부분 참조).

F형의 1.236이라는 수치는 φ의 단선短線의 치수 0.618에 2를 곱한 수로, 구형矩形으로 고치면 2개의 φ구형을 장변으로 연결한 형태와 같으며 동시에 또한 φ구형을 장변상에서 2등분한 형이기도 하다는 재미있는 특성을 지니고 있다.(φ구형에 있어서 단변을 1로 하면 장변은 1.618이 되고 장변을 1로 하면 단변은 0.618이 된다)

이 특성을 알고 잘 활용하면, 단독 φ구형矩形(M형) 이상으로 변화있는 취급이 가능케 되며 황금비례의 응용면에 있어서도 실제적인 지식을 추출하는 것도 가능할 것이다. 최근에는 다른 화면형畵面型 이상으로 F형을 사용하는 사람이 늘어나고 있으나 실제로 그 성질을 알고 구도에 그것을 활용하고 있는 화가는 역시 한정되어 있다.

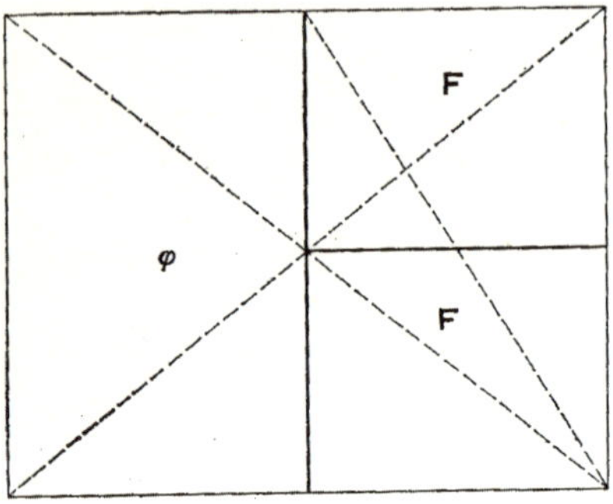

그림 155-1. F형의 변형

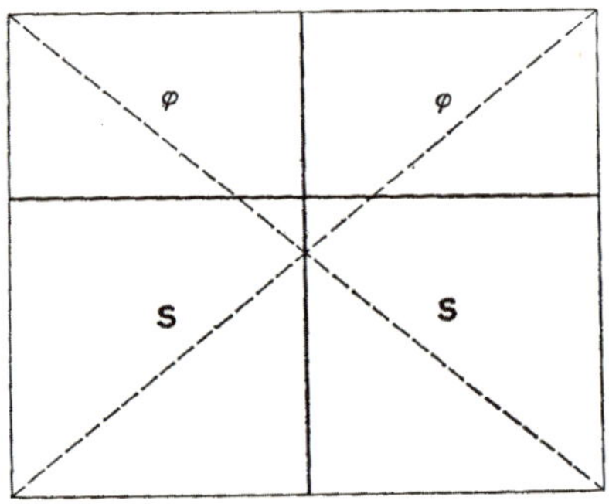

그림 155-2.

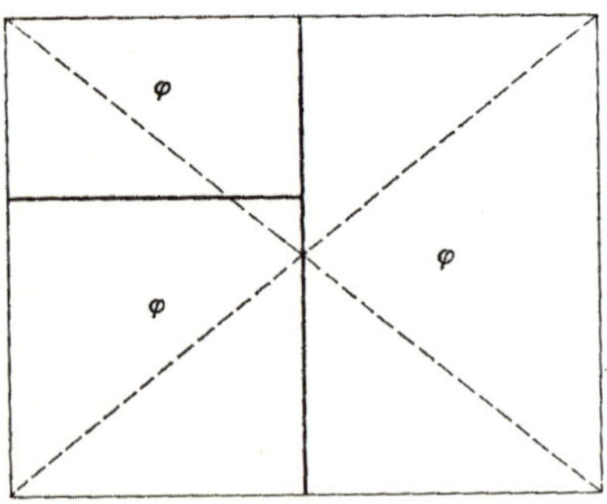

그림 155-3.

그림 156. 온프롤의 등대. 쇠라

따라서, 단지 F형을 사용했을 뿐인 단순한 구도의 작품 사례의 경우, 인용한 예에서는 빠져 있지 않지만, 황금률에 대해 특히 적극적인 의식이 확인될 수 없으나, 우연히 합치됨으로서 부분적으로 동일한 결과를 나타내는 것은 제외하고 황금비의 사례를 쇠라와 세잔느의 작품 안에서 찾아 소개해 보고자 한다.

F형 분할의 변형

〈그림 156〉의 쇠라의 「온프롤의 등대」는 이 화면형이 지닌, 반으로 나누면 φ가 되고 2배를 해도 역시 φ가 되는 특수한 성질을 단순한 구도 안에서 단적으로 실천해 보여준 사례이다. 해석도를 보면 명확히 알 수 있듯이, 캔버스를 중앙에서 좌우로 2등분 한 중심선을 따라 등대가 그려져 있으며, 그 수직선과 직각으로 교차하는 수평선의 위치는 φ의 하변상에 잡은 정방형의 절선에 의해 규정되어 있다는 것을 알 수 있다. φ구형의 단변 위에 정방형을 잡는 방법은 앞의 M형 분할법 안에서 서술했던 분할의 상식이지만, 이에 대해 화면의 오른쪽 반에서는 φ구형의 중앙으로부터

상하로 이분하고 그 각각을 F의 상사형相似形으로 환원되어 상단에 중경中景, 하단에 근경을 두고 화면의 왼쪽 반과 대응시킨 방식은 전체적으로 잘 다듬어진 생략 없는 양量의 배분을 나타내고 있다.

이 방식도 간단히 다루기 쉬운 분할법으로서, 수법으로서는 거의 공식과 같이 너무 단순하여 특히 황금비를 지닌 비례의 아름다움을 구도構圖 위에 완벽히 반영시키기에는 아직 이른 감이 있다. 그 점에서 다음에 보여주는 세잔느의 정물화는 훨씬 적극적이다.

세잔느에 의한 F형 분할의 변형

〈그림 157〉의 세잔느의 「사과와 비스킷」은 F형의 화면형 안으로 단일 φ구형을 만들고 그것을 기본 틀로서 배치를 고려한 예이다. F형 안으로 φ구형을 만드는 방법으로는 후술하는 바와 같이 여러 가지 방법이 있으나 여기에는 보통의 방식으로 그림과 같이 그것을 결정하고 있다.

우선 캔버스를 장변상에서 2등분하여 2개의 φ구형으로 분할하고, 거기서 얻은 φ구형의 단변상에 정방형을 잡아 잔여부분으로 남은 정방형 위의 φAcda 혹은 adeD를 φ의 원형原型으로서 그 대각선을 연장하고, 대각선의 연장이 캔버스의 단변을 자르는 곳 f 및 g를 절점으로 해서 장변에 평행하게 수평선 fg를 그리면, fg로부터 위의 공간 AfgD는 φ의 상사형相似形이 된다.(점선은 예비조작)

세잔느는 이 방법으로 캔버스의 상부에 φ구형을 잡고 모티브를 전개시킨 주요 공간을 우선 결정했던 것이다. 그 다음 조작은 M형 분할의 정석대로 φ의 좌우의 양변으로부터 각각 정방형을 잡고 정방형의 2개의 대각선 hg 및 jf와 φ구형의 대각선 Ag 및 Df가 교차하는 교점 1, 2를 통해 수평선 lm을 그렸다는 것은 그림과 같이 명백하다.

이것에 의해, φ의 하변 fg는 테이블의 전단을 규정하고 수평선 lm은 테이블의 후단後端, 즉 벽과의 경계를 획정하여 정물을 배치하는 무대면이 나온 상태에서 fg선으로부터 하부는 테이블의 정면 쪽으로 기울여 배치

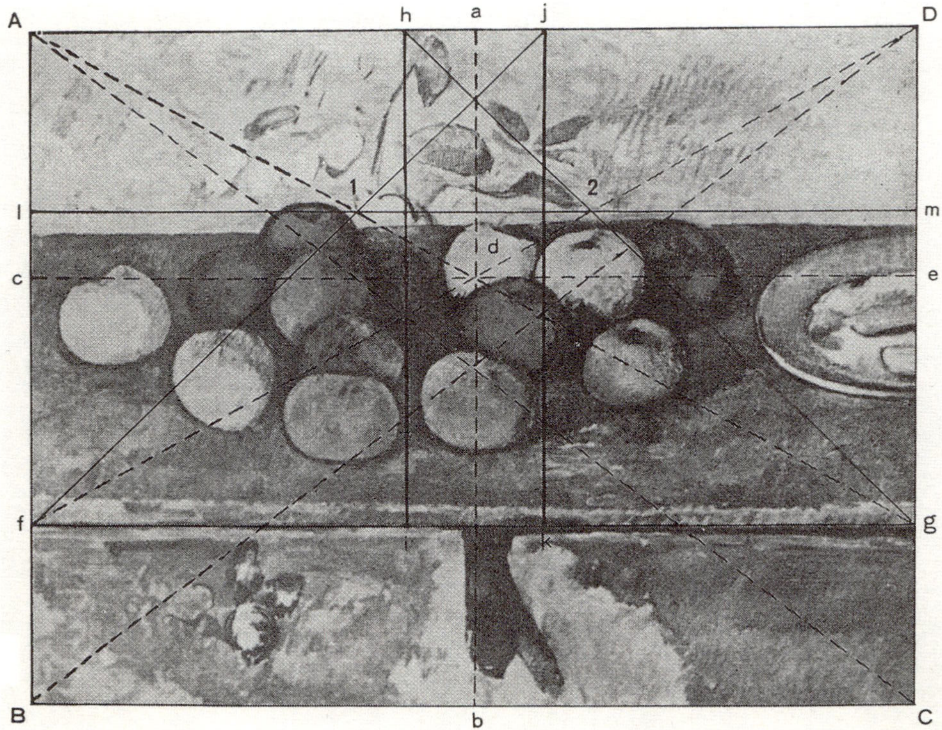

그림 157. 사과와 비스킷의 정물.
세잔느

의 큰 틀로 삼고 있다.

이 구도의 특색은 장단의 비가 인접한 정방형에 가까우며, 따라서 안정감 있는 F형의 화면형을 사용하고 있으나 좌우로 연장한 강력한 공간의 확장을 느끼게 하는 점에 있어, 그것을 구도적構圖的으로 조성하고 있는 것은 황금률이 지닌 다이나믹한 발전적인 성질이며 그것을 도와주려 했던 점에서 세잔느의 적극적인 의도가 있었던 것이다.

「쟈 드 브우판의 용수用水」

세잔느는 1870년대 말부터 1880년대에 걸쳐 F형 안에서 φ를 만드는 구도 양식의 정물화를 몇 개 그렸으며, 수법에 대해서도 여러 가지 다른 분할을 실험적으로 시도하고 있으나 그 성과를 충분히 거두었던 것은 동일한 테크닉을 풍경에 적용하여 경이적인 구도를 만들어낸 「쟈 드 브우판의 용수用水」〈그림 158〉일 것이다.

이 작품은 1878년의 작품으로 세잔느의 풍경화 중에서도 특색있는 대담한 구도가 근대회화의 나아갈 방향에 큰 계시를 부여했다는 점에서 특히 유명해진 대표작 중 하나이다. 이 작품에 있어서 세잔느는 정교함을 극대화 한 F형 분할의 사례를 나타내고 있다.

F형 안으로 단일 φ구형을 만드는 방법에는 여러 가지가 있다는 것은 앞에서 서술한 바와 같지만, 가장 간단한 방법은 F형을 단변상에서 4등분하고 그 중 3열을 취하면 거의 φ구형矩形에 가까운 구형이 얻어진다. 이 방법은 최근 피카소가 애용한 분할법이다. 이것에 의하면 약 $\frac{2}{100}$ 정도의 오차를 보이지만, 시각적인 인상에 호소할 뿐이라면 이 정도의 오차는 거의 느껴지지 못한다.

세잔느가 「쟈 드 브우판의 용수用水」에서 사용한 방법은 화폭의 장변을 3등분하고, 단변을 2등분하는 방법에 의한 것이 아닐까 생각된다. F형을 장변상에서 3등분하고 그 안의 2열을 취하면 ABfe는 F의 역수구형逆數矩形과 같은 모습이 된다. 이 역수구형은 최초의 2등분선에서 상하로 이분

그림 158. 쟈 드 브우판의 용수(用水). 세잔느

되어 있으며, 그 각각은 φ구형矩形이기 때문에 그것을 원형으로 해서 대각선을 그리고, 대각선의 연장이 화폭의 단변을 자르는 곳 h를 절점으로 해서 장변에 평행하게 평행선 gh를 그리면 쉽게 φ가 얻어진다는 것은 〈그림 157〉의 정물화의 해설에서 서술한 바와 같다.

그러나, 세잔느의 의도는 F형에서 φ를 도출함으로써 오히려 그 과정에서 수행되는 기술적인 조작을 구도상에 어떻게 반영시키고, 그것을 조형적인 효과 안으로 어떻게 만들어 넣을 것인가에 관계하고 있다고 생각해야 하며, 기술적인 과정의 진행에 따라 회화繪畫를 구축해 가는 건축적인 즐거움을 오히려 구도의 주안점으로 삼았다는 점을 관찰할 수 있다.

그림에서 볼 수 있는 바와 같이, 이 그림은 화면의 중심에 하나의 큰

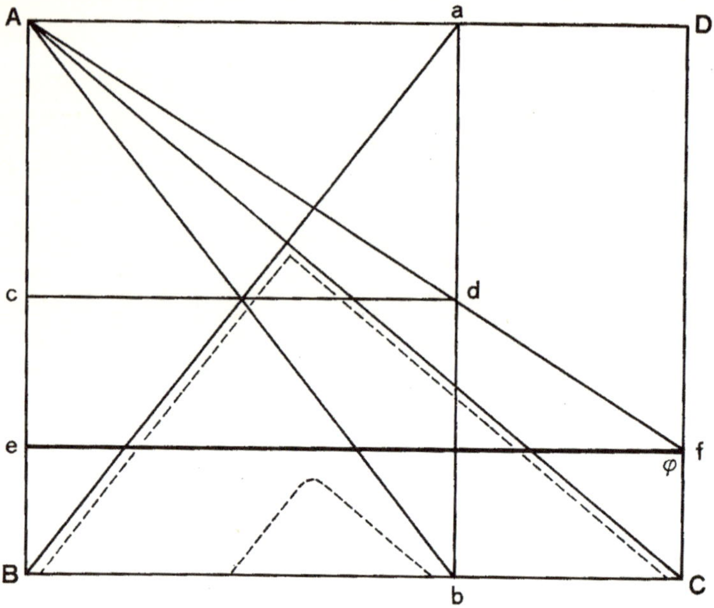

그림 159. F형 안에서 φ를 만드는 작도법

나무(잎새들이 떨어진)가 그려져 있으며, 투영된 것을 포함한 나무 줄기의 두꺼운 선조線條가 상하를 관통하고 있는 것도 화면을 좌우로 양분하는 듯한 대담하고 무모할 정도의 용감무쌍한 구도構圖 방식에 의해 특징짓고 있다. 그러나, 일견 이 형식 파괴의 배치, 보통이라면 피해야 할 이 기발한 배치야말로 실은 이 그림의 구도상의 심오한 의도를 말하고 있으며 화가는 그것에 의해 고의로 화면을 2등분하고 내재하는 φ의 성격을 표시했을 것으로 생각된다. 그리고 이에 대응하기 위해 전술한 방법으로 캔버스의 장변 가득 점하는 φ구형 AghD를 상변에서 취하고, φ로부터 밑부분을 수면水面으로 해서 수평선 gh를 옆으로 노출시킨 것이다. 말할 필요도 없이, 이것은 나무의 수직에 대해 저항감을 부여하기 위한 조치로서, 이것에 의해 화면은 가로, 세로의 십자가로 교차하는 선분의 비가 극히 아름

다운 강력한 2개의 지주를 갖게 되며, 동시에 수평선으로부터 위로 만들어진 φ구형의 내재를 강조하는 결과로 나타나고 있다. 그러나, 이 φ는 중앙의 나무에 의해 양분되며, 좌우의 공간은 각각 F형의 상사구형相似矩形으로 환원되기 때문에 F와 φ의 상호 이중주를 이루며, 분할의 효과는 상당한 동적인 효과가 되어 나타나는 것이다. 세부의 위치부여나 양量의 배분도 모두 이 두 개의 구형(F 및 φ)의 성격으로부터 합리적으로 도출되는데, 예를 들어, 언덕의 상한은 캔버스의 대각선 DB와 φ의 대각선 Ah의 교점 1을 통해 옆으로 빼낸 수평선 ij에 의해 규정되며, 전경의 곳간은 역수구형 ABfe의 대각선 eB와 φ구형의 하변 gh와의 교점 2를 통해 상하로 빼낸 수직선 kl에 의해 규정되고 또한 구릉 위의 주 가옥과 물에 투영된 모습은 역수구형 ABfe의 중심(화폭의 $\frac{1}{3}$)을 통과하는 수직선 mn에 의해 규정되어 있는 모습이다. 그 외에, 나무 가지는 모두 그 균배가 캔버스의 상부 모서리인 A 혹은 e점에서 내려온 대각선에 따라 이루어져 있는 것 등은 특히 유의해야 할 점이다.

다만, 세잔느는 φ를 도출함에 있어 어떤 방법을 선택했는지 단정적으로 말할 수는 없다. 만일, 좌우를 3등분하지 않고 처음부터 6등분했다면, 상하는 4등분한 것과 다르지 않으며 또한 수학적 엄밀함을 숭상하여 가능한 방법을 마다 않는 최초의 F의 역수구형을 구해, φ의 원형을 거기에서 구했다면, 예비적 조작으로서 도형으로 나타내었던 것과 동일한 절차를 밟은 것으로 생각된다.(그림 159참조)

「쟈 드 브우판의 용수用水」와 같은 수법으로 F형안에서 φ를 취해 구도의 틀로 삼았던 세잔느의 다른 작품 사례로는 「오베르의 풍경」, 「식목봉植木鋒이 있는 정물」 등이 있다.

피카소, 「바롤리스의 풍경」

피카소의 이 그림은 1954년의 작품으로, 비교적 근작이지만, 화면형은 정확한 F형으로 세잔느가 「쟈 드 브우판의 용수用水」에서 사용한 수법을 그

그림 160. 바롤리스의 풍경. 피카소

대로 답습하고 있으며, 여기에는 명확히 장변 3등분, 단변 2등분의 분할법이 사용되어 있다. 뿐만 아니라, 그 예비조작에 사용된 분할선의 대부분은 기준선에 짜 넣어 배치상에 그 흔적을 확실히 남기고 있다. 화면을 3등분하기 위해서는 우선 2등분하여 각각의 대각선을 구하고 그것과 캔버스의 대각선이 교차하는 교점을 통해 구형矩形의 각 변에 평행하게 직선을 그으면 가로, 세로 의도한 바 그대로 3등분선이 얻어진다. 작품의 실례를 살펴보자.

화가는 우선 장변을 2등분하고 중심선의 상단 a로부터 좌우로 대각선(점선)을 그리고, 캔버스의 대각선(점선)과 교차하는 교점(2 및 3)을 구했다. 즉, F$\frac{1}{2}$의 대각선 aC는 캔버스의 대각선 DB와 교차하여 교점 3을 만든다. 거기에서 교점 2 및 3을 통해 상하로 각각 수직선(점선)을 그으면 화면은 좌우로 3등분된다. 그 중, 오른쪽 2열을 잡으면 cdCD는 F의 역수구형逆數矩形이 된다. F의 역수구형 cdCD를 상하로 2등분하면, 각각 φ구형矩形이 되기 때문에 이 φ를 원형으로 해서 대각선을 캔버스의 단변상의 g까지 연장하면 φ의 절점이 얻어지게 되는 것이다. 거기에서 g로부터 h로 수평선 gh를 그으면 ghDA 혹은 왼쪽 위로부터 AghD를 구획하는 φ구형이 얻어진다. 이상 점선으로 표시한 곳이 이 그림의 예비조작이다.

다음, 모티브의 배치를 살펴보자. 그림과 같이 화가는 우선 세로의 중심선(ab-캔버스의 2등분선)에 맞추어 건물의 왼편을 결정했다. 이것은 이 그림의 주체를 화면의 오른쪽으로 배치하고 F형의 성질, 절반으로 나누면 φ가 되는 고유의 성질을 그것에 의해 적극적으로 명시하며, 사물의 성질, 위치, 선의 방향, 색면色面의 양적 관계를 모두 황금비에 따라 통일하려 했던 의도를 나타냈다는 것으로 보아도 좋다.

다시 세부의 분할로 옮겨, 우선 건물의 하단과 전경인 작은 집을 구획하는 수평선 ij를 결정했다. 이 ij선은 캔버스의 상하 $\frac{1}{3}$의 절선으로서, 캔버스의 대각선 AC와 좌우의 3등분 절선 ef의 교점 4를 통해 수평선을 그으면 얻어지는 선이다.

다음은 주 건물의 상단과 오른쪽 단부의 결정으로, 이것은 수평선 ij를 기본으로 해서 순서에 따라 거의 자동적으로 도출할 수 있다. 즉, ij와 대각선 aC의 교점 5를 통해 수직선 kl을 그으면 건물의 오른쪽 단부가 규정되며, 수직선 kl과 캔버스의 대각선 DB의 교점 6을 통해 수평선 mn을 그으면 주 건물의 벽과 지붕을 결정하는 상단이 얻어지는 것은 그림과 같다.

다음에 세부의 분할로 나아가서, 수평선 mn과 대각선 aC의 교점 7을 통해 수직선 op를 그으면 건물의 주옥主屋의 왼쪽 단부가 규정되며, 예비조작 때에 구한 교점 2, 3을 통해 수평선 qr을 그으면 옆 가옥의 지붕의 위치가 결정된다.

이상으로, 구도의 주체를 이루는 건물의 개요는 살펴본 바와 같다. 건물의 외곽은 a, 9, 5, k의 4개의 점으로 둘러싸인 φ구형 안으로 정확히 마무리되고 주옥主屋 부분은 다시 그 내부의 7, 10, 5, 6의 각 교점에 둘러싸인 한바퀴 돌아 작은 φ구형 안에 정확히 위치되어 있다는 것을 발견하게 된다.

또한, 현관의 삼각 지붕의 균배는 교점 8과 ij 선의 j점을 연결하는 사선(점선)에 따라 그려져 있으나, 이 사선은 8, 10, j, r에 의해 둘러싸인 가로형의 φ구형의 대각선이며 이 구형 안으로 주옥主屋의 오른쪽으로 작은 벽을 보여주는 측옥側屋이 제자리를 잡고 있다.

이것으로 화면의 오른쪽 반은 대강 끝나고, 다음으로 왼쪽 반으로 가서 건물 왼쪽의 도로의 담은 예비조작으로 만들어진 φ구형 AghD의 대각선 Dg에 따라 그려져 있으며, 역수구형逆數矩形의 절선 (장변의 $\frac{2}{3}$) cd의 선에서 멈추는 전경前景의 작은 집으로 흘러들어 가고 있다. φ구형의 밑변(점선 gh)은 화면의 왼쪽 반에서는 소옥의 앞쪽을 규정하는 하나의 굵은 선조線條에 의해 명시되며, 오른쪽 반에서는 담의 밑 부분을 규정하고 있다. 또한 소옥小屋의 상단은 캔버스의 상하 2등분 절점과 오른쪽 모서리의 C점을 연결하는 사선의 균배에 따라 흐르면서 왼쪽 단부는 수평선 ij와 대각선 aB의 교점 11에 의해 결정되어 있음을 알 수 있다.

6절 섹션 도르Section D'or의 살롱, 그레이즈의 펜타그램 구도법構圖法

큐비즘이 실험실을 나와 회화운동으로서 본격적으로 시작되었던 것은 1912년으로, 보에시가街의 '화랑 보에시' 에서 처음 단체전을 열어 이름을 알렸던 것이 최초의 발걸음이었다. 창시자인 피카소와 브라크는 당시 자신들만의 별도의 2인전을 열었으며, 그 이후로 최초의 전시회에는 참가하지 않았지만 자크 비용을 필두로 마르셀 듀샹, 그레이즈, 레제, 메장제, 도로네이, 드라플레네, 마르쿠지, 로트 등 큐비스트의 쟁쟁한 인물들이

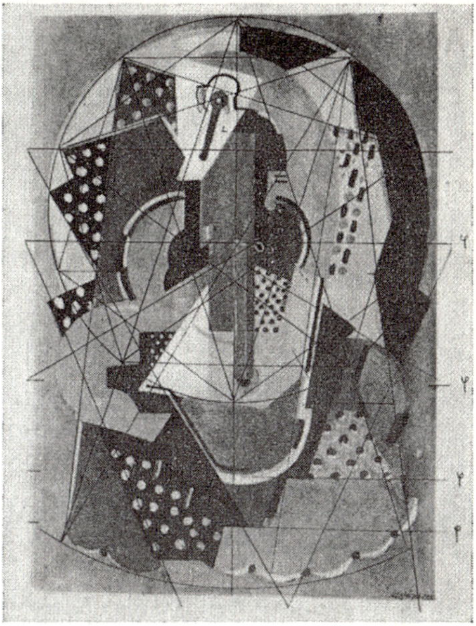

그림 161-1. 콤포지션. 그레이즈. 해석 샤를 블로

거의 전시회에 참가하게 되었다.

이 단체의 이름이 「섹션 도르section d' or」(일명 황금분할)로 선택되었던 것은 앞서 서술한 바 있으나, 이름을 결정한 사람은 선배이면서 대표 자격인 쟈크 비용Jacque Villon(1875-1963)이었다. 그 바로 앞서 쟈크 비용의 아틀리에는 매주 일요일 오후, 리듬과 비례의 문제에 대해 열정을 쏟았던 일군의 청년화가들이 모여 열심히 연구회를 유지하고 있었다. 그레이즈, 드라프레네, 레제, 피카비아, 쿠프카, 메장제 등이 회원이었으며, 때에 따라서는 시인인 장 콕토와 폴 포르 등이 얼굴을 내밀기도 하였다.

당시 비용Jacque Villon은 레오나르도 다 빈치의 피라미드식 구도법構圖法을 연구하고 그것에 근거해서 자신의 구도이론을 만들어내려고 했으나, 당시 단체의 이름이 문제시 되었던 때에, 그는 레오나르도의 삽도로 유명

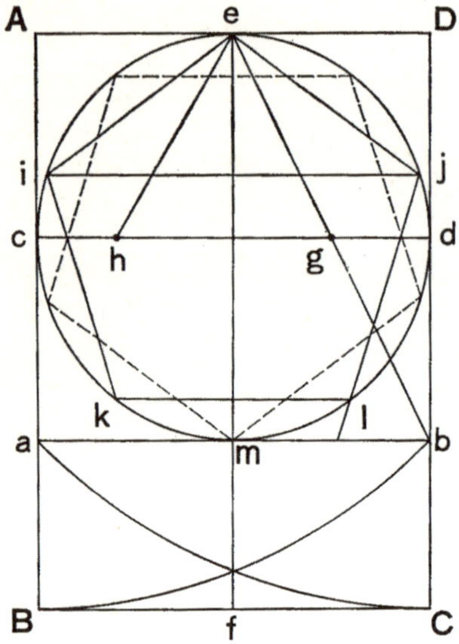

그림 161-2. 콤포지션, 그레이즈, 해석 샤를 블로

한 루카 파치올리의 '신수비례법神授比例法'에서 착안하여 '섹션 도르section d' or'라는 이름을 제안하였고, 그의 동료들도 그것에 찬동하여 이 모임의 이름이 탄생하게 되었다.

그러나 한편, 당시 큐비스트들이 황금분할에 대해 어느 정도의 인식을 갖고 있었는가 하는 것은 물론 문제시 되는 점일 것이다. 근대에 들어오면서부터 황금분할의 기법적 전승에 대해서는 충분한 역사적 명징성明徵性이 결여되어 있었으며 그 계통을 더듬어 가는 것 자체가 용이하지 않지만, 나비스파派의 화가 파울 세르지에Paul Serusier(1863-1927)가 1908년경 아카데미 랜슨에서 황금분할 기법의 강좌를 담당하고 있었던 것이 알려져 있고, 세르지에는 그것을 북유럽 브롱의 수도승인 모니에 베르카디Monie Verkade로부터 습득했다는 것이 명확히 밝혀져 있다. 아카데미 랜슨에서는 그 무렵 세르지에 이외에 모리스 드니가 지도하고 있었으며, 이곳은 당시로서는 가장 진보적인 아카데미였는데 이 연구소에서 세르지에에게 사사했던 사람이 로제 드 라프레네Roger de La Fresnaye(1885-1925)로서, 그는 쟈크 비용Jacque Villon의 연구회의 열성 구성원 중 한사람이었다. 연대도 정확히 맞는다.

이와 같은 방법으로 정보를 모아보면 당시 이들은 황금분할에 대한 지식이 있었고, 기술적 소양도 있어 어느 정도 몸에 숙련된 화가들이 그룹 중에 몇 명 정도 있었다는 것은 물론 상상할 수 있으나 아쉬운 것은 세잔느가 전했다는 기법의 상세한 내용까지는 알 수 없다는 것이다. 다만, 그 원류가 북유럽의 수도원에서 흘러나왔다는 사실로부터 생각해 보면, 그 기술적 계통은 그리스 계통이기보다는 중세 사원에서 비밀리에 전승되어 온 원주의 10등분할에서 나온 비례법을 받아들인 것은 아니었을까 생각된다.

〈그림 161〉의 알베르트 그레이즈Albert Gleizes(1881-1953)의 펜타그램 구도양식構圖樣式은 그러한 사실에 대해 하나의 유력한 계시를 부여하고 있는 것은 아닐까. 그레이즈는 비용Jacque Villon의 연구회에서 가장 뛰어난 이론가였으며, 입체파의 발흥기에는 화가 겸 평론가로서 활약하면서 입체파의 선전에 있어 영향력이 있었다는 것은 잘 알려져 있다.

이 그림의 화면형은 P형, 즉 $\sqrt{2}$구형으로, 작화作畵의 순서는 대개 다음과 같은 순서를 따르고 있다고 생각된다. 우선, 캔버스의 상부에 정방형 AabD를 잡고 그 안으로 정방형의 상하를 직경으로 하는 원을 그리고, 상하 및 좌우의 중심선을 구획한다. 다음에, 원의 중심선의 상단 e와 절점 b를 연결하여 사선을 그으면, 사선 eb가 가로의 중심선 cd를 자르는 개소를 g점으로 정하고, g점으로부터 e까지의 길이를 측정해 cd 선상에 옮기면 h점이 얻어지며, h에서 e까지의 길이가 원주를 5등분하는 선분이 된다. 이 선분으로 ei 및 ej를 결정하고 다음에 kl을 결정하면 원에 내접한 정오각형이 나온다. 이것은 제6장 제2절의 펜타그램에서 서술한 작도법으로서, 이 그림은 다시 정방형의 하단 m으로부터 시작하여 밑으로부터 또 하나의 오각형(점선)이 얻어지고, 상하 2개의 오각형을 조합시켜 기본적인 틀로 삼아, 거기에서 도출된 사선이나 수직선을 기준선으로 하여 모티브의 위치와 형태를 분할했다는 점은 의심의 여지가 없을 것이다.

그레이즈의 이 「구성composition」의 제작 년대는 명확하지 않지만, 파리 근대미술관에서 소장하고 있는 초기입체파의 작품 중에는 전통적인 황금분할기법을 더욱 충실히 전달하고 있는 하나의 사례로서, 최근 샤를브로Charles Bouleau의 해석에 의해 세상에 소개된 작품이라는 것을 부언해 두고자 한다.

7절 피카소, 「아비뇽의 5인의 처녀」

〈그림 162〉의 「아비뇽의 5인의 처녀」는 피카소가 흑인예술에서 계시를 받아 네그로이즘의 실천으로 한 시기를 보냈던 무렵의 작품이다. 이 작품은 그의 지적인 근대적 재편을 의도하여 시도한 유명한 구성composition으로서 알려져 있으며, 이 작품이 유인력이 되어 브라크 등을 감동시킴과 동시에, 이어 입체파의 회화운동으로까지 발전되어 갔다는 것은 주지의 사실이다. 제작연대는 1907년경, 섹션 도르section d'or가 시작하기 수년 전의 작품이지만 화면구성의 기술에는 명확히 황금비를 사용했다는 증거가 있으며, 비용Jacque Villon의 연구회에 앞서 피카소가 이미 그것을 실천하고 있었다는 흥미있는 사실에 봉착하게 된다.

이 시기 이전에 젊은 시대의 피카소는 주로 P형($\sqrt{2}$)의 화면형을 사용하고 있으며, 네그로이즘의 시대에는 가로, 세로의 비比가 보다 정방형에 가깝거나, F형 혹은 그 변형을 사용하는 것으로 점차 변해가고 있었으나 「아비뇽의 5인의 처녀」에서는 그것이 한층 현저하게 나타나면서 거의 정방형에 가까운 특수한 도면형을 보여주고 있다.

이 그림의 화면형인 가로, 세로의 비는 정방형에 대해 거의 $\frac{5}{100}$ 정도의 편차가 있음에 지나지 않는다. 이 형태는 우연한 편차라고 보기에는 단정한 아름다움을 지니고 있으며 의도적으로 잡은 형태라 할 경우 정방

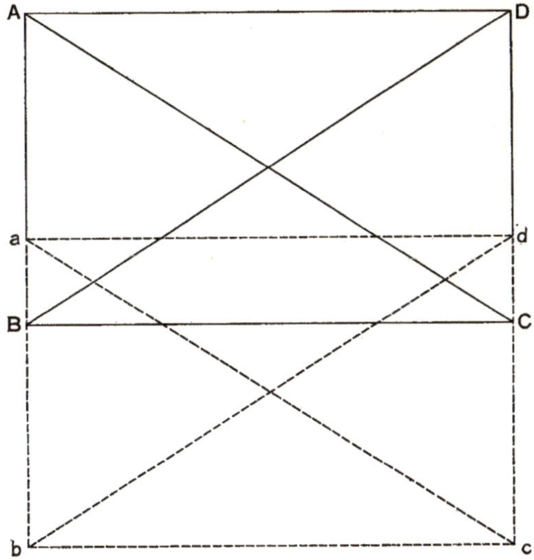

그림 162. 아비뇽의 5인의 처녀.
피카소. 해석도형

형과의 얼마 안 되는 그 차이가 중요한 의미를 지니게 된다.

〈그림 162〉는 「아비뇽의 5인의 처녀」에서 사용한 화면형의 기하학적인 해석도이다. 이 형태는 그림대로 φ구형의 장변에 $\sqrt{5}$구형을 연결한 형태이며, 보는 방식에 의하면 2개의 φ구형을 합쳐 중앙에서 중복시킨 형태라고도 할 수 있다. 이렇게 중복시킨 방식은 물론 임의의 방식이 아니라 구형矩形의 수렴점을 통해 장변에 평행하게 그린 분할선을 쌍방 서로 깊이 들어가는 부분으로서 중합시키고 있으며, φ구형의 중복에 의해 나온 중간의 띠 모양의 공간 aBCd를 비례적으로 분할하면, 3개의 작은 φ구형과 1개의 작은 정방형이 얻어지는 형태가 된다.

이 형태는 다음과 같은 방법으로 캔버스의 F형으로부터 직접 도출되는 것이 가능하다. 〈그림 163〉처럼, F형을 장변상에서 이등분하여 φ구형을 만들고, 그 대각선을 반경으로 해서 캔버스의 안측으로 콤파스를 돌려, 콤파스의 다리가 캔버스의 중심선(단변상의 2등분선)을 자르는 개소

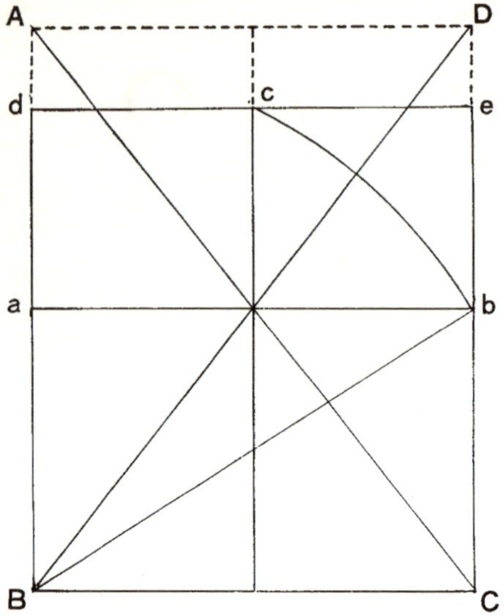

그림 163. 1.064구형을 구하는 방법

c를 절점으로 하여 단변에 평행하게 직선 de를 그으면 de로부터 밑의 dBCe가 얻어지는 화면형의 형태(1 : 1.064)가 된다.

이후, 몬드리안이 F형을 통해 만들어낸 거의 같은 형태의 화면형을 사용해 자신의 그리드를 만들어냈는데, 사실 내가 이 그림의 특수한 화면형에 주목했던 것도 그것을 기억하고 있기 때문이다. 몬드리안은 F형으로부터 화면형을 만들어내는 방법이 약간 다르며 가로, 세로의 비比도 1 : 1.051이 되고 있어, 이 그림에 비해 약 $\frac{1}{100}$ 정도 그림의 상하가 작게 처리되어 있다. 이 차이는 눈에 보이지 않는 작은 위치의 차이에 불과하지만, 전술한 것처럼 상하로부터 φ를 합친 경우, 2개의 수렴점이 겹쳐지지 않는다. 결국 몬드리안은 피카소와는 다른 목적으로 이런 화면형을 만들었던 것인데, 여기에 몬드리안 자신의 수법을 적용시키지 않았다는 것을 뒤에서 다시 자세히 서술할 것이다.

피카소가 큐비즘의 첫걸음을 내딛었던 것은 친구인 프랑세라는 수학자를 통해서였는데, 시각적 인상과는 근본적으로 다른 기하학적 형태관념에 대해 여러 영향을 받았던 것이 동기였다고 말하고 있다. 「아비뇽의 5인의 처녀」는 정확히 그것에 따라 시도된 작품으로, 친구인 수학자가 유인적誘引的 안내자로서 앞서 있었다고 한다면, 피카소가 구도의 결정에 있어 고도의 수리적數理的 처리방식을 생각했다고 해도 결코 이상한 일은 아닐 것이다. 어쨌든 이 화면형을 피카소가 어떻게 구사했는지에 대해 「아비뇽의 5인의 처녀」의 해석도를 통해 살펴보도록 하자.

〈그림 164〉의 해석은 〈그림 163〉에서 볼 수 있는 준비조작(화면형의 결정)이 끝난 곳에서부터 시작한다.

실제의 배치로 옮기기에 앞서, 이 화면형의 특징인 상하로부터 φ구형이 중합된 형태를 표시해 두지 않을 경우 그것에 근거한 분할이 불가능하기 때문에, 처음에 우선 캔버스의 하변에 있는 φ(준비조작 때에 나온 φ)의 비比를 측정해 상변으로 옮기고 상하의 φ(AcdD) 및 aBCb가 캔버스의 중앙에서 중첩된 형形을 만들어 둔다. 편의상, 처음의 φ를 제1φ, 상변에서 취한 φ를 제2φ로 부르기로 한다.

그리고 이 절차가 끝나면 배치를 위한 분할로 옮기게 된다. 이 분할은 말할 것도 없이 모티브의 배치나 양量의 배분을 고려하면서 순차적으로 진행하는 것이지만, 가장 우선적인 방식은 5인의 나부裸婦를 2개의 그룹으로 나누고 왼쪽에 3인, 오른쪽에 2인을 배치함에 있어 어디에 분할선을 그릴 것인가의 선택으로부터 시작되었다고 생각해도 좋다. 그리고 나서 결정된 것이 캔버스의 하변(단변)을 황금률로 분할하는 것이었다. 캔버스의 상하 양변상에는 이미 φ구형矩形이 구획되어 있다. 그 하나를 잡아 φ의 장변상으로 정방형의 한변의 길이를 잡으면, f점 혹은 e점이 황금분할점이 된다. 선분 Bf를 1로 하면, fC는 0.618의 비比가 되며, 장변의 전 길이는 1.618이 되어 완전한 구성composition을 나타낸다. 그곳에서 ef를 직선으로 연결하고 이것을 분할선으로 삼아 좌우의 양量을 배분했던 것이다.

그림 164. 아비뇽의 5인의 처녀. 피카소

이 분할에 의해, ef로부터 왼쪽 공간 ABfe는 $\sqrt{3}$구형을 그리며, 그 안에 상하로부터 중첩된 정방형의 복합을 내재시킨 형(形)이 되어, ef로부터 오른쪽의 공간 efCD는 φ의 역수구형逆數矩形이 상하로부터 중첩된 모습이 되어 남는다.

이상으로, 화면의 오른쪽은 일단 형식이 완성되었다. 다음에는 왼쪽의 그룹을 다시 구분하고 중앙부에서 앞을 향한 2인, 왼편에 옆을 향한 1인을 부족함 없이 배치시켜야만 했다.

이 구분선도 똑같이 황금률에 의해 어려움 없이 결정을 보았으나, 여기에는 이 화면형이 지닌 특수한 성격이 100% 이용되었다. 전술한 대로, 이 화면형은 두 개의 φ구형이 상하로부터 중첩되어 있으나 구형矩形의 중복된 부분은 각각의 구형의 수렴점을 경계선으로 하여 중복되어 있다. 거기에서 이 두 개의 수렴점을 통해, 캔버스의 장변에 평행하게 세로로 수직선 gh를 그리고, 그것을 분할선 2호로 정했던 것이다.

이를 통해, 중앙의 2인의 나부裸婦는 분할선 1호의 수직선 ef와 분할선 2호의 gh선 사이에 정확히 들어오며, 왼편의 나부裸婦는 gh선에 전면을 붙이고 선의 외측으로 정확히 배치되게 된 것이다.

이것으로 화면의 왼편도 대강 정리됨으로서 다음의 분할로 진행되나, 그 전에 구형矩形의 수렴점을 사용한 이 분할법이 지닌 또 하나의 중요한 비례적 의미에 대해 부언해 둘 필요가 있다.

수렴점 위의 부분, 즉 제1 φ의 상부 공간은 $\sqrt{5}$구형을 이루고 있으나, 수렴점에 의한 분할의 결과, gh선이 통과하는 곳으로부터 왼쪽은 세로형의 φ구형이 되며, 나머지 부분은 가로형의 φ구형이 되어 나타난다. 화가는 $\sqrt{5}$구형이 지닌 이 비례적 특질을 미리 계산에 넣어 분할을 행했던 것이며, 그것은 화면 상단의 엄밀한 색면구성色面構成 상에서 확실히 나타나고 있다고 말할 수 있다.(해석도 참조)

제3의 조작은 외단부의 결정이다. 여기에는 지금까지 보아온 가로, 세로의 기준선과 대각선의 교점이 사용되고 있다. 우선, 화면의 오른쪽에서 시작해서, 구형 efCD 안으로 내재하는 역수구형逆數矩形의 대각선 ed 혹은 bf를 구하고, 그것과 수렴점의 분할선이 교차하는 교점 3, 4를 통해 수직선 ij를 그으면 이것이 오른쪽의 나부裸婦의 배후를 결정한다. 계속해서 이 수직선 ij와 제1 φ의 대각선 aC의 교점 5를 통해 수평선 kl을 그으면 하단이 결정되며, kl과 대각선 bB의 교점 6을 통해 수직선 mn을 그으면 왼편의 나부裸婦의 배후가 결정됨으로써, 이상으로 모티브의 기본적인 배치는 끝나는 것이다.

다음은 세부의 처리로, 대각선을 응용해서 형태나 운동의 흐름을 점차 자세하게 규정해 간다. 분할선 ef로부터 오른쪽을 조금 더 추적해 보면, 나부裸婦의 배치를 보다 확정적으로 해주기 때문에 왼편의 수직선 mn을 왼편의 장변으로 하는 제3의 φ mnpo를 만들고 제3 φ의 우변 op을 기준선으로 해서 얼굴 전단前端의 위치를 규정했다고 생각하는 것은 충분히 가능성 있다. 또한, 역수구형逆數矩形 eEdD의 상변으로부터 정방형을 취해 그 안으로 나부裸婦의 상체를 들여놓음과 동시에 그 절선에 의해 전경의 나부裸婦의 머리의 높이를 결정했다고 볼 수 있다. 이것에 의해, 상하의 나부裸婦의 신체는 각각 정방형 안으로 정리되어 양적으로도 보기 좋게 마주보며, 그 중간의 φ구형(점선) 안으로 전경의 나부裸婦의 얼굴이 황금률을 취하게 되는 결과가 나타나고 있는 것이다.

8절 입체파의 황금분할 브라크, 레제, 키리코

브라크, 「바이올린과 수지水指가 있는 정물」

〈그림 165〉의 조르쥬 브라크Georges Braque(1882-1963)의 정물은 피카소와의 협력에 의해 그들 큐비즘 양식이 처음 궤도에 올랐던 1910-1911년 무렵의 작품으로서, 이 시기에 두 사람 모두 거의 분간할 수 없을 정도로 유사한 작품을 만들어내고 있었다. 이 그림은 M형 캔버스를 사용하여 φ

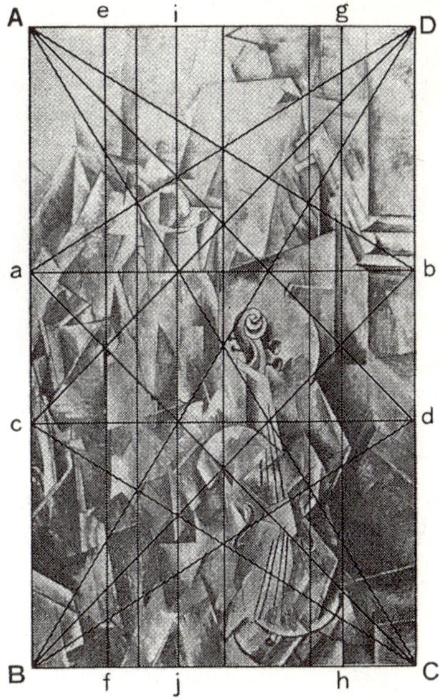

그림 165. 바이올린과 수지(水指). 브라크

분할의 정규칙에 따른 정설적인 수법으로 세부를 분할하고 있다.

우선 구형矩形의 상하로부터 정방형을 취하고 그 상변 및 하변의 절선 ab, cd와 정방형의 각 대각선 및 대각교점을 통해 캔버스의 장변에 평행하게 그은 수직선을 기준선으로 해서 세부를 분할하게 되며, 초기 입체파의 그림에서 많이 보이는 착종錯綜현상의 선이 얽켜있는 중요한 모티브는 수직선 ef 및 gh에 의해 둘러싸인 화면의 중앙 상하에 누적적으로 위치되어 있으나 내재하는 상하의 정방형을 잘 사용하여, 상단의 정방형 AcdD 안으로 수지水指, 하단의 정방형 aBCb 안으로 바이올린을 배치하고 있다. 상부의 역수구형逆數矩形 AabD를 배경으로 한 공간처리방식 등은 특히 합리적인 방식으로 생각되고 있다.

그림 166. 인물이 있는 콤포지션. 레제

레제, 「인물이 있는 구성composition**」**

페르낭 레제Fernand Leger(1881-1955)의 이 그림(그림 166)은 거의 큐비즘 후기에 속하는 작품으로 화면형은 정확한 M형이다. 이 그림의 특징은 모티브의 좌우대칭적인 처리방식으로 분할 역시 좌우대칭적으로 이루어지며, 구형矩形에 내재하는 정방형의 복합을 100% 이용한 간단명료한 수법을 사용하고 있다. 해석도에 명확히 나타나 있는 것처럼, 모티브의 배치나 양量의 배분은 모두 대각교점을 통해 수평 또는 수직으로 그어진 기준선에 의해 결정되고 있다는 것은 누가 보아도 명확하며, 분할의 순로順路도 정연히 이루어져 있다. 그림에 기입된 알파벳 순서를 따라 교점의 숫자와 서로 맞추어가면서 보면, 작가가 거쳐온 분할의 순서를 매우 자세한 세부에 이르기까지 추적할 수 있다.

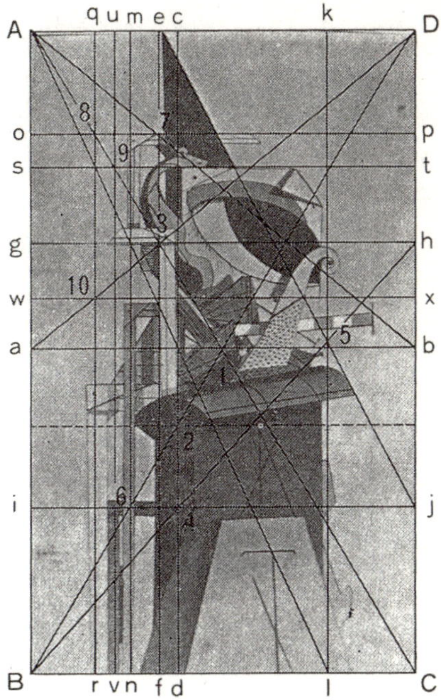

그림 167. 유대의 천사. 키리코

키리코, 「유대의 천사」

조르지오 데 키리코Giorgio de Chirico(1888-1978)의 이 그림은 1916년의 작품으로 입체파가 이탈리아로 흘러 들어와 로마에서 '바롤리 프라스치'라 불리우는 소위 전위파의 회화운동을 전개했던 시기의 작품이다. 이 그림도 배치의 수법은 매우 기계적이며, 전술한 레제의 그것보다도 명확히 그림 그리는 순서를 나타내고 있다. 이 작품은 키리코에 의해 이탈리아로 유입된 입체파의 구도기법을 시사하고 있다는 점에서 흥미있는 사례로서, 그림의 도안이 복잡하기 때문에 해설을 첨부해 두고자 한다.

수법상의 특징은, 캔버스(φ)를 장변상에서 2등분하고 그것에 의해 나온 F의 성격을 사용하여 프로포션propotion의 기준으로서 사용하고 있다는 점에 작가의 독자적인 해석이 보인다.

분할의 첫번째 단계는 화면을 상하로 이분해서 2개의 F형을 만들고, 캔버스의 상변으로부터 정방형을 잡아 분할의 실마리를 만든다. 다음에 정방형의 절선(점선)과 캔버스의 대각선 DB의 교점 2를 통해 수직선 cd를 그린다. 다음에 상부의 F의 대각선 Da와 캔버스의 대각선 AC가 교차하는 교점 3을 통해 수직선 ef 및 수평선 gh를 그린다. 다음에, h로부터 B로 대각선을 내려 그리고, 수직선 cd와의 교점 4를 통해 수평선 ij를 그린 다음, j, e를 사선으로 연결하고 ej와 사선 hB의 교점 5를 통해 수직선 kl를 그리면, 모티브를 위치 짓는 상하 및 좌우가 대체로 규정된다. 다음은 세부이다. 캔버스의 대각선 DB와 수평선 ij의 교점 6을 통해 수직선 mn을 그리면, 모티브의 왼쪽의 외단外端이 구획되며, 수직선 ef와 상부의 F형의 대각선 Ab의 교점 7을 통해 수평선 op, op와 캔버스의 대각선 AC의 교점 8을 통해 수직선 qr, qr과 대각선 Al의 교점을 통해 수평선 st, st와 화폭의 대각선 AC의 교점 9에서 수직선 uv, 수직선 qr과 대각선 Da의 교점 10에서 수평선 wx가 규정되어, 거의 최소부분까지 분할된다.

9절 몬드리안의 그리드

몬드리안, 「타블로」

〈그림 168-1〉은 추상회화의 설명에 항상 나오는 몬드리안의 「타블로」이다. 이 작품은 몬드리안이 이 양식을 발명하여 연작에 착수한 1921년의 작품으로, 그의 작품 중에서도 특히 일반인들에게 잘 알려진 초기의 대표작이다.

몬드리안의 그리드에 대해서는 지금까지 여러 해석이나 찬사가 부여되어 왔기 때문에, 작화作畵의 비밀은 거의 명확하게 이루어지지 않은 채, 이와 같이 극도로 농축된 단순한 조형적 효과가 만들어내는 불가사의한

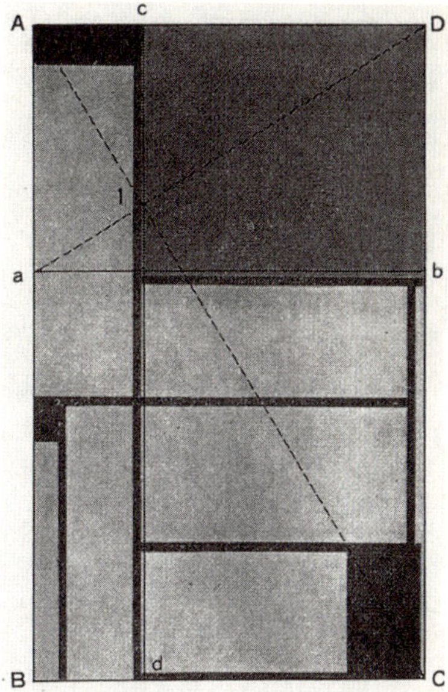

그림 168-1. 타블로, 몬드리안, 해석-1

매력만이 문제시 되어 왔다. 그러나 몬드리안의 그림이 지닌 이러한 특징은 그림 안에 있는 모든 선이 세밀한 부분에 이르기까지 모두 기하학적인 분할선으로 이루어져 있으며, 감각에 의지한 임의의 선은 전혀 사용되지 않았다는 것으로, 그 구성은 소수의 기준선의 정교한 선택과 응용만으로 이루어졌으나, 이는 일정한 순서를 따라 A에서 B로, B에서 C로 완전한 건축적 순서를 밟으면서, 연속적이면서 합리적으로 도출되었던 것이기 때문에, 그런 진행에는 조금의 지체나 중복이 없었다는 점에 이 메카니즘의 진정한 가치가 있는 것이다. 그다지 번거롭지 않으므로 작품이 나오기까지 작화作畵의 순서를 다음과 같이 설명해 보았다. 해석도의 알파벳 순서에 따라 독자 스스로 작도하는 기분으로 보아주기 바란다.

캔버스 ABCD는 정확한 φ구형이다. 화가는 우선 일반적 순서에 따라 캔버스의 하변 위에 정방형 aBCb를 잡는 것에서부터 출발했다는 것은 명백하며, 나머지부분은 예에 의해 φ의 역수구형逆數矩形을 만들어낸다. 다음에, 캔버스의 대각선 AC 및 역수구형의 대각선 Da를 구하고, 교점 1을 통해 장변에 평행하게 수직선 cd를 결정했다고 생각된다. 이것에 의해, 하부의 정방형의 상변 ab와 수직선 cd로 둘러싸인 부분이 화면 오른쪽 위의 붉은 색면色面이 되어, 대체적인 기본형이 만들어진다. 지금까지는 공식대로의 조작으로, 보통 누구나 하는 배치의 순서를 그 역시 또한 충실히 답습했다.

제2의 조작은 화면 하부 그리드의 가로변의 결정으로서, 여기에는 보통의 분할법과는 약간 다른 톡특한 분할방식이 사용되었다.

〈그림 168-2〉에 나타난 것처럼, 캔버스의 장변 AB 혹은 DC를 반경으로 하는 원호를 구형矩形 안에 그리고, 콤파스의 다리가 장변을 가르는 곳 f를 절점으로 하여 수평선 ef(그리드 밑의 가로 사다리 제1호)를 우선 결정했다고 볼 수 있다. 이렇게 해서 나온 구형 AefD는 1 : 1.272의 비比를 갖는 $\sqrt{\varphi}$구형으로, 캔버스의 F형에 유사한 형(F형은 1 : 1.236)이다. 몬드리안은 이 $\sqrt{\varphi}$구형을 항상 애용했으며, 후년에는 자주 독자적인 화면형으로써 사용되고 있다. 이 방법은 고대 이집트의 벽화나 건축의 분할에 널리 사용되었던 방법으로(이집트 부분 참조), 르네상스시대에는 레오나르도 다빈치가 제단화祭壇畵의 분할에 사용하고 있다. 몬드리안은 어디에서 그런 힌트를 얻었는지 알 수 없지만, 북유럽에서는 그 전승이 상당히 오랜 기간 남아 있었다는 것이 사실이기 때문에 몬드리안의 그리드 안에서 그것이 부활되었다는 것은 결코 우연은 아닐 것이다.

어쨌든, $\sqrt{\varphi}$구형을 구하고 그리드의 가로 사다리 1호를 결정했던 화가는 다음에 이 구형의 대각선 De를 그리고, 수직선 cd와의 교점 2를 통해 수평선 gh를 그리고, 위의 가로 사다리 2호를 결정했던 것이다.

지금까지가 제2조작으로, 제3조작은 〈그림 168-3〉과 같이, 세부의 분할로 들어가게 되는데, 화가는 우선 캔버스의 대각선 AC와 수평선 ef(가로사다리 1호)의 교점 3을 기점으로 수직선 ij를 내리고, 화면 오른편 밑의

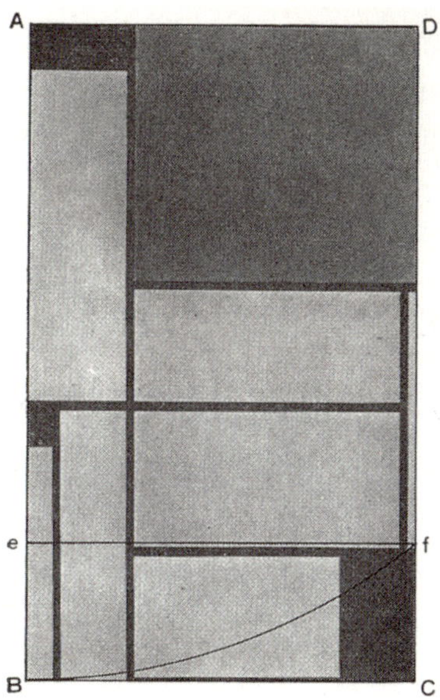

그림 168-2. 타블로. 몬드리안, 해석-2

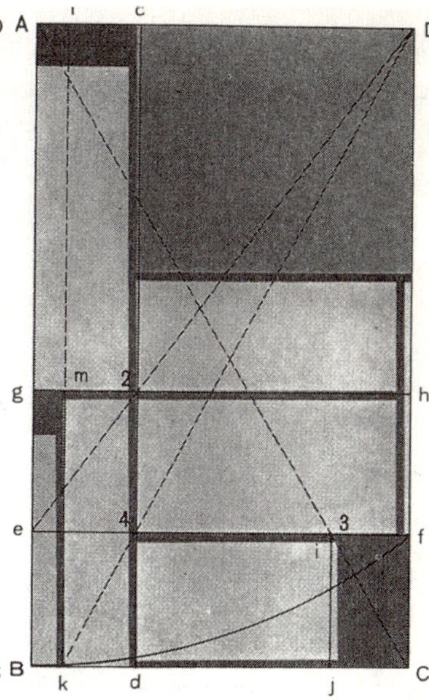

그림 168-3. 타블로. 몬드리안, 해석-3

푸른 색면 ijCf를 결정했다고 볼 수 있다. 다음에, 화면 오른쪽 상단의 D로부터 수평선 ef 위의 교점 4를 통해 사선 Dk를 그리고 (해석 3), 그 다리가 화폭의 하변을 자르는 k점을 기점으로 해서 장변에 평행하게 캔버스의 상부까지 수직선 kl을 연장하여, k로부터 m까지를 그리드의 가로 사다리 2호로 삼아 동시에 황색의 색면을 결정했던 것이다.

다음에, 수직선 lk와 캔버스의 대각선 AC의 교점 5를 통해 수평선 no를 그으면, 왼쪽 상부 모서리의 작은 흑색의 색면 Anoc가 결정된다. 다음에, 정방형의 상변 ab와 $\sqrt{\varphi}$구형의 대각선 De의 교점 6을 통해 캔버스의 상부의 (l점)으로부터 오른쪽 아래로 사선 lp를 그리고, 그 다리가 수평선 ef(가로사다리 1호)를 자르는 개소인 교점 7을 기점으로 장변에 평행하게 수직선 qr을 그리면 오른쪽 단부의 세로사다리 3호가 결정된다. 마지막

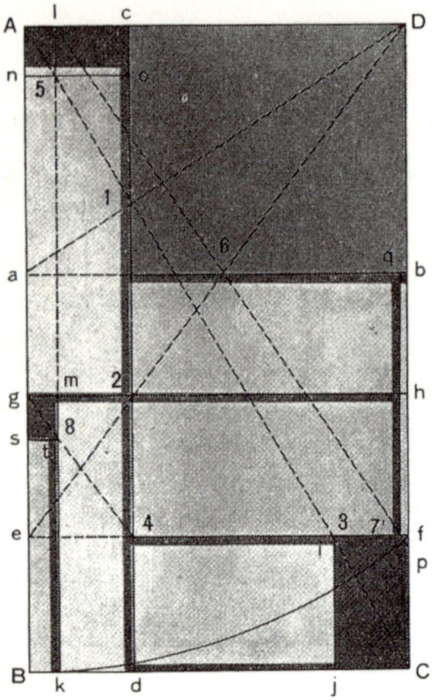

그림 168-4. 타블로. 몬드리안, 해석-4

으로, 교점 4로부터 g로 사선 4g를 연장하고, 수직선 lk와의 교점 8을 구하고 절선 st를 그으면, 최소의 구형 gstm (검은콩 색면)이 결정되어 전화면이 만들어지게 된다(해석4).

적赤과 흑黑의 구성composition

〈그림 169〉 이하의 해석도는 몬드리안이 1930년대에 즐겨 그린 정방형의 변형을 화면형으로 한 그리드의 해석이다.

정방형의 상, 하단이 약간 확장된 이 특수한 화면형을 보았을 때, 처음 나는 화가의 자유로운 재량에 의해 감각적으로 변형된 형태라고 생각했다.

그러나, 몬드리안의 그림에 대한 해석을 오랜 기간 시도함에 따라, 그의 그리드는 모두 기하학적으로 분할되었으며 감각적으로 임의로 만들어

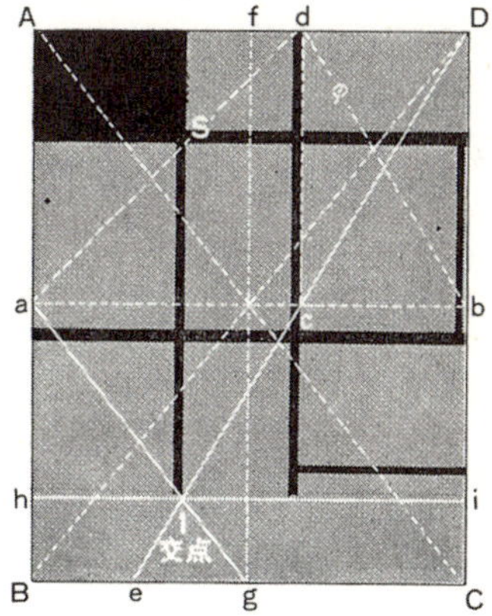

그림 169. 적(赤)과 흑(黑)의 콤포지션.
몬드리안, 예비조작. 해석-1

진 선은 하나도 없다는 확신이 나에게 있었기 때문에 이 화면형에도 얼마의 수리적 근거가 반듯이 있음에 틀림없다고 예감했다. 여러 방식으로 시도해 살펴본 결과 이 화면형은 캔버스의 F형 안에 포함되어 있는 형이며, F형으로부터 합리적으로 만들어진 것이라는 사실을 밝혀내게 되었다.

피카소의 「아비뇽의 5인의 처녀」에서 이것과 유사한 화면형이 사용되고 있다는 것은 전술한 바와 같지만, 그것을 발견했던 사람은 사실 몬드리안의 그리드에 의해 그러한 기계적인 화면형의 도출방식이 존재한다는 것을 알게 된 이후의 일로서, 실제로 이것은 나의 몬드리안 연구에 있어 생각지 못했던 귀중한 부산물이었다.

〈해석도-1〉은 F형 캔버스로부터 화면형을 만들어낸 경로로서, 구형 ABCD가 캔버스의 원형이다. 화가는 우선 그림과 같이, 캔버스의 오른쪽 위로 우변의 길이를 그대로 장변의 길이로 하는 φ구형을 잡는 것으로부터 시작했다. 방법은 캔버스의 장변을 수평선 ab에 의해 중심으로부터 2등분하고, 2개의 φ구형으로 분할한다. 다음에 상부에서 만들어진 φ구형 AbbD의 좌변 Aa 위에 정방형 Aacd를 취하면, 나머지 부분은 φ의 상사구형 dcbD가 된다. 그곳에서, 그 대각선 Dc를 캔버스의 하단까지 연장시키

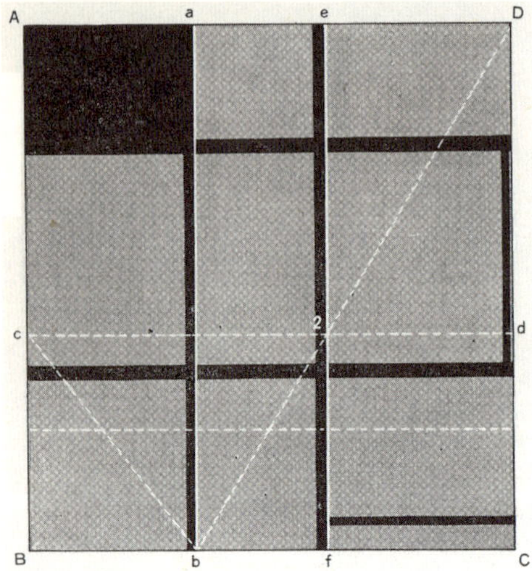

그림 170-1. 적(赤)과 흑(黑)의 콤포지션. 해석-2

면 φ의 절점 e가 얻어진다. 다음에 캔버스의 단변을 수직선 fg에 의해 중심으로부터 좌우로 이분하면, 캔버스는 4개의 상사구형相似矩形으로 분할된다. 그곳에서 그 안의 하나, 왼쪽 밑의 상사구형 ($\frac{1}{4}$F)의 대각선 ag를 구하고, 대각선 ag와 φ의 대각선 De가 교차하는 교점 1을 통해 옆으로 수평선 hi를 그으면, AhiD는 바로 이 그림의 화면형을 이루며, 나머지 부분은 잘라버렸다고 생각할 수 있는 것이다.

〈해석도-2〉는 작화作畵의 제1조작으로, 그리드의 세로사다리 부분을 결정하는 것으로서, 화가는 우선 이 과정에서 세로사다리의 우측의 위치를 정확히 규정하고 있다. 여기서 독자의 주의를 환기시키고자 하는 것은 몬드리안 시스템의 최대의 특징인 시작점과 그곳에서 시작하는 정규칙의 순서로서, 문자를 쓸 때의 필로筆路와도 유사한 엄격한 진행방식에 따라 화면이 조립된다는 점이다. 화가는 생각했던 대로 캔버스를 잘라버렸을 때에 사용한 교점 1을 시점으로 하여, 그곳으로부터 위쪽의 a로 최초의

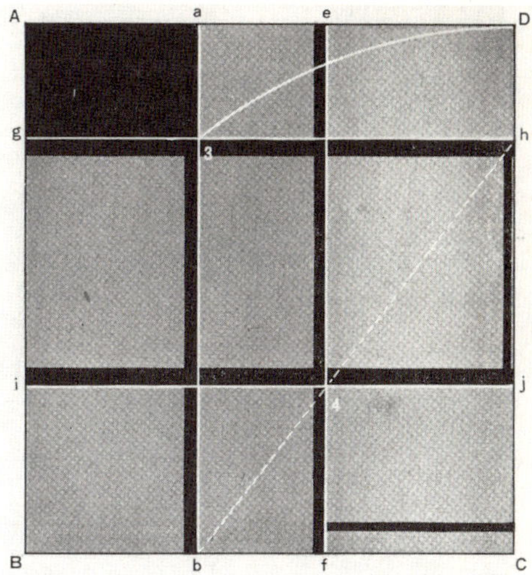

그림 170-2. 해석-3

수직선 ab를 그리고 세로사다리 1호의 우측을 결정했던 것이다. 이렇게 해서 나온 구형 abCD가 φ구형이다.

다음에 이 φ구형의 대각선 Db와 수평선 cd(원래 캔버스에서는 F의 2등분선 ab에 해당한다)가 교차하는 교점 2를 통해 수직선 ef를 그려 세로사다리 2호의 우측을 결정했던 것이다.(해석-2)

〈해석도-3〉은 세로사다리의 결정으로, 이 과정에서는 상부의 세로사다리 1호의 상단과 하부의 세로사다리 2호의 하단이 결정된다. 이것은 φ구형 abCD 안으로 $\sqrt{\varphi}$를 구하는 조작으로부터 시작한다. 전술한 「타블로」 그림 해석에서 서술한 바와 같이, 구형의 장변 DC를 반경으로 해서 콤파스의 다리를 구형 안으로 돌리고, 다리가 수직선 ab를 자르는 개소 3을 절점으로 해서 수평선 gh를 그으면 세로사다리 1호의 상단이 규정된다. 이 교점 3과 b, C, h로 둘러싸인 구형은 $\sqrt{\varphi}$이다.

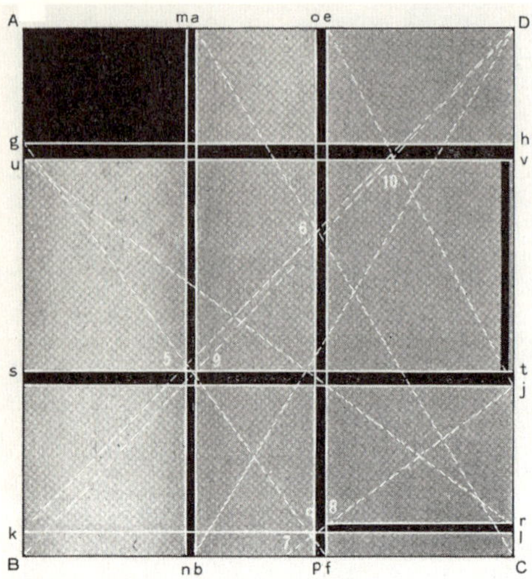

그림 170-3. 적(赤)과 흑(黑)의 콤포지션. 해석-4

다음에 $\sqrt{\varphi}$의 대각선 hb를 그리고, 그것과 수직선 ef(세로사다리 2호)와의 교점 4를 통해 하부의 수평선 ij를 그으면 세로사다리 2호의 하단이 규정된다.

〈해석도-4〉는 작화作畵의 제3조작으로, 이 과정에서 그리드의 각 선조線條의 폭이 결정된다. 제3조작은, 우선 화면의 상변에 접해서 캔버스의 단변(상변)을 한 변으로 하는 정방형 AklD를 잡는 것으로부터 시작된다. 이 정방형의 하변 kl에 의해 화면 하부의 세로사다리 3호의 하단이 우선 규정된다.

다음에, 정방형 AklD의 대각선 Dk를 그리고, 상부의 수평선 gh (세로사다리 1호)의 왼편 g점으로부터 수직선 ef(세로사다리 2호)의 하단 f점으로 사선 gh를 그려, 이것과 정방형의 대각선 Dk가 교차하는 교점 5를 통해 수직선 mn을 그리면, 세로사다리 1호의 왼편이 규정됨과 동시에 이 사다리의 폭이 결정된다.

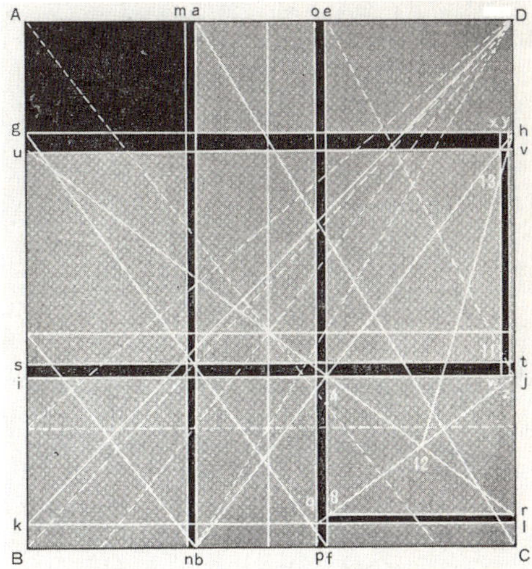

그림 170-4. 해석-5

다음에, φ구형 abCD의 대각선 aC를 그리고, 이것과 정방형 AklD의 대각선 Dk가 교차하는 교점 6을 통해 수직선 op를 그리면, 세로사다리 2호의 왼편이 규정되고 이 사다리의 폭이 결정된다.

다음에 세로사다리 2호의 오른쪽 j로부터 수직선 op와 수평선 kl의 교점으로 사선을 내려 그리고, 그것과 수직선 ef(세로사다리 2호의 우측)와의 교점 8을 통해 옆으로 qr을 그리면 세로사다리 3호의 상단이 결정된다.

다음에 화면형의 대각선 DB를 그리고, 그것과 수직선 ab와의 교점을 통해 수평선 st를 그리면 세로사다리 2호의 상단이 규정된다.

그리고 e, j를 사선으로 연결하고, 이것과 화폭의 대각선 DB가 교차하는 교점을 통해 수평선 uv를 그리면, 세로사다리 1호의 하단이 규정되어, 가로, 세로의 그리드가 거의 만들어지게 된다(교점번호 10까지는 해석-4를 참조할 것).

〈해석도-5〉 최종결정

사선 ei와 수평선 st와의 교점 11을 기점으로 해서, 수직선 wx를 그리고 세로사다리 3호의 왼편을 결정한다. 다음에 교점 4와 r을 사선으로 연결하고, 사선 j8과의 교점 12로부터 h로 사선 12h를 연장하고, 수평선 uv와의 교점 13을 구해 수직선 yz를 내리면 세로사다리 3호의 오른편이 결정되어 이상으로 전체 화면이 성립되고 있다.

이 작품에서 매우 중요한 역할을 하고 있는 것은 가로, 세로 그리드의 각 선조에 주어진 미묘한 폭의 변화이다. 그림에서 볼 수 있는 바와 같이, 가로사다리는 세로사다리보다 약간 그 폭이 넓다는 것에 주의해야 할 것이다. 이 약간이 실은 상당히 심상치 않은 것인데, 수학적으로는 정확히 1 : 1.618의 비比, 즉 황금비를 나타내고 있다.

또한, 세로사다리의 폭과 화면 우측 하부의 가로사다리 3호의 폭은 1 : 1.272, 즉 $\sqrt{\varphi}$의 비比로, 중단 우측의 세로사다리 3호와의 비는 1 : 2가 된다. 이들의 정연한 비례가 전체적으로 미묘하게도 아름다운 하모니를 나타내고 있는 것이며, 이것은 단순한 직감이나 우연으로 만들어진 것이 아니다. 그러나 몬드리안은 그 뛰어난 시스템에 의해, 거의 자동적으로 이 훌륭한 효과를 보기 좋게 확보하고 있는데, 계산상 수학적으로 분할했다는 것은 그다지 영향력을 미치지 못하고 있다. 반대로, 세로사다리의 폭을 1촌寸으로 하여 가로사다리의 폭을 1촌6분1리8모로 규정하는 것은 실제의 문제로서는 우선 불가능에 가까울 것이다.

전술한 1920년대의 그의 제1기에 속하는 작품에서는, 이것만큼 미묘한 폭의 변화는 없으며, 선의 엷기와 굵기는 대부분 1 : 2의 비比를 취하고 있다. 이것은 감각만으로는 정교하게 반복적으로 이루어질 수 있는 것이 아니며, 메카니즘에 의해서만 이 작품의 복잡하면서도 정연한 양量의 변화를 얻을 수 있다는 것을 증명하고 있다.

'기계적인 기술의 종교' 라고 스포르가 명명했던 것처럼 장엄한 형태의 카세드럴(성전)이 이렇게 해서 실제로 출현했던 것이며, 추상회화의 최종점의 의미를 획득하고 있는 것이다. 나는 같은 시기의 몬드리안의 같은 계열에 속하는 작품을 10여 점 해석해 보았는데, 모두 동일한 시스템을 사용하고 있었으며, 수법상 작품들 사이에 본질적인 차이는 없다는 것을 알게 되었다.

10절 제3의 발언. 르 꼬르뷔제의 『모듈러』

현대건축가이자, 황금비에 대해 누구보다도 대담, 솔직하게 발언했고 그에 대한 이점을 적극적으로 설명해 왔던 사람은 근대건축계의 천재, 르 꼬르뷔제Le Corbusier(본명 Charles Edouard Jeanneret. 1887-1965)이다. 그는 이미 알려진 바와 같이, 건축가 겸 화가이자 동시에 문명비평가를 겸한 미학자이기도 했으며, 그의 창의에 넘치는 제안은 항상 큰 파문을 던지면서 세계적인 반향을 불러 일으켰다는 점에서, 화가인 피카소와 비교될 수 있는 존재라고 말할 수 있을 것이다.

그는 황금비에 대해, 큐비스트의 일원으로서 화가 쟌느레라는 이름으로 활약하고 있을 무렵부터 많은 열정을 갖고 있었으며, 1919년 이후 그의 구성composition에는 주요 기법으로서 직각나선이나 대수와선代數渦旋, 정오각형 등의 기준선이 사용되고 있었다는 것을 그 자신도 확실히 표명하고 있다.(르 꼬르뷔제 著, 『모듈러』. 제1장 및 제7장)

그 후, 그의 관심은 회화보다도 건축을 향하였으며 특히 건축이론의 영역에서 풍부한 자질을 보여주게 되었지만, 그 무렵(제1차대전 직후) 그는 모든 분야에서 발현된 20세기의 새로운 정신을 결집하려는 의도에서 국제잡지 「에스쁘리 누보」를 주관하면서 예술이나 과학에서 창조적인 인간의 새로운 사고를 소개하는 일을 맡게 되었다. 그 중에는 아인슈타인의 상대성이론을 포함하여 프로이드의 정신분석학, 그리고 농민화가인 안드레 보쟝의 이론에 이르기까지 광범위한 내용을 포함하고 있었다.

르 꼬르뷔제의 초기의 주요 논문은 무엇보다도 이 「에스쁘리 누보」지

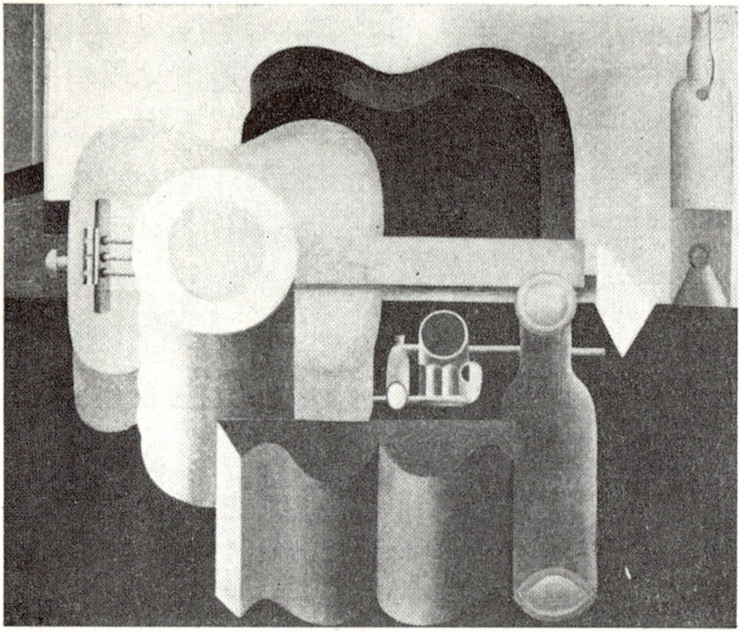

그림 171. 정물. 르 꼬르뷔제

에서 발표된 것으로, 그는 자신의 사상적 성숙을 통해 공간개념에 대한 의식을 깊이있게 했으며, 그것과 함께 그의 의도는 모든 공작물의 형태를 규정하고 있는 "척도(모듈)"의 문제로 귀착하게 됨에 따라 1930년대 말 무렵부터 그에 대한 적극적인 체계를 만들기에 이르렀다. 그리고 2차대전 중인 1942년-1945년에 걸쳐, 황금비를 근거로 한 하나의 실용적이고 흥미 있는 비례체계를 만들었다. 그것이 여기서 말하는 제3의 발언, 즉 그가 제창하는 "모듈러Le Modulor(황금척)" 이다.

『모듈러』에 대한 자세한 설명은, 요시자카吉阪隆正씨의 번역서(國際建築協會編, 昭和28년(1953년), 속편 昭和35년(1960년), 美術出版社刊)가 나와 있기 때문에, 그것을 참조하면 될 것이고 그 주요 내용의 대체적인

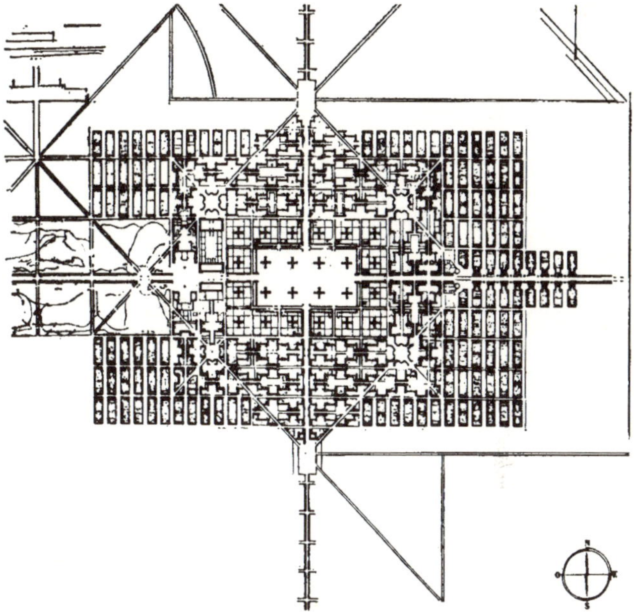

그림 172. 현대도시의 도시계획안. 르 꼬르뷔제

골자만을 아래에 소개하고자 한다.

『모듈러』의 이론체계는 고대 이집트로부터 현대에 이르기까지 황금비의 역사와 그 활용에 대한 것으로, 이미 광범위한 지식을 습득한 본서의 독자들에게 있어서는 그렇게 어려운 문제는 아니다. 다만, 여기에는 르 꼬르뷔제 자신의 인간적인 사상이 농후하게 녹아 들어가 있으며, 그 발상의 근본에는 이론가로서보다 작가로서의 그의 예술적인 직관이나 생생한 체험이 들어가 있다는 점에서, 종래의 비례학자나 수학자와는 다른 큰 특색을 보이고 있다.

르 꼬르뷔제 자신의 말을 빌리면, 모듈러는 "인체의 치수와 수학의 결합으로 만들어진 것을 측정하는 도구"이며, 한사람의 인체만이 아니라

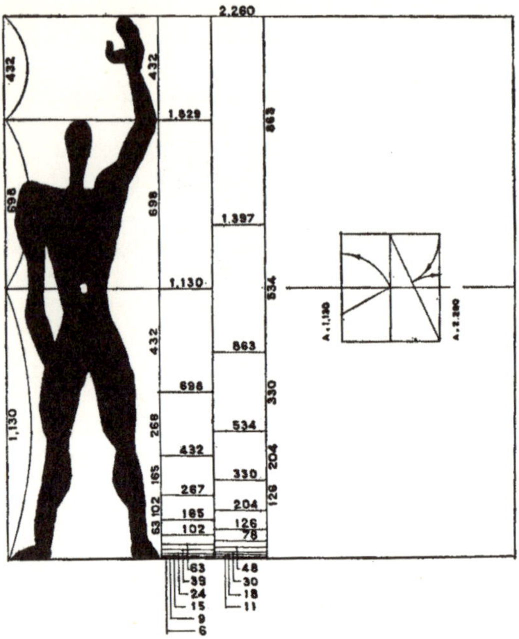

그림 173. 모듈러. 도해-1

"광장에서 책장에 이르기까지, 어떤 디자인에도 적용할 수 있는 척도"라고 말하고 있다.

그는 사물의 크기를 측정하는 기본으로서, 자연스럽게 손을 위로 올린 인간을 상정했다. 이 인간의 올린 손끝에서부터 머리까지, 머리 정상에서 배꼽까지, 배꼽에서부터 발꿈치까지 3가지로 구분하고, 배꼽의 위치가 전체 길이를 이등분하는 모습이다. 그리고 구분상호간의 관계가 φ의 비比를 지닌다고 할 경우 전체 길이는 1 : 1.618 : 2의 방식으로 분할되며, 배꼽에서부터 그 밑이 단위 1이 된다.(분석도-1)

이상을 기준개념으로 해서, 여기에 실제 치수를 갖도록 하기 위해, 르 꼬르뷔제는 프랑스인의 표준치수인 신장 1m 75cm의 인간을 상정하여 이

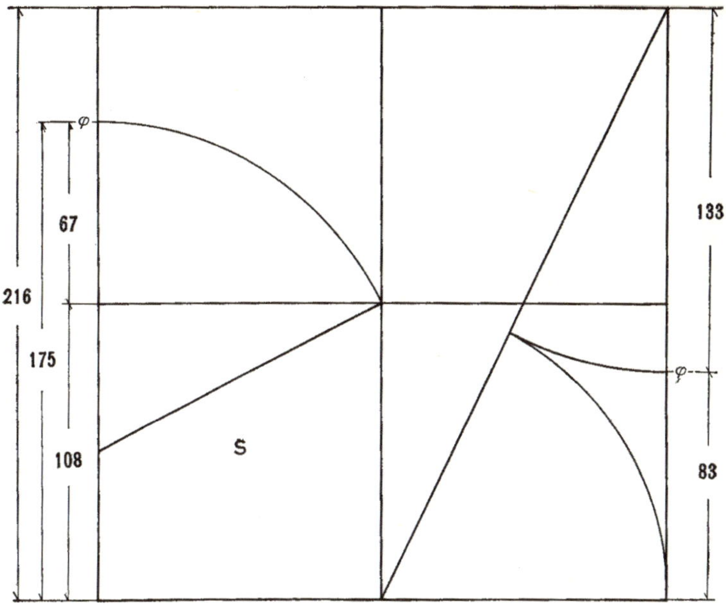

그림 174. 모듈러. 도해-2(수정안)

러한 발상을 적용했다. 그 결과로서 다음과 같은 수치를 얻을 수 있었다.

1 = 1.08m(단위)	배꼽까지의 높이
1.618 = 1.75(단위의 φ비)	머리 정상까지의 높이
2 = 2.16m(단위의 2배)	올린 손 끝까지의 높이

이것은 연구의 첫 단계로, 여기에 사용상의 필요에 의해 수학적인 살붙이기가 시도되었으며, 적赤과 청靑 두 가지 비례의 수열을 갖도록 했다. 하나는 단위 1.08m로부터 나온 수열로서, 여기에는 적계열赤系列이라는 이름이 주어졌으며, 또 다른 하나는 단위의 2배인 2.16m, 즉 신체 전 길이

를 기본으로 해서 나온 수열로서, 청계열靑系列이라는 이름이 주어졌다.

이 적계열, 청계열은 다음과 같은 방법으로 합리적으로 도출되고 있다. 적계열은 정방형을 4등분하고, 거기서 얻은 $\frac{1}{4}$ 정방형을 기본으로 해서 정방형 밖으로 φ를 만드는 방법으로 황금분할점을 구하고, 신장인 1m75cm를 1 : 0.618(φ) = 1.08m : 67cm($\frac{175}{1618}$ = 108) : (175-108 = 67)로 나누어 기본 수치를 나오게 했던 것이다.(해석도의 좌측)

반면, 청계열 쪽은 정방형을 2등분한 $\sqrt{4}$구형矩形을 기본으로 해서 정방형 안으로 φ를 만드는 방법으로 황금분할점을 구하고, 전체 길이의 216, 즉 108×2를, φ의 장선 133 및 φ의 단선 83으로 황금분할했던 것이다. 이렇게 해서 φ의 군群을 아래쪽은 0에 가깝게 하고, 위쪽을 무한대로 향하게 했던 것으로 기본 수치, 적계열의 108 : 76은 5 : 3에 가깝게 되며 청계열의 133 : 83은 13 : 8에 가깝게 됨으로써 기본적으로 피보나치 급수를 포함한 형태가 되고 있다.

르 꼬르뷔제는 처음 이 비례척을 만드는 기본으로서 프랑스인의 표준형 체격을 선택했다. 머리정상까지의 길이 1m75cm라는 치수는 프랑스인 표준 체격에서 나온 것으로, 앵글로색슨인들은 일반적으로 프랑스인보다도 키가 크고 이들 미터법에 의한 수치는 척尺치수로 환산할 경우, 거의 원하는 치수를 얻을 수 없음에 따라 이후 체격 좋은 영국인의 표준형, 6척(182.88cm)을 기준치수로 바꾸었다. 그 결과, 모듈러의 최종적 단계에 있어서 나타난 치수는 다음과 같이 이루어지고 있다.

적계열	6, 9, 15, 24, 39, 63, 102, 165, 267, 432, 698, 1130, 1829
청계열	11, 18, 30, 48, 78, 126, 204, 330, 534, 863, 1397, 2260
전체길이	2.260
배꼽의 위치	1.130
머리정상	1.829

이상이 모듈러의 개략적인 내용이다. 이것만으로는 꼬르뷔제가 이 비례척比例尺을 발명했던 진의를 충분히 알 수 없으며, 설명의 형편상 말의 순서가 거꾸로 되는 경향도 있기 때문에 약간의 설명을 첨부해 두고자 한다.

전술한대로, 그가 이 문제에 몰두하게 된 것은 비범한 감수성을 지닌 예술가의 자각이 있었기 때문이다. 영감의 원천이 되었던 것은 미켈란젤로가 설계했던 로마의 캄피돌의 건물이나 세잔느의 그림이었다고 그는 『모듈러』의 서문에서 서술하고 있다. 이들 예술작품으로부터 그가 동일하게 받았던 계시는 정칙定則을 그 입면, 혹은 화면에 적용해보면, 직각이 항상 그 공간을 통제하며 "직각의 정점"이 전체의 구성을 엄격하게 지배하고 있다는 사실이었다. 이 계시는 얼마 안 있어 그의 신념이 되었으며 가슴 속 깊이 간직했던 것으로, 그것이 어느 날 돌연히 소생했던 것이 모듈러의 발단이었다. 최초에 그는 기하학적인 도형의 문제를 생각하여 $\sqrt{4}$구형矩形 안에 직각의 정점을 갖는 제3의 정방형을 도입하는 데에는 어느 위치에 그 정방형을 둘 것인가라는 명제를 제안하여 제자들과 공동연구를 지속했다. 그리고 최종적으로 이르렀던 해답은 그림과 같은 것이었다.(그림 175)

그림에서 볼 수 있는 바와 같이, 이것은 $\sqrt{4}$구형의 단변상에 φ구형을 취한 형태(ABCD=$\sqrt{4}$, EBCF=φ)로서, 원래 φ를 기초로 한 제3의 정방형 EGHF는 φ구형 EBCF의 단변 상에 φ의 역수구형 GBCH를 그리면 잔여의 면적이 되는 형形이다. 이 제3의 정방형 EGHF를 상하로 2등분하고, 2등분 절선의 한 단端에 직각의 정점을 부여하면 문제는 해결되는 것이다.(그림 175의 파선)

이렇게 해서, 얻은 구분선 I) 하부의 정방형(제1정방형 IBCJ), II) 중간의 정방형(제3정방형 EGHF), III) 상부의 정방형(제2정방형 AIJD)의 각 선을 기준선으로 해서 "손을 올린 인간"을 이 안에 삽입하면, 훌륭하게 황금률을 지닌 모듈러의 마크가 나오게 된다. 즉, 배꼽은 1정방형의 상변 IJ선상에 있으며, 머리 정상부는 제3정방형의 상변 EF로 규정되고 손끝은 제2정방형의 상변 AD를 수렴점으로 하여 전체는 1개의 $\sqrt{4}$구형 안으로

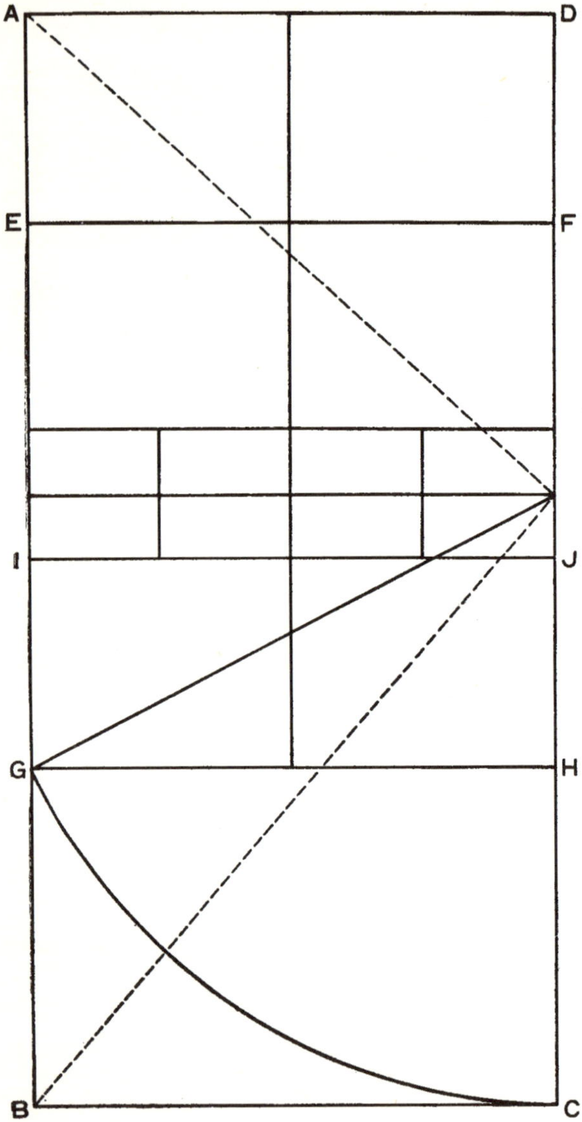

그림 175. 정방형의 3개의 중첩

정확하게 위치되어지는 것이다.

황금률과 인체와의 결합이라는 아이디어가 르 꼬르뷔제의 독창적인 것이 아니라는 사실은 잘 알려져 있다. 본서 제5장의 인체비례의 설명에서 상술한 바와 같이, 이 생각은 그리스시대부터 당시의 뛰어난 조각가와 건축가의 의중에 있었던 것으로, 8등신의 기원을 이루었던 리시포스의 캐논(피보나치의 급수 8 : 5 : 3의 황금률을 사용하여 인체를 다루어야 할 것이라는 점을 생각했다)의 한 절節에서, 이미 우리들이 알았던 문제라는 것을 독자들은 상기할 것이다.

모듈러의 근간에 있는 것도 이것과 매우 동일하며, 결코 기상천외한 발상은 아니다. 다만 동일한 생각을 부연하고 발전시켜, 인간의 생활양식 전반에 이르기까지 그것을 연결해서 생각하려했던 점에서 르 꼬르뷔제의 인본주의적인 정신과 그의 장대한 에스쁘리(정신)가 엿보이며 공간점유의 단위로서 인간을 생각할 때에도, "손을 올린 인간"을 모듈러에 채용하려고 생각했다는 것은 과연 건축가다운 아이디어로서, 그 착안점은 결코 범용한 것은 아니라고 생각된다.

마르세이유의 미슐레 대로大路에 건축된 '주거단위住居單位 Unite d'Habitation'라고 이름 붙여진 거대한 콘크리트조造 아파트는 르 꼬르뷔제가 그의 발명품을 처음 실제로 구사해보고, 생각대로 그 해답을 실험했던 모듈러의 실험작품이자 더욱이 승리의 기념탑으로서 알려져 있다. 이 건물은 전쟁 중인 1945년 설계에 착수하여, 7년에 걸친 1952년에 준공을 본 대공사로서 그 안에는 1,600명의 거주자를 수용하는 주택과 26개의 공동시설, 그리고 두 개의 상점가商店街를 중층에 설치한 문자 그대로 맘모스형 아파트로서, 내부의 작은 조작에 이르기까지 모두 황금률의 통제에 따르고 있으며 인체와의 비례적 조화로부터 분할된 "규격規格"에 기초하여 만들어져 있다.

필로티에 의해 위로 솟은 건물의 1층에는 건축가의 희망에 따라, 모듈러의 최초의 선언을 기념하는 "척도의 비碑"가 세워져 있으며, 2.26m의

그림 176. 마르세이유의 주거단위Unite d'Habitation, 르 꼬르뷔제

실제 크기로 만들어진 "손을 올린 사람"의 석상石像이 영구적으로 세워져 있어 인간의 지혜를 찬미하고 있다.

11절 비례콤파스와 황금률양각기黃金律兩脚器

나폴리의 고고학 박물관에는 기원 10세기 이전에 건축설계에 사용된 것으로 추정되는 그림과 같은 목제의 오래된 양각기兩脚器가 소장되어 있다.

이 양각기는 콤파스의 2개의 다리를 그림과 같이 황금분할점에서 교차시켜, 다리의 개폐에 의해 황금분할비黃金分割比를 갖는 대소 2개의 선분(M은 φ의 장선, m은 φ의 단선을 나타낸다. 본 서 크라이스지오메트리 부분을 참조할 것)이 자동적으로 측정되도록 만들어진 황금분할 전용의 비례콤파스이다.

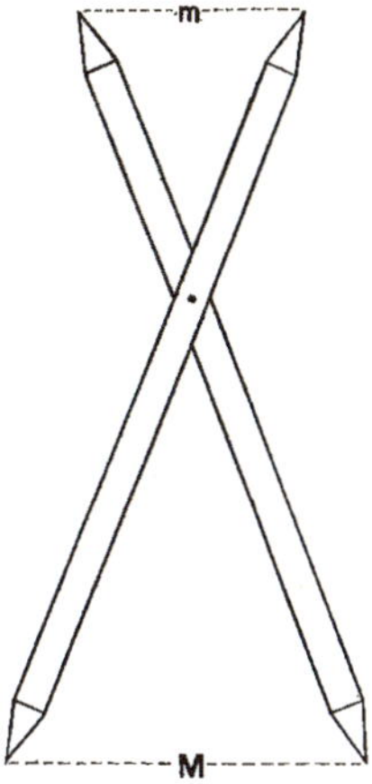

그림 177. 고대의 황금비례 콤파스. 나폴리 고고학박물관 소장

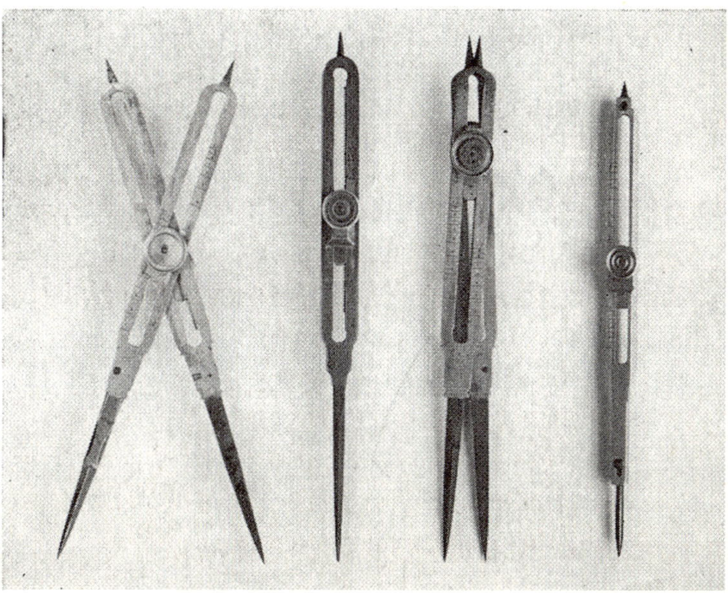

그림 178. 비례 콤파스. 우단 ECOBRA 개량형

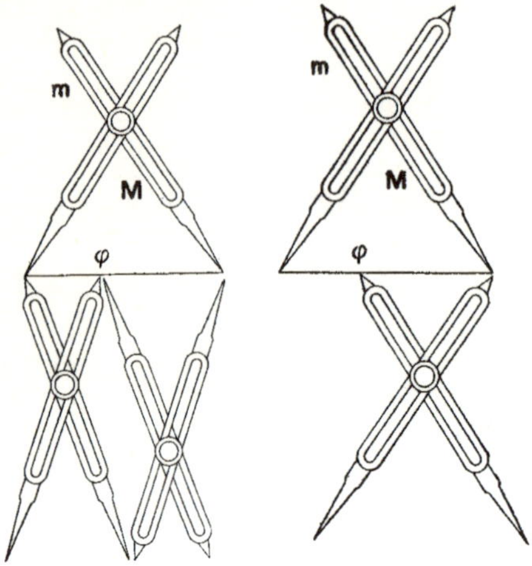

그림 179. 비례콤파스의 사용방식.
M=φ의 장선, m=φ의 단선

이 양각기는 지금부터 1,000년 이상 전에, 작도에 의하지 않고 특정한 도구를 사용하여 황금률을 만들어내는 방법이 존재했다는 사실을 웅변적으로 말하고 있으며, 당시 건축물의 세부에 이르기까지 황금비의 함수적 지배가 확인되는 것이 당연함과 동시에, 그것의 실용화의 정도를 확인시켜준다고 생각한다.

현재, 비례를 측정하는 도구로는 황금비를 포함한 각종 비례, 1 : 2 에서 10까지의 직선, 2에서 10까지의 평방 및 입방, 7에서 20까지의 원주의 분할비比를 하나의 콤파스에 새겨 넣은 눈금으로 그 자리에서 측정하는 것이 가능한, 사진과 같은 편리한 비례 콤파스가 가능하며 전문가를 위해 제공되고 있다.

다만, 현재 시판되고 있는 보통의 비례콤파스에는 황금분할점의 특별한 눈금은 없고 원주의 10등분점이 새겨져 있으며, 원의 10에 눈금을 맞추어 보면 양다리의 넓이가 황금분할비比를 갖는 조립방식으로 이루어져 있다. 즉, 원주의 10등분점을 직선으로 연결한 길이 m과 원의 반경의 길이 M의 비는 φ이기 때문이다.

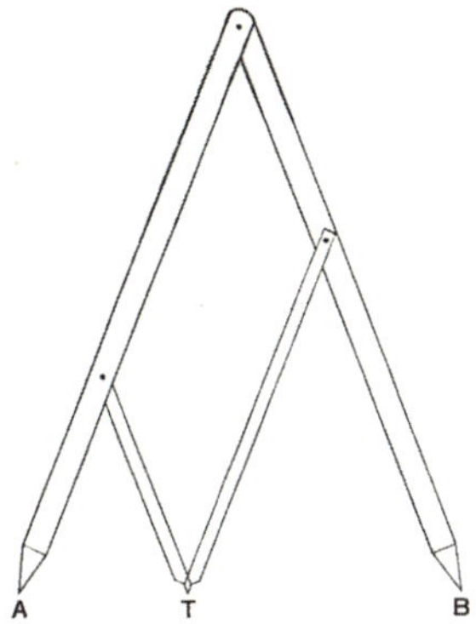

그림 180. 게링게르식(式) 양각기(兩脚器)

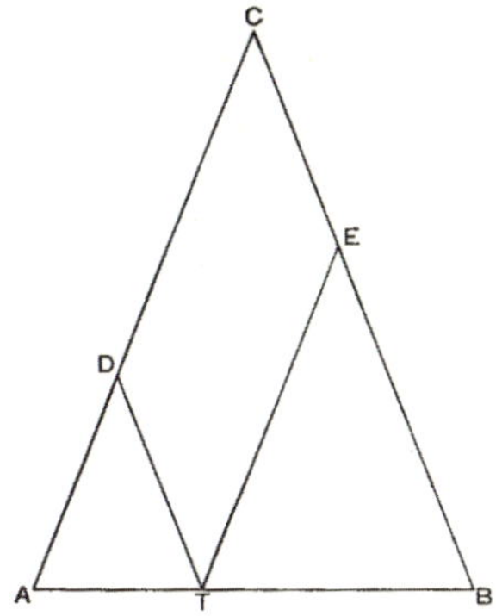

그림 181. 원리의 도해(圖解)

지금의 비례콤파스로는 눈금이 다른 것이 두 종류가 있으며, 독일의 ECO-BRA사社 제품의 개량형으로는 황금분할점의 눈금(GS)이 새겨져 있다. 그 대신에, 이 콤파스에서는 원주분할이 6에서 15까지의 눈금으로 이루어져 있으며, 각 눈금은 원의 반경에 대해서가 아니라 직경에 대해 비比가 잡혀 있기 때문에 주의가 필요하다.

전술한 양각기를 사용하거나 이들 비례콤파스를 사용해도 원리는 동일하며 그것을 사용해 일직선상의 황금분할점을 만드는 데에는, 전장全長을 우선 M각脚으로 측정하고 M을 고정하여, 그대로 콤파스의 다리를 바꾸어서 m각脚을 선상에 올려놓으면 φ점이 얻어진다. 그러나, 이렇게 하려면 여러 번 걸리기 때문에, 황금분할전용의 개량형양각기改良型兩脚器가 일찍부터 비례학자들 사이에서 다양하게 연구되어 왔다.

〈그림 180〉은 19세기 말에 독일의 저명한 비례학자인 아달베르트 게링게르Adalbert Goeringer가 제안하여 황금률양각기로 이름 붙여 특허를 받은 비례콤파스의 그림이다. 이 콤파스는 길이가 같은 2개의 외각外脚과 장변의 비比가 황금률을 갖는 내각內脚으로 이루어져 있으며, 외각의 좌우

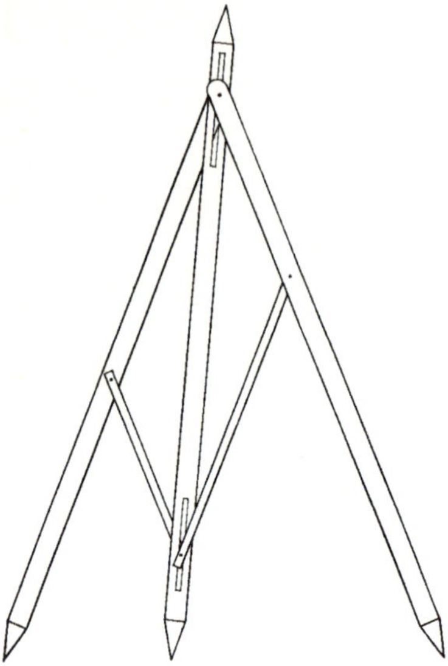

그림 182. 엔겔하르트식(式) 개량형 양각기(兩脚器)

의 황금분할점에 지점支点을 둔 내각內脚의 다리가 외각外脚과 평행하면서 하부의 교점에서 황금분할점을 지시하도록 만들어져 있다.

이것은 〈그림 181〉의 원리를 응용한 것으로, AB는 주어진 선, CA 및 CB를 외각의 2개의 다리로 하면, DT 및 ET는 내각이 되며 CA와 ET 및 CB와 DT는 항상 평행하기 때문에 교점 D, E가 황금률에 의해 존재한다면, AT 및 TB는 당연히 황금률이 된다.

게링게르는 이상의 원리에 근거해서, 실측용 대형기기와 종이 위에 사용하는 작은 기기 등 2개의 양각기를 만들었다. 실측용의 큰 것은 목제이며, 최대의 것은 전장 2m에 이르는 것까지 제작함으로서 황금비의 모든 측정에 도움이 되지만, 게링게르식 양각기는 내각內脚의 하부의 교점을 약소한 단 하나의 심봉心棒으로 연결시켰을 뿐이기 때문에, 아무리 엄밀하다고 해도, 거기에서 발생하는 오차를 피할 수 없다는 결점이 있었다. 이 때문에, 동일한 비례학자 중 한 사람인 엔게르하르트가 이 오차를 없애기 위해, 새로이 개량하여 만든 것이 〈그림 182〉에 나온 엔게르하르트식式 양각기이다. 여기에는 외각外脚과 내각內脚을 연결하는 중각中脚이 하나 더 붙어 있으며, 중각中脚의 상하로 골을 파서 그 안에 심봉이 자동적으로 움직이는데 저항을 줄이도록 고안되어 있다.

이 외에도 양각기의 변형은 다양하지만, 요는 사용자를 위한 도구이기 때문에 자신의 용도에 따라 사용하기에 좋을 만큼 편리하도록 모양이나 크기 등을 고려하여, 개개의 개인적인 용도의 기구를 만들어 황금비의 측정이나 그것에 근거한 설계, 제작에 이용하면 도움이 클 것이라고 생각한다. 이상은 참고용으로 부연한 것이다.

저자 후기後記

본 서에 나오는 외국인의 이름이나 외국어의 전문용어는 원문의 철자를 사용하였고, 사람 이름에는 가능한 한 생사연도를 기입하여 독자가 편하게 내용을 습득하도록 노력했다. 외국어의 전문용어를 일본의 가타가나片假名로 쓰는데 있어서는 가능한 한 하나의 외국어로 통일해야겠다는 생각이 들어 그렇게 했으며, 건축양식의 명칭 등은 대개 프랑스어에 따랐으나, 영어 읽기로 통용되고 있는 것은 그대로 그것을 채택했다. 따라서, 다소 용어의 통일성이 결여되어 있는 점이 걱정스러우나 이해를 구하고자 한다.

자료적 측면에서는 복사가능 한 적당한 사진이 입수되지 않아 분석에 할애되지 못한 작품도 적지 않다. 특히, 건축물이나 조각과 같은 입체작품을 해석도에 의해 증명하는 데에는 학술자료의 목적에서 정면 또는 정측면에서 정직하게 촬영한 것이 아니면 쓸모 없어지므로, 유명한 건축물에서도 그러한 용도에서 앵글을 잡아 찍은 사진은 쉽게 얻을 수 없기 때문에 작품사례로서 인용할 수 없었다는 점을 안타깝게 생각하고 있다. 이에 대해서는 자료의 입수를 기다려 가능한 한 보충해 갈 생각이다.

또 하나 도판에 대한 고민은, 인화지의 수축 때문에 발생하는 사진의 왜곡을 방지할 수 없다는 점이었다. 정칙을 사용하여 엄밀하게 측정해 보면, 화면의 4모서리가 정확한 직각을 이루고 있지 않는 그러한 사태가 자주 발생한다. 해석에 사용할 수 있는 것은 물론 몇 번이라도 다시 고쳐 받았으나, 그래도 다소의 왜곡이 생기는 것은 막아낼 수 없었다. 그 때문에 없어진 작품도 적지 않지만, 그래도 한계가 있어 어느 정도에서 타협하지 않으면 안 되었다는 것을 언급해 두고자 한다. 그 밖에, 부족한 점들은 독자 여러분들의 가르침이나 협력을 받아 점차 고쳐나가야겠다고 생각하고 있다.

어쨌든, 본 서의 배열은 편집부의 타게이시 씨가 담당하였고, 각 페이지의 비율은 황금비의 적용이 시도되었다는 것을 부언해 두고자 한다.

역자 후기後記

본 서의 번역의뢰를 받았을 때가 지금으로부터 대략 7년 전, 일본 유학 중 한창 박사학위논문을 정리하고 있던 무렵이었다. 이 책은 이미 오래 전 타 출판사에 의해 번역 출판된 바 있는데 번역 판권을 계약한 상태에서의 출판은 금번이 최초이다. 사실 본 서는 과거 나의 연구분야에서 매우 중요 한 참고도서였으며, 역자가 국내 대학원시절 속해 있던 연구실에서 주요 참고도서이자 문헌상 중요한 위치를 점하는 자료였다. 이 책에 게재된 뛰어난 황금비 분석술과 해석도는 저자의 저술연도(1965)를 고려할 때 매우 놀라운 것이라 할 수 있으며 건축, 회화, 도예 등 서양의 고전과 중세, 근세와 근대의 예술을 종횡으로 가로지르면서 서양 고전주의의 흐름을 명확히 제시했던 저자의 훌륭한 역작이라 할 수 있다.

저자 야나기 료우(柳 亮, 1903~1978) 씨의 본명은 이토 기치(伊藤義治)이며, 이미 오래 전에 고인이 된 인물로, 그의 주 저서(『구도법』, 『황금분할』, 『근대회화사』, 『속황금분할』)와 논문들을 볼 때, "황금비례(section d' or)"의 연구에 전 생애를 바친 인물이었다고 해도 과언이 아니다. 그는 1925년 프랑스로 건너가 파리대학과 에꼴 드 르부르에서 공부하였으며, 파리예술통신사를 개설하여 일본어판 잡지 『파리예술통신』을 창간하는 등 유럽에서 비교적 많은 활동을 하였는데, 일본으로 돌아온 다음에는 미술비평가로서 일본미술비평가협회(1936)를 결성하는 등 일본 미술계에 큰 영향을 미친 인물이다. 그래서인지 본 서에 실린 저자의 분석기법을 살펴보면, 미술사의 지식이 여지 없이 발휘되고 있으며 건물의 분석에 있어서도 건축학자 이상으로 황금비의 설계기법에 정통하고 있음을 확인 할 수 있다.

본 서에도 언급되고 있듯이, 황금비의 건축적 응용이라 할 수 있는 연구는 일찍이 미국의 J. 햄비지 교수에 의해 황금비의 면적분석(面的分析, 일명

√구형(矩形))이 이루어져 있고, 이의 건축학적 연구가 국내에서도 서양건축의 다양한 사례를 통해 활발히 이루어져 있다. 역자가 속해 있던 연구실에서는 이집트, 그리스, 로마, 초기기독교, 중세, 르네상스, 바로크, 계몽주의, 신고전주의, 19세기 및 20세기 건축가들의 작품분석을 통해, 황금비의 건축적 적용을 세밀하게 확인하는 작업이 십 수년에 걸쳐 이루어져 왔다. 또한, 2000년 학술진흥재단 과제응모에 서양건축 디자인 이론의 탐구라는 과제가 공동연구로 채택됨에 따라, 주로 르네상스 시대의 건축 및 건축가에 대한 심도 있는 분석연구가 수행되기도 했다. (황금비의 건축적 분석에 관한 역자의 논문(주로 공동논문)으로는, "고대 그리스 신전에 나타난 황금비례의 분석"(1995), "중세 고딕건축의 합리적 디자인 방법에 관한 연구(1996)", "안드레아 팔라디오의 〈건축4서〉에 나타나는 피타고라스 수 이론과 협화음의 적용에 관한 연구(2001)", "르네상스 시대 L.B. 알베르티의 건축10서에 나타나는 음계비례의 미학적 특징 및 적용방법에 관한 연구(2001)", "르네상스 시대 L.B.알베르티의 〈건축서〉에 나타난 장식의 이론과 적용에 관한 연구(2002)" 등이 있다.)

결국, 종합해보면 본 서의 번역은 그 동안 국내 건축분야에서 열심히 연구하여 결실을 맺은 황금비례의 건축적 탐구에 기초 문헌으로서 큰 도움이 되었던 야나기 씨의 『황금분할』 저서에 대한 감사함의 표시라고 해야 할 지도 모르겠다. 본 서는 연구 초기에 우리들에게 훌륭한 영감을 제공해 주었으며, 분석의 지침은 물론 분석의 응용이 나아가야 할 길을 조금씩 보여주면서 해결의 실마리를 멋있게 제시하곤 했다. 따라서 국내 관련 연구자들에게 본 서가 갖는 의미는 희망의 불이었다고 해도 지나치지 않을 것이다. 그러나, 본 서가 갖는 의미가 전문 연구자에게만 있는 것은 아니다. 왜냐하면 야나기 씨의 풍부한 미술사적 지식과 유럽에서의 오랜 활동으로 인해, 교양적 소양을 갖춘 일반인을 향한 저자의 따뜻한 사려 깊음과 배려가 넘쳐나기 때문이다. 어떤 누가 보아도 본 서는 큰 부담 없이 읽을 수 있는 교양서이기도 하며, 흥미로운 주제가 미술품과 함께 풀어헤쳐지는 재미

있는 역동성을 느낄 수 있는 전문서이기도 하다.

이 책이 역자에 의해 번역작업이 끝난 지 거의 7여 년 만에 세상에 빛을 보게 되는 것은 시공문화사 김기현 사장의 결단이 큰 역할을 했다. 어려운 시기에 출판을 결정한 것에 대해 가슴 깊이 감사를 드린다. 교정작업은 좀 시간이 걸렸는데, 묵묵히 기다려준 출판사에 또한 감사의 마음을 전하고 싶다.

2012. 10. 잠실 서재에서

진경돈

서울생. 한양대 건축공학과를 졸업하였으며, 동 대학원 석사 및 박사과정을 수료하였고, 서양 근대건축의 아방가르드 미학이론의 연구로 박사학위(Ph.D)를 취득하였다. 이후, 일본 동경대학 대학원 스즈키 히로유끼(鈴木博之) 교수 밑에서 동아시아 근대건축을 연구하였으며, 한국근대건축의 절충양식 및 설계이념에 대한 연구로 공학박사(Doctor of Engineering) 학위를 취득하였다. 한양대 강사, 세종대 강사, 백제예술대학교 교수로 학생들을 지도하고 있으며, 동일건축 디자인 본부장으로 건축설계실무를 진행하고 있다.

박미나

서울생. 숭실대 건축공학과를 졸업하였으며, 한양대 대학원 중퇴 후 일본 동경대학 대학원 석사 및 박사과정을 수료하였고, 현재 Vietnam Hue의 도시사적 연구로 박사학위논문을 진행하고 있다. 안산대학교, 세종대학교 강사로 학생들을 지도하고 있다.

황금분할 golden section

야나기 료우(柳 亮) 저

진경돈 · 박미나 옮김

1판 발행 2012년 11월 12일 **발행**

발행인 김기현

발행처 시공문화사 ***Spacetime***

등 록 1993년 3월 12일

주 소 서울시 서대문구 현저동 200 극동빌딩 5층

전 화 02) 3147-1212, 2323

전 송 02) 3147-2626

ISBN 978-89-5592-240-0

http://www.spacetime.co.kr

spacetime@korea.com

정가 12,000 원